面向"十二五"高职高专规划教材·计算机系列

Access 数据库设计与实现

韩洁琼　陈雪梅　编著

清华大学出版社

北京交通大学出版社

·北京·

内 容 简 介

本书围绕实训项目全面介绍了 Access 2003 关系型数据库的各个对象、各项功能、操作方法和开发信息系统的一般流程及技术。全书共分为 8 章，第 1 章介绍数据库的基础知识；第 2 章介绍创建数据库与表；第 3 章介绍查询的设计；第 4 章介绍窗体的设计；第 5 章介绍报表的设计；第 6 章介绍数据访问页的设计；第 7 章介绍宏的设计；第 8 章节介绍模块的设计。

本书既可作为高等院校和计算机培训学校相关课程的教学用书，又可作为计算机等级考试（二级）的辅助教材，还可作为办公室工作人员或相关人员，特别是初学者学习 Access 应用技术的参考书和自学读物。

图书在版编目（CIP）数据

Access 数据库设计与实现 / 韩洁琼，陈雪梅编著. —北京：清华大学出版社；北京交通大学出版社，2010.11

（面向"十二五"高职高专规划教材·计算机系列）

ISBN 978-7-5121-0339-9

Ⅰ. ①A…　Ⅱ. ①韩…　②陈…　Ⅲ. ①关系数据库-数据库管理系统，Access-程序设计-高等学校：技术学校-教材　Ⅳ. ①TP311.138

中国版本图书馆 CIP 数据核字（2010）第 172498 号

责任编辑：谭文芳　　特邀编辑：李晓敏

出版发行：清 华 大 学 出 版 社　　邮编：100084　　电话：010-62776969　　http://www.tup.com.cn
　　　　　北京交通大学出版社　　邮编：100044　　电话：010-51686414　　http://press.bjtu.edu.cn
印　刷　者：北京泽宇印刷有限公司
经　　　销：全国新华书店
开　　　本：185×260　　印张：20.5　　字数：522 千字
版　　　次：2010 年 11 月第 1 版　　2010 年 11 月第 1 次印刷
书　　　号：ISBN 978-7-5121-0339-9/TP · 623
印　　　数：1～4 000 册　　定价：32.00 元

前　言

随着现代社会信息量的飞速增长，数据库的应用越来越广泛。Microsoft Access 是 Microsoft Office 办公软件中的一个小型数据库管理系统，具有界面友好、简单易学、高效快捷、扩展性强等优点。在中小型数据库管理系统开发工具中，Access 是目前最为优秀的应用系统开发工具之一。

Access 2003 是微软公司推出的一款功能强大的关系型数据库管理系统，可以有效地组织、管理和共享数据库信息，并将数据库信息与 Web 页结合在一起，为通过 Internet 共享数据库信息提供了基础平台。

本书围绕"教务管理系统"实训项目全面地介绍了 Access 2003 关系型数据库的各个对象、各项功能、操作方法和开发信息系统的一般流程及技术。全书分为 8 章，第 1 章介绍数据库的基础知识；第 2 章介绍创建数据库与表；第 3 章介绍查询的设计；第 4 章介绍窗体的设计；第 5 章介绍报表的设计；第 6 章介绍数据访问页的设计；第 7 章介绍宏的设计；第 8 章节介绍模块的设计。

本书是一本面向初学者的"零基础"图书，在内容编排上，全书遵循教学规律，由浅入深、循序渐进、通俗易懂。本书最大的特点是，以任务驱动实施案例教学，以"教务管理系统"项目作为主线，将相关理论知识与实践操作紧密结合，力争使读者掌握一个完整的开发项目的设计流程、设计方法、操作方法和应用技巧；采用详细的图文结合，对于读者易犯的错误，以"提示"等信息方式列出，便于透彻理解。

本书既可作为本科、高职高专院校及计算机培训学校相关课程的教学参考书，同时也可作为计算机等级考试（二级）的辅助教材，特别是初学者学习 Access 应用技术的参考书和自学读物。

通过本书的讲解，让学生理解关系型数据库的相关概念，了解 Access 2003 数据库的各项功能；让学生掌握 Access 数据库开发工具的基本操作方法及开发流程，能够通过 Access 2003 开发一个小型的数据库。

本书编排坚持以能力为本的教学指导思想，以培养学生的实践操作、创新能力为核心，注重理论与实践的紧密有效结合，提高学生的数据库开发能力、计算机应用能力。

另外，根据不同的需求及课时安排，读者可以对书的内容进行适当的选择。

在编写过程中，得到众多老师的指导和帮助。首先要感谢本书的编辑谭文芳老师，她的支持是本书能顺利出版的关键。同时感谢乔敏、王静、李志清、杨英、朱钦华同学，在本书初稿完成以后，他们从初学者的角度阅读了书稿，并提出了很多修改意见。感谢广东工业大学计算机学院余永权教授、曾碧教授、林伟副教授。感谢仲恺农业工程学院计算机科学与工程学院沈玉利教授、石玉强教授、吴家培副教授、成筠副教授、闫大顺副教授、曾宪贵副教授、张红副教授及陆谊副教授；同时感谢黄洪波老师、李晟老师、陈勇老师、刘磊安老师及覃庆伟等老师的指导及帮助。

　　由于编者能力水平有限，不足之处在所难免，恳请各位能够提出宝贵修改意见。

编　者

2010 年 6 月

目　　录

第1章　数据库简介 ……………………………………………………………………… 1

　1.1　数据库基础知识 …………………………………………………………………… 1

　　1.1.1　计算机数据管理的发展 ……………………………………………………… 1

　　1.1.2　数据库系统 …………………………………………………………………… 3

　　1.1.3　数据模型 ……………………………………………………………………… 5

　1.2　关系数据库 ………………………………………………………………………… 8

　　1.2.1　关系数据模型 ………………………………………………………………… 8

　　1.2.2　关系运算 ……………………………………………………………………… 9

　1.3　数据库设计基础 …………………………………………………………………… 9

　　1.3.1　数据库设计目标 ……………………………………………………………… 10

　　1.3.2　数据库设计原则 ……………………………………………………………… 10

　　1.3.3　数据库设计过程 ……………………………………………………………… 10

　1.4　当前流行的数据库管理系统简介 ………………………………………………… 13

　习题1 ……………………………………………………………………………………… 14

第2章　数据库和表 ……………………………………………………………………… 15

　2.1　创建数据库 ………………………………………………………………………… 15

　　2.1.1　数据库设计的操作步骤 ……………………………………………………… 15

　　2.1.2　创建数据库 …………………………………………………………………… 18

　　2.1.3　数据库的简单操作 …………………………………………………………… 26

　2.2　建立表 ……………………………………………………………………………… 28

　　2.2.1　Access 数据类型 ……………………………………………………………… 28

　　2.2.2　建立表结构 …………………………………………………………………… 30

　　2.2.3　向表中输入数据 ……………………………………………………………… 39

　　2.2.4　字段属性的设置 ……………………………………………………………… 47

　　2.2.5　建立表之间的关系 …………………………………………………………… 55

　2.3　维护表 ……………………………………………………………………………… 58

　　2.3.1　打开表和关闭表 ……………………………………………………………… 58

　　2.3.2　修改表的结构 ………………………………………………………………… 60

　　2.3.3　编辑表的内容 ………………………………………………………………… 61

　　2.3.4　调整表的外观 ………………………………………………………………… 64

　2.4　操作表 ……………………………………………………………………………… 71

　　2.4.1　查找数据 ……………………………………………………………………… 71

    2.4.2 替换数据 ·· 73

    2.4.3 排序记录 ·· 74

    2.4.4 筛选记录 ·· 78

习题 2 ·· 83

第 3 章 查询 ·· 84

3.1 认识查询 ·· 84

    3.1.1 查询的功能 ·· 84

    3.1.2 查询的类型 ·· 85

    3.1.3 建立查询的准则 ·· 87

3.2 创建选择查询 ·· 91

    3.2.1 创建不带条件的查询 ···································· 91

    3.2.2 创建带条件的查询 ······································ 99

3.3 在查询中进行计算 ·· 101

    3.3.1 查询计算功能 ·· 102

    3.3.2 总计查询 ·· 102

    3.3.3 分组总计查询 ·· 105

    3.3.4 添加计算字段 ·· 106

3.4 创建交叉表查询 ·· 110

    3.4.1 认识交叉表查询 ·· 111

    3.4.2 创建交叉表查询 ·· 111

3.5 创建参数查询 ·· 117

    3.5.1 单参数查询 ·· 117

    3.5.2 多参数查询 ·· 118

3.6 创建操作查询 ·· 120

    3.6.1 认识操作查询 ·· 120

    3.6.2 生成表查询 ·· 120

    3.6.3 删除查询 ·· 122

    3.6.4 更新查询 ·· 123

    3.6.5 追加查询 ·· 125

3.7 创建 SQL 查询 ·· 127

    3.7.1 使用 SQL 修改查询中的准则 ···························· 127

    3.7.2 创建 SQL 查询 ·· 128

3.8 操作已经创建的查询 ·· 135

    3.8.1 运行已创建的查询 ······································ 135

    3.8.2 编辑查询中的字段 ······································ 135

    3.8.3 调整查询中的列宽 ······································ 137

    3.8.4 排序查询的结果 ·· 137

习题 3 ·· 138

第 4 章 窗体 ··· 140

4.1 认识窗体 ··· 140

    4.1.1 窗体的概念和作用 ·· 140

    4.1.2 窗体的组成和结构 ·· 140

    4.1.3 窗体的类型 ·· 142

    4.1.4 窗体视图 ··· 145

4.2 创建窗体 ··· 145

    4.2.1 利用 "自动创建窗体" ·· 145

    4.2.2 使用 "窗体向导" 创建窗体 ·· 146

    4.2.3 使用 "数据透视表向导" ·· 152

    4.2.4 使用 "图表向导" ··· 154

4.3 自定义窗体 ·· 157

    4.3.1 工具箱的使用 ··· 157

    4.3.2 窗体中的控件 ··· 158

    4.3.3 窗体和控件的属性设置 ·· 176

    4.3.4 窗体和控件的事件 ·· 182

4.4 美化窗体 ··· 184

    4.4.1 使用自动套用格式 ·· 184

    4.4.2 添加当前日期与时间 ··· 185

    4.4.3 对齐窗体中的控件 ·· 186

习题 4 ··· 187

第 5 章 报表 ··· 189

5.1 报表的作用 ·· 189

5.2 报表的类型 ·· 190

    5.2.1 纵栏式报表 ·· 190

    5.2.2 表格式报表 ·· 191

    5.2.3 图表报表 ··· 192

    5.2.4 邮件标签报表 ··· 193

    5.2.5 自定义报表 ·· 193

5.3 报表视图 ··· 193

    5.3.1 设计视图 ··· 194

    5.3.2 打印预览视图 ··· 196

    5.3.3 版面预览视图 ··· 196

5.4 创建报表 ··· 197

    5.4.1 自动报表方式 ··· 197

    5.4.2 自动创建报表方式 ·· 198

    5.4.3 使用向导创建报表方式 ·· 199

    5.4.4 使用设计视图创建报表方式 ·· 212

5.5 报表的计算和汇总 ··· 222

5.5.1　在报表中排序与分组 ······················ 222

5.5.2　在报表中添加计算字段 ···················· 225

5.6　美化报表 ·· 227

5.6.1　自动套用格式 ································· 227

5.6.2　添加页码或日期时间 ························ 228

5.6.3　页码设置 ····································· 228

习题 5 ·· 229

第 6 章　数据访问页 ·· 231

6.1　数据访问页的概念 ···································· 231

6.1.1　数据访问页的定义 ··························· 231

6.1.2　数据访问页的作用 ··························· 231

6.1.3　数据访问页的视图 ··························· 232

6.2　创建数据访问页 ······································ 234

6.2.1　使用自动页创建数据访问页 ················· 235

6.2.2　使用自动创建页创建数据访问页 ············ 235

6.2.3　使用向导创建数据访问页 ··················· 237

6.2.4　使用设计视图创建数据访问页 ··············· 239

6.2.5　以现有的 Web 页生成数据访问页 ··········· 242

6.3　美化数据访问页 ······································ 242

6.3.1　设置数据访问页的主题 ····················· 242

6.3.2　设置页元素属性 ······························ 243

6.3.3　建立链接 ····································· 244

6.4　Access 对象导出为数据访问页 ···················· 246

习题 6 ·· 247

第 7 章　宏 ··· 248

7.1　概述 ··· 248

7.1.1　宏的定义 ····································· 248

7.1.2　宏的作用 ····································· 248

7.1.3　宏的分类 ····································· 249

7.1.4　常见的宏操作命令 ··························· 250

7.2　创建宏 ··· 252

7.3　宏的运行 ·· 257

7.3.1　宏的执行 ····································· 258

7.3.2　宏组的执行 ··································· 259

习题 7 ·· 260

第 8 章　模块 ·· 263

8.1　模块的基本概念 ······································ 263

8.1.1　面向对象的程序设计简介 ··················· 263

8.1.2　模块 ·· 265

8.2　VBA 程序设计基础 ···························· 271

　　8.2.1　VBA 编程环境 ···························· 271

　　8.2.2　VBA 编程基础 ···························· 273

　　8.2.3　VBA 编程 ···························· 278

8.3　创建 VBA 模块 ···························· 287

　　8.3.1　通用过程 ···························· 287

　　8.3.2　事件过程 ···························· 290

习题 8 ···························· 292

课后习题参考答案（部分） ···························· 295

习题 1 参考答案 ···························· 295

习题 2 参考答案 ···························· 295

习题 3 参考答案 ···························· 295

习题 4 参考答案 ···························· 295

习题 5 参考答案 ···························· 295

习题 6 参考答案 ···························· 295

习题 7 参考答案 ···························· 296

习题 8 参考答案 ···························· 296

模拟试题 ···························· 297

模拟试题 1 ···························· 297

模拟试题 1 参考答案 ···························· 302

模拟试题 2 ···························· 303

模拟试题 2 参考答案 ···························· 305

模拟试题 3 ···························· 306

模拟试题 3 参考答案 ···························· 309

模拟试题 4 ···························· 310

模拟试题 4 参考答案 ···························· 312

模拟试题 5 ···························· 313

模拟试题 5 参考答案 ···························· 316

参考文献 ···························· 317

第 1 章　数据库简介

本章将介绍数据库的基础知识，包括数据库的产生、发展、关系数据库，以及如何进行数据库设计。

1.1　数据库基础知识

数据库是 20 世纪 60 年代后期发展起来的一项重要技术。20 世纪 70 年代以来，数据库技术得到了迅速的发展和广泛的应用，已经成为计算机科学与技术的一个重要分支。

1. 信息（Information）

信息可定义为人们对于客观事物属性和运动状态的反映。它所反映的是关于某一客观系统中，某一事物的存在方式或某一时刻的运动状态。信息是人们在进行社会活动、经济活动及生产活动时的产物，并用以参与指导其活动过程。

信息是有价值的，是可以被感知的。信息可以通过载体传递，可以通过信息处理工具进行存储、加工、传播、再生和增值。

在信息社会中，信息一般可与物质或能量相提并论，它是一种重要的资源。

2. 数据(Data)

数据是反映客观事物存在方式和运动状态的记录，是信息的载体。

数据所反映的事物是它的内容，而符号是它的形式。

数据表现信息的形式是多种多样的，不仅有数字、文字符号，还可以有图形、图像和声音等。

数据与信息在概念上是有区别的。从信息处理角度看，任何事物的存在方式和运动状态都可以通过数据来表示的，数据经过加工处理后，使其具有知识性并对人类活动产生作用，从而形成信息。

从计算机的角度看，数据泛指那些可以被计算机接受并能够被计算机处理的符号，是数据库中存储的基本对象。

1.1.1　计算机数据管理的发展

数据库的出现使数据处理进入了一个崭新的时代，它能将大量的数据按照一定的结构存储起来，在数据库管理系统的集中管理下，实现数据的共享。

数据处理也称为信息处理。所谓数据处理，实际上就是利用计算机对各种类型的数据进行加工处理。它包括对数据的采集、整理、存储、分类、排序、检索、维护、加工、统计和传输等一系列操作过程。

数据处理是将数据转换成信息的过程。从数据处理的角度而言，信息是一种被加工成特定形式的数据，这种数据形式对于数据接收者来说是非常有意义的。信息处理是为了产生信息而处理数据。通过计算机可以获取信息，通过分析和筛选信息可以产生决策。

在计算机中，使用计算机外存储器来存储数据，如磁盘；通过计算机软件来管理数据；通过应用程序来对数据进行加工处理。

数据处理的中心问题是数据管理。计算机对数据的管理是指如何对数据分类、组织、编码、存储、检索和维护。

随着计算机硬件和软件的发展，数据管理在 40 多年来经历了以下 5 个发展阶段。

1．人工管理阶段

20 世纪 50 年代中期以前，计算机主要用于科学计算。硬件上，内存空间小且计算速度低；外存只有磁带、卡片和纸带，没有像磁盘等快速的直接存取的存储设备；软件上没有操作系统，更没有数据管理软件，所以数据处理是以批处理方式进行的。

2．文件系统阶段

20 世纪 50 年代后期至 60 年代中期，计算机不仅用于科学计算，而且还大量地用于事务处理。

① 从硬件角度看：计算机内存空间增大，计算速度提高，外存有了磁盘、磁鼓及直接存取设备；

② 从软件角度看：配备了操作系统，在操作系统中也有了管理数据的软件；

③ 从数据处理方式看：不仅有批处理，还有联机实时处理；

此时期计算机的特点是：数据长期保存；有数据管理软件；数据结构多样化。

3．数据库系统阶段

20 世纪 60 年代后期开始至今，计算机应用范围广，数据量大，对数据共享要求强。

① 硬件：大规模集成电路的发展扩大了内存空间，提高计算速度；有了大容量的磁盘、磁鼓和光盘等直接存取设备。

② 软件：随着硬件价格下降，软件价格上涨，编制和维护系统软件和应用程序所需成本相对增加了。为了满足多用户、多应用共享数据的需求，对数据进行管理的数据库技术出现了。

4．分布式数据库系统

数据库技术与网络技术的结合分为紧密结合和松散结合两大类。分布式数据库管理系统又分为物理上分布、逻辑上集中的分布式数据库结构及物理上分布、逻辑上分布的分布式数据库结构两种。

数据库技术与网络技术的结合产生了分布式数据库系统。20 世纪 70 年代以前数据库系统多数是集中式的。网络技术的发展为数据库提供了分布式运行的环境，从主机-终端体系结构发展到了 C/S（Client/Server，客户-服务器）系统结构。

物理上分布、逻辑上集中的分布式数据库结构是一个逻辑上统一、地域上分布的数据集合，是计算机网络环境中各个节点局部数据库的逻辑集合，同时受分布式数据库管理系统的统一控制和管理，把全局数据模式按数据来源和用途，合理分布在系统的各个节点上，使大部分数据可以就地或就近存取，而用户并不会感到数据的分布。

物理上分布、逻辑上分布的分布式数据库结构是把多个集中式数据库系统通过网络连接起来，各个节点上的计算机可以利用网络通信功能访问其他节点上的数据库资源，一般由两部分组成：一是本地节点的数据；二是本地节点所共享的其他节点的有关数据。

5．面向对象数据库系统

数据库技术与面向对象程序设计技术结合产生了面向对象数据库系统。面向对象数据库吸收了面向对象程序设计方法的核心概念和基本思想，采用面向对象的观点来描述现实世界实体（对象）的逻辑组织、对象之间的限制和联系等。它克服了传统数据库的局限性，能自然地存储复杂的数据对象及这些对象之间的复杂关系，大幅度提高了数据库管理的效率，降低了用户使用的复杂性。

1.1.2　数据库系统

1．有关数据库的概念

首先介绍数据库相关的一些基本概念，在下面的章节再详细介绍具体的数据库技术。数据库方面的基本概念主要包括下列内容。

① 数据（Data）：描述事物的符号记录。

② DB（Database，数据库）：是指存储在计算机存储设备中的、结构化的相关数据的集合。它不仅括描述事物的数据本身，而且还包括相关事物之间的联系。

③ 数据库应用系统：是指系统开发人员利用数据库系统资源开发的面向某一类实际应用的软件系统。

④ DBMS（Database Management System，数据库管理系统）：是指位于用户与操作系统之间的数据管理软件。如 Visual FoxPro 和 Access 等都是数据库管理系统。

⑤ DBS（Database System，数据库系统）：是指引进数据库技术后的计算机系统，能实现有组织地、动态地存储大量相关数据，提供数据处理和信息资源共享的便利手段。

2．数据库

数据库是数据库系统的核心部分，是数据库系统的管理对象。

所谓数据库，是以一定的组织方式将相关的数据组织在一起，长期存放在计算机内，可为多个用户共享，与应用程序彼此独立，统一管理的数据集合。

数据的组织结构如果支持关系模型的特性，则该数据库为关系数据库。数据的组织结构如果支持面向对象模型的特性，则该数据库为面向对象数据库。

由于 Access 数据库管理系统是支持关系模型特性的，所以，由 Access 创建的数据库为关系数据库。

数据库管理系统必须提供以下几个方面的数据控制功能：数据的安全性；数据的完整性；并发控制；数据库恢复。

3．数据库系统

数据库系统是指在计算机系统中引入数据库后的系统，其目标是解决数据冗余问题，实现数据独立性、数据共享并解决由于数据共享引起的数据完整性、安全性及并发控制等一系列的问题。

1）数据库系统的特点

数据库系统具体如下几个方面的特点：

   ↻ 实现数据共享，减少数据冗余；

   ↻ 采用特定的数据模型；

   ↻ 具有较高的数据独立性；

   ↻ 有统一的数据控制功能。

2）数据库系统的组成

数据库系统一般由五部分组成：硬件系统、数据库集合、数据库管理系统及相关软件和用户。

（1）硬件系统

硬件系统指安装数据库系统的计算机，硬件是数据库系统的物理支撑，一般包括以下两种。

① 服务器：一般是安装了数据库管理系统和数据库的计算机。这类计算机一般都要适合大容量的存储和频繁的数据访问，配置都比较高，要有大容量的硬盘等。

② 客户机：客户机是安装数据库应用系统的计算机。

（2）数据库管理系统、数据库

数据库管理系统支持用户对数据库的基本操作，是数据库系统的核心软件，其主要目标是使数据成为方便用户使用的资源，易于为各种用户所共享，并增进了数据的安全性、完整性和可用性。数据库管理系统 DBMS 在系统层次结构中的位置如图 1-1 所示。

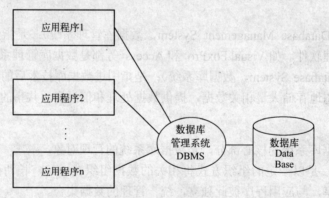

图 1-1　数据库管理系统 DBMS 在系统层次结构中的位置

（3）用户

用户是指使用数据库的人员。在数据库系统中主要由终端用户、应用程序员和数据库管理员三类用户组成。终端用户是使用数据库应用系统的工程技术或管理人员，他们不需要掌握太多的计算机知识，利用应用系统提供的接口查询获取数据库的数据。应用程序员是为终端用户编写数据库应用程序的软件人员。DBA（Database Administrator，数据库管理员）是全面负责数据库系统运行的高级计算机人员，是数据库系统一个很重要的人员组成。

4. 数据库系统的结构

实际应用中的数据库系统软件多种多样，但它们都具有三级模式或二级映射的数据定义。数据定义包括定义构成数据库结构的外模式、模式及内模式，定义各个外模式与模式之间的映射，定义模式与内模式之间的映射，定义有关的约束条件。

1）三级模式

三级模式是数据库的基本结构，是由外模式、模式及内模式三个抽象结构组成，它把数据的具体组织留给 DBMS 管理，使用户能方便地处理数据，而不需要关注数据在计算机中的表示和存储方式。

（1）模式

模式也称为逻辑模式，是数据库中全体数据的逻辑结构和特征的描述，是所有用户的公共数据视图；它是数据库系统模式结构的中间层，既不涉及数据的物理存储细节和硬件环境，也与具体的应用程序、所使用的应用开发工具及高级程序设计语言无关，模式实际上就是数据库数据在逻辑级上的视图。

（2）外模式

外模式也称为子模式或用户模式，它是数据库用户（包括应用程序员和最终用户）能够看见和使用的局部数据的逻辑结构和特征的描述，是数据库用户的数据视图，是与某一应用有关的数据的逻辑表示；外模式通常是模式的子集，一个数据库可以有多个外模式。

（3）内模式

内模式也称为存储模式，一个数据库只有一个内模式。它是数据物理结构和存储方式的描述，是数据在数据库内部的表示方式。DBMS 提供内模式描述语言（内模式 DDL，或存储模式 DDL）来严格地定义内模式。

2）二级映射

三级模式之间的联系是通过二级映射来实现的。

（1）外模式/模式的映射

同一个模式可以有任意多个外模式。外模式/模式的映射定义某一个外模式和模式之间的对应关系，这些映射定义通常包含在各自的外模式中，当模式改变时，外模式/模式的映射要作相应的改变，保证外模式保持不变。

（2）模式/内模式的映射

模式/内模式的映射定义数据逻辑结构和存储结构之间的对应关系，它说明逻辑记录和字段在内部是如何表示的。当数据库的存储结构发生变化时，可相应修改模式/内模式的映射，保证模式不变。

1.1.3　数据模型

数据库需要根据应用系统中数据的性质、内在联系，按照管理的要求来设计和组织。数据模型就是从现实世界到机器世界的一个中间层次。现实世界的事物反映到人的大脑中，人们把这些事物抽象为一种既不依赖于具体的计算机系统、又不为某一 DBMS 支持的概念模型，然后再把概念模型转换为计算机上某一 DBMS 支持的数据模型。

1．相关概念

1）实体

客观存在并相互区别的事物称为实体。实体可以是实际的事物，也可以是抽象的事物。例如：学生、课程等都属于实际的事物；学生选课、借阅图书等都是比较抽象的事物。

2）实体的属性

描述实体的特性称为属性。例如：学生实体用学号、姓名、性别、出生年份、系、入学时间等属性来描述；图书实体用总编号、分类号、书名、作者、单价等多个属性来描述。

3）实体集和实体型

属性值的集合表示一个实体，而属性的集合表示一种实体的类型，称为实体型。

同类型的实体的集合，称为实体集。

例如：学生(学号，姓名，性别，出生年份，系，入学时间)就是一个实体型。

对于学生来说，全体学生的集合就是一个实体集。

4）实体间联系及种类

实体之间的对应关系称为联系，它反映现实世界事物之间的相互关联。

实体间联系的种类，是指一个实体型中可以出现的每一个实体与另一个实体型中多少个实体存在联系。两个实体之间的联系可以归结为 3 种类型。

（1）一对一联系

设有 A、B 两个实体集。若 A 中的每个实体至多和 B 中的一个实体有联系，反过来，B 中的每个实体至多和 A 中的一个实体有联系，称 A 对 B 或 B 对 A 是 1∶1 的联系。例如，假设一个班级只能有一个班主任，而一个老师只能担任一个班级的班主任，则班级和班主任之间就是一对一的联系。

提示：1∶1 联系不一定是一一对应的关系。

（2）一对多联系

设有 A、B 两个实体集。若 A 中的每个实体可以和 B 中的几个实体有联系，而 B 中的每个实体至多和 A 中的一个实体有联系，称 A 对 B 是 1∶n 的联系。

这类关系比较常见，比如一个班级有多名学生，班级和学生之间就是一对多的关系。同理，一个学校有多个学院，一个学院又有多个班级，则学校和学院之间、学院和班级之间也是一对多的联系。

（3）多对多联系

设有 A、B 两个实体集。若 A 中的每个实体可以和 B 中的几个实体有联系，而 B 中的每个实体也可以和 A 中的几个实体有联系，称 A 对 B 或 B 对 A 是 m∶n 的联系。比如一个学生可以选修多门课程，而同一门课程也可以有多名学生选修，则学生和课程之间就是多对多的联系。

2．数据模型

为了反映事物本身及事物之间的各种联系，数据库中的数据必须具有一定的结构，这种结构用数据模型来表示。数据库不仅管理数据本身，而且要使用数据模型表示出数据之间的联系。可见，数据模型是数据库管理系统用来表示实体及实体间联系的方法，一个具体的数据模型应当正确地反映出数据之间存在的整体逻辑关系。

数据模型可以分为以下三种。

（1）层次数据模型

层次数据模型是数据库系统中最早出现的数据模型，它用树形结构表示各类实体及实体之间的联系。

在数据库，满足以下两个条件的数据模型才能是层次模型：

ↄ 有且仅有一个节点无双亲，这个节点称为"根节点"；

ↄ 其他节点有且仅有一个双亲。

若用图来表示，层次模型是一棵倒立的树。节点层次从根开始定义，根为第 1 层，根的孩子称为第 2 层，根称为其孩子的双亲，同一个双亲的孩子称为兄弟。图 1-2 给出了一个系的层次模型。

层次模型对具有一对多的层次关系的描述非常自然、直观、容易理解。支持层次模型的 DBMS 称为层次数据库管理系统，层次数据模型不能直接表示出多对多的联系。

（2）网状数据模型

网状数据模型需要满足如下条件：

ↄ 允许一个以上的节点无双亲；

ↄ 一个节点可以有多于一个双亲。

网状数据模型的典型代表是 DBTG 系统，也称 CODASYL 系统，它是 20 世纪 70 年代数据系统语言协会 CODASYL 下属的数据库任务组提出的一个系统方案。

图 1-3 给出了一个简单的系的网状模型。

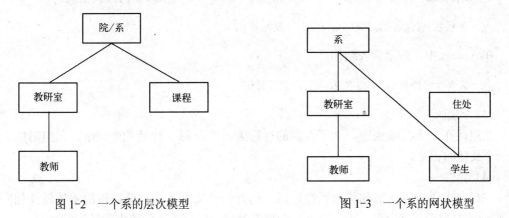

图 1-2　一个系的层次模型　　　　图 1-3　一个系的网状模型

自然界中实体型间的联系更多的是非层次关系，用层次型表示非树形结构是很不直接的，网状模型则可以克服这一缺点。

（3）关系数据模型

关系数据模型是目前最重要的一种模型，用二维表结构来表示实体及实体之间联系的模型称为关系数据模型。关系数据模型是以关系数学理论为基础，操作的对象和结果都是二维表，这种二维表就是关系。

关系数据模型的主要优点：关系数据模型建立在严格的数学概念的基础上；关系数据模型的概念单一；关系数据模型的存取路径对用户透明，具有较好的数据独立性。

关系数据模型的主要缺点：关系数据模型的查询效果不如其他模型，必须对用户的查询请求进行优化，在一定程度上增加了开发数据库管理系统的难度。

1.2　关系数据库

目前关系模型应用最广泛，因而也是最重要的一种数据模型。在关系数据库中，数据均采用关系模型的组织方式。该模型由 IBM 公司的 E. F. Dodd 首次提出，自 20 世纪 80 年代以来，各计算机厂商纷纷推出支持关系数据模型的数据库管理系统。本书介绍的 Access 就是基于关系数据模型的数据库关系系统的一个典型代表。

1.2.1　关系数据模型

关系数据模型的用户界面非常简单，一个关系的逻辑结构就是一个二维表。这种用二维表的形式表示实体和实体间联系的数据模型称为数据模型。

1．关系术语

（1）关系

在 Access 中，一个"表"就是一个关系。一个关系就是一个二维表，每个关系有一个关系名。在 Access 中，一个关系存储为一个表，具有一个表名。

（2）关系模式

对关系的描述称为关系模式，一个关系模式对应一个关系的结构，其格式为：

> 关系名(属性名 1，属性名 2，……，属性名 n)

在 Access 中，表示为表结构：

> 表名（字段名 1，字段名 2，……，字段名 n）

（3）元组

元组：在一个二维表中，水平方向的行称为元组，每一行是一个元组。元组对应表中的一个具体的记录。

（4）属性

二维表中垂直方向的列称为属性，每一列有一个属性名，与前面讲的实体属性相同。在 Access 中表示为字段名。每一个字段的数据类型、宽度等在创建表的结构时规定。

（5）域

域即属性的取值范围，即不同元组对同一个属性的取值所限定的范围。

（6）关键字

关键字是指其值能够唯一地标识一个元组的属性或属性的组合。在 Access 中表示为字段或字段的组合，比如学生表中有学号、学生姓名、班级等信息，因为学生的学号是不能重复的，所以可以起到唯一标识的作用，可以作为关键字。而学生姓名是有可能重复的，所以学生姓名不能作为关键字。主关键字和候选关键字起唯一标识一个元组的作用。

（7）外部关键字

如果表中的一个字段不是本表的主关键字，而是另外一个表的主关键字和候选关键字，这个字段就称为外部关键字。从集合论的观点来定义关系，可以将关系定义为元组的集合。关系模式是命名的属性集合。元组是属性值的集合。一个具体的关系模型是若干个有联系的关系模式的集合。

2．关系具有的特点

关系具有以下几个特点：

- ⟳ 关系必须规范化；
- ⟳ 同一个关系中不能出现相同的属性名；
- ⟳ 关系中不允许有完全相同的元组，即冗余；
- ⟳ 一个关系中元组的次序是无关紧要的；
- ⟳ 一个关系中列的次序也是无关紧要的。

1.2.2 关系运算

1．传统的集合运算

传统的集合运算包括以下几种。

① 并：两个相同结构关系的并是由属于这两个关系的元组组成的集合。

② 差：设有两个相同的结构关系 R 和 S，R 与 S 的差是由属于 R 但不属于 S 的集合组成的集合，即差运算的结果是从 R 中去掉 S 中也有的元组。

③ 交：两个具有相同结构的关系 R 和 S，它们的交是由既属于 R 又属于 S 的元组组成的集合。交运算的结果是 R 和 S 的共同元组。

图 1-4　传统集合运算

2．专门的关系运算

专门的集合运算包括以下几种。

① 选择：从关系中找出满足给定条件的元组的操作称为选择。选择的条件以逻辑表达式给出，使逻辑表达式的值为真的元组将被选取。

② 投影：从关系模式中指定若干属性组成新的关系称为投影。它是从列的角度进行的运算，相当于对关系进行垂直分解。

③ 联接：是关系的横向结合。它是将两个关系模式拼接成一个更宽的关系模式，生成的新关系中包含满足联接条件的元组。

④ 自然联接：在联接运算中，按照字段值对应相等为条件进行的联接操作称为等值联接。自然联接是去掉重复属性的等值联接。自然联接是最常用的联接运算。

1.3 数据库设计基础

在使用数据库管理系统管理数据时，首先就要进行数据库的设计工作，数据库设计对数据库管理系统是至关重要的。下面从数据库设计的目标、设计操作步骤、设计过程三个方面介绍数据库设计的基础知识。

1.3.1　数据库设计目标

数据库设计的任务是根据实际需求，构造一个最优的数据模型，为建立数据库管理系统、应用系统做好准备，使数据库能够有效地存储数据，满足各种用户的应用需求，包括信息需求和处理需求。

一般来说，数据库的设计目标大致包括以下几个方面：

- ↪ 必须真实地反映现实世界中的数据及其关系；
- ↪ 尽可能减少数据冗余，提高数据的共享；
- ↪ 尽可能消除数据异常插入、异常删除；
- ↪ 保持数据的独立性，可修改、可扩充；
- ↪ 数据库的访问时间尽可能短；
- ↪ 数据库的存储空间尽可能小；
- ↪ 易于维护。

在实际设计过程中，可能有些设计目标之间是有矛盾的，比如要加快访问时间，可能需要增加存储空间，因此要根据实际问题具体分析，做出最优的设计方案。

1.3.2　数据库设计原则

合理的数据库设计是建立一个能够有效、准确、及时地完成所需功能数据库的基础。数据库设计的原则主要包括以下几个方面：

- ↪ 关系数据库的设计应遵从概念单一化"一事一地"的原则；
- ↪ 避免在表之间出现重复字段；
- ↪ 表中的字段必须是原始数据和基本数据元素；
- ↪ 用外部关键字保证有关联的表之间的联系。

1.3.3　数据库设计过程

数据库设计的操作步骤包括以下几个阶段。

1. 需求分析

需求分析，简单地说就是分析用户的要求。需求分析是数据库设计的起点，需求分析的准确与否直接关系到后面各个阶段的设计，并影响到设计结果是否合理、是否可用。如果需求分析做得不好，很有可能导致后期开发的返工，后果不堪设想。需求分析可以说是整个设计过程的基础，也是最艰难、最耗时的一步。

用户的需求一般包括 3 个方面：

- ↪ 信息需求，即用户要从数据库获得信息内容；
- ↪ 处理需求，即对数据需求使用如何处理及处理的方式；
- ↪ 安全性和完整性需求，在定义信息需求和处理需求的同时必须相应确定安全性、完整性约束。

进行需求分析的具体操作步骤包括：

① 调查客户所在组织机构情况，为需求分析流程做准备；

② 调查业务活动情况，这也是需求分析的重点、难点；

③ 在了解业务的基础上，协助用户明确对新系统的各种要求，比如信息要求、处理要求、安全性、完整性要求，这是需求分析的另一个重点，必须引导客户提出要求；

④ 确定新系统的边界，即结合客户提出的要求，确定系统完成哪些功能。

在需求分析过程中要与数据库的使用人员多交流，尽管收集资料阶段的工作非常烦琐，但必须耐心细致地了解现行业务处理的流程，收集全部数据资料，如报表、合同、档案、单据、计划等，所有这些信息在后面的设计操作步骤中都要用到。

另外，需求分析主要解决系统"做什么"的问题，而不是考虑"怎么做"的问题。数据流图的概念比较简单，利用系统分析员与用户的沟通来完成。数据字典也是在需求分析阶段确定的，然后在数据库设计的过程中不断修改、充实、完善。

2．概念设计

将通过需求分析得到的用户需求抽象为信息结构及概念模型的过程就是概念结构设计。在概念设计中一般使用实体-联系图（E-R 图）进行描述。

设计概念设计一般有以下 4 种方法。

① 自顶向下：首先定义全局概念结构的框架，然后逐步细化。

② 自底向上：首先定义各局部应用的概念结构，然后集成得到全局的概念结构。

③ 逐步扩张：首先定义最重要的核心概念结构，然后向外扩充，以滚雪球的方式逐步生成其他概念结构，直至得到总统概念结构。

④ 混合方式：自顶向下和自底向上相结合，用自顶向下设计一个全局概念结构的框架，以它为骨架集成由自底向上设计的各局部概念结构。

3．逻辑设计

数据库的逻辑结构设计是在概念结构设计的基础上，将 E-R 图转换为逻辑数据模型表示的逻辑模式。目前最常用的逻辑数据模型是关系数据模型。

1）逻辑设计的操作步骤

逻辑设计的操作步骤：

① 将概念结构转换为一般的对象、关系、网状、层次等逻辑数据模型；

② 将转换得到的对象、关系、网状、层次等逻辑数据模型向特定数据库管理系统支持下的数据模型转换；

③ 运用规范化理论对逻辑数据模型进行优化。

2）逻辑设计的过程

逻辑设计的过程中有以下几个难点。

（1）确定需要的表

确定数据库中的表是数据库设计过程中技巧性最强的一步，也是数据库逻辑设计的基础。在确定表的过程中，必须仔细研究需要从数据库中取出的信息，遵从概念单一化"一事一地"的原则，即一个表描述一个实体或实体间的一种联系，并将这些信息分成各种基本实体，例如，在教学管理数据库中，把教师、学生、课程、选课等每个实体设计成一个独立的表。

（2）确定所需的字段

在确定了实体、数据库由哪些表构成的基础上，下一步就是要确定各个表的字段。确定字段包括以下 4 个方面：

  ① 每个字段直接与表的实体相关；

  ② 以最小的逻辑单位存储信息；

  ③ 表中的字段必须是原始数据；

  ④ 确定主关键字字段。

  （3）确定关系

  现实生活中的事物有着各种各样的关系，实体之间也可能具有一定的关系。在确定了表、字段后，接下来要确定的就是表之间的关系。要建立两个表之间的关系，可以把其中一个表的主关键字添加到另一个表中，使两个表都有该字段。实体之间的关系有 3 种。

  ① 一对多关系：是关系型数据库中最普遍的关系。在一对多关系中，表 A 的一条记录在表 B 中可以有多条记录与之对应，但表 B 中的一条记录最多只能与表 A 的一条记录对应。要建立这样的关系，就要把一方的主关键字添加到对方的表中。

  ② 多对多关系：在多对多关系中，表 A 的一条记录在表 B 中可以对应多条记录，而表 B 中的一条记录在表 A 中也可以对应多条记录。在这种情况下，需要改变数据库的设计。

  ③ 一对一关系：如果存在一对一的关系的表，首先要考虑是否可以将这些字段合并到一个表中，如果需要分离，可按下面的方法建立一对一关系。

  如果两个表有同样的实体，可在两个表中使用同样的主关键字字段。例如，教师表与工资表的主关键字段都是教师的编号；如果两个表中有不同的实体及不同的主关键字，选择其中一个表，将它的主关键字字段放到另一个表中作为外部关键字字段，以此建立一对一关系。例如，学校内部图书馆的读者就是教师和学生，可以把教师表中的教师编号和学生表中的学生编号存到读者表中。

4．优化设计

  优化设计的目的是适当地修改、调整数据模型的结构，提高数据库应用系统的性能。优化设计的主要内容就是使用规范化理论分析关系模式的合理程度，对关系进行优化。

5．物理设计

  数据库的物理设计是为一个给定的逻辑数据模型选取一个最适合应用环境的物理结构的过程。

  数据库物理设计的主要包括以下内容。

  ① 设计关系、索引等数据库文件的物理存储结构。

  ② 为关系模型选取存取办法，建立存取路径。数据库管理系统常用的存取方法包括：B＋树索引方法、聚簇（Cluster）方法、Hash 方法。

  ③ 选择索引存取方法的主要内容，包括以下几个方面：

   ↳ 对哪些属性列建立索引；

   ↳ 对哪些属性列建立组合索引；

   ↳ 对哪些索引设计为唯一索引；

  ④ 确定数据的存放位置和存储结构。

  影响数据存放位置和存储结构的主要因素有：

⤷ 硬件环境，CPU、硬盘、内存；

⤷ 应用需求，如存取时间、存储空间利用率、维护代价等。

⑤ 确定系统配置，数据安全。

1.4 当前流行的数据库管理系统简介

1. Microsoft SQL Server

SQL Server 是 Microsoft 公司开发的关系型数据库管理系统。它使用了客户机/服务器体系结构，即把工作负载划分成在客户机上运行的任务和在服务器上运行的任务。SQL Server 可以在微软公司的 Windows 操作系统中运行，也可以运行在非微软公司开发的操作系统如 UNIX、Linux 操作系统中。

2. Oracle

Oracle 公司是美国专门研究关系型数据库软件的开发商，Oracle RDBMS 是该公司的主打产品，可运行于多种操作系统平台上。Oracle RDBMS 有 3 种不同配置。

① Oracle 通用服务器（Oracle Universal Server）。

② Oracle 工作组服务器（Oracle Workgroup Server）。

③ 个人 Oracle（Personal Oracle）。

3. Delphi

Delphi 是美国 Borland 公司近年推出的数据库管理软件，它也是关系型数据结构，主要采用了面向对象的程序设计方法，使许多程序代码可以重复使用。它为用户设计提供了一个基本框架，设计人员只需往框架中填写适合自己应用需要的程序代码，大大改变了过去的编程方式。它具有 Windows 风格的图形界面，设计工具丰富。它并不像上述两种数据库管理系统那样有强大的服务器功能，是大中型数据库设计人员青睐的数据库管理系统。

4. Visual FoxPro

FoxPro 属于关系型数据库管理系统，它的早期版本是美国 FOX 公司的产品，主要在 DOS 操作系统下运行。后来 Microsoft 公司收购 FoxPro，开发成了可视化产品，即 Visual FoxPro，既能兼容原有的 FoxPro 应用程序，又得到了 Windows 操作系统的支持，受到 FoxPro 老用户欢迎。

5. Microsoft Access

Microsoft Access 是 Microsoft Office 产品中的应用程序之一，同样是一个关系型数据库管理系统。它随着 Office 产品的升级，现在已发展成为功能很强的数据库管理软件。因为它集成在 Office 中，界面风格及许多工具与 Excel、Word 相似，安装和使用都非常方便。它应用对象管理的方法，提供了各种应用所需的对象，使得非专业程序员利用工具和对象就能设计出数据库应用程序，是办公室、行政管理部门开发中小型数据库系统的首选平台。

Visual FoxPro 6.0 和 Access 2003 及以后的产品都增加了 Web 发布功能，可以很方便地将本地数据发布到 Internet 上。

习题 1

思考题

1. 什么是数据库？数据库有哪些作用？
2. 什么是 DBMS，它提供了哪几个方面的数据控制功能？
3. 简述数据库管理技术的发展过程。
4. 什么是数据库系统？它有哪些部分组成？
5. 什么是数据模型？它的主要类型是什么？
6. 什么是 E-R 图？概念设计的方法是什么？
7. 数据库设计的原则是什么？它包括哪些操作步骤？
8. 关系数据模型的优缺点主要包括哪些方面？

第 2 章　数据库和表

　　Access 是一个功能强大的关系数据库系统，可以组织、存储并管理任何类型和任意数量的信息。为了解和掌握 Access 组织和存储信息的方法，本章将详细介绍 Access 数据库和表的基本操作，包括数据库的创建、表的建立和表的编辑等内容。

2.1　创建数据库

　　创建 Access 数据库，首先应根据用户的需求对数据库应用系统进行分析和研究，全面规划，然后再根据数据库系统的设计规范创建数据库。

2.1.1　数据库设计的操作步骤

　　数据库设计的步骤一般为：分析建立数据库的目的、确定数据库中所需的表、确定表中所需的字段、确定主关键字以及确定表之间的关系等，如图 2-1 所示。

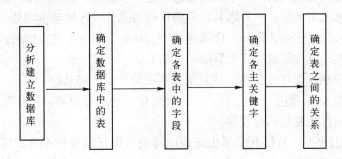

图 2-1　数据库设计步骤

　　下面就以教学管理数据库的设计为例，详细介绍数据库设计的基本操作步骤。

　　【实例 2-1】　根据下面介绍的教学管理基本情况，设计教学管理数据库。某学校教学管理主要包括教师管理、学生管理和学生选课管理等几项。学生选课成绩表如表 2-1 所示。

表 2-1　学生选课成绩表

学　号	姓　名	课程编号	课程名称	课程类别	学　分	成　绩
2110405252	刘力	101	计算机实用软件	必修课	3	77
2110405253	刘红	102	英语	必修课	6	67
⋮	⋮	⋮	⋮	⋮	⋮	⋮

1．分析建立数据库的目的

一个成功的数据库设计方案应将用户需求融入其中，因此，需要先分析为什么要建立数据库及所建立的数据库应完成的任务。

在分析中，数据库设计者应与数据库的最终用户进行交流，收集资料阶段的工作非常烦琐，但必须耐心细致地了解现行业务处理流程，收集全部数据资料，如报表、合同、档案、单据、计划等，所有这些信息在后面的设计操作步骤中都要用到。

通过对学校教学管理工作的了解和分析，可以确定，建立教学管理数据库的目的是为了解决教学信息的组织和管理问题。主要任务应包括教师信息管理、学生信息管理和选课情况管理。

2．确定数据库中的表

确定数据库中的表是数据库设计过程的第二步，同时也是技巧性最强的一步。因为，设计者从第一步确定的数据库所要解决的问题和收集的各种表格中，不一定能够找出生成数据库表结构的线索。一般情况下，设计者不要急于在 Access 中建立表，而应先在纸上进行设计。为了能够更加合理地确定数据库中应包含的表，可以按以下原则对数据库进行分类。

（1）每个表应该只包含关于一个主题的信息

如果每个表只包含关于一个主题的信息，那么就可以独立于其他主题来维护每个主题的信息。仔细研究需要从数据库中取出的信息，遵循概念单一化"一事一地"的原则，即一个表描述一个实体或实体间的一种联系，并将这些信息分成各种基本实体，例如，在教学管理数据库中，把教师、学生、课程、选课等每个实体设计成一个独立的表，保存在不同的表中，这样当删除某一学生信息时不会影响教师信息。

（2）表中不应该包含重复信息，并且信息不应该在表之间复制

如果每条信息只保存在一个表中，那么只需在一处进行更新，这样效率更高，同时也消除了包含不同信息重复项的可能性。

在教学管理的业务中只提到了学生选课成绩表，但仔细分析不难发现，表中包含了 3 类信息：一是学生基本信息，如学生学号、姓名等；二是课程信息，如课程编号、课程名称、课程类别、学分等；三是学生成绩信息。如果将这些信息放在一个表中，必然会出现大量的重复，不符合信息分类的原则。因此，要根据已经确定的教学管理数据库应完成任务及信息分类原则，将教学管理数据分为 4 类，并分别存放在教师、学生、课程和选课成绩 4 个表中。

3．确定表中所需的字段

对于第二步已经确定的每一个表，还要设计它的结构，即要确定该表应包含哪些字段。在 Access 数据库中，每个表所包含的信息都应该属于同一个主题，因此，在确定表中所需的字段时，要注意每个字段包含的内容应与表的主题相关，而且应包含相关主题所需的全部信息。注意：表中不要包含需要推导或计算的数据，一定要以最小逻辑部分作为字段来保存，即每个字段直接与表的实体相关，表中的字段必须是原子数据，不可再分割。

在命名字段时，应符合 Access 字段命名规则。在 Access 中，字段的命名规则是：

− 字段名长度为 1～64 个字符；

− 字段名可以包含字母、汉字、数字、空格和其他字符；

− 字段名不能包含名号（.）惊叹号（!）、方括号（[]）和重音符号（'）。

根据以上分析，按照字段的命名规则，可确定教学管理数据库中的 4 个表，如表 2-2 所示。

表 2-2　教学管理数据库中的表

教　师　表	学　生　表	选课成绩表	课　程　表
教师编号	学生编号	选课 ID	课程编号
姓名	姓名	学生编号	课程名称
性别	性别	课程编号	课程类别
工作时间	年龄	成绩	学分
政治面目	入校日期		
学历	团员否		
职称	简历		
系别	照片		
联系电话			

4．确定主关键字

为了使保存在不同表中的数据产生联系，Access 数据库中的每个表必须要有一个字段能唯一地标识每条记录，这个字段就是主关键字。主关键字可以是一个字段，也可以是一组字段。在 Access 中表示为字段或字段的组合，教师表中的编号可以作为标识一条记录的关键字。由于具有同一个职称的可能不止一个人，职称字段不能作为唯一标识的关键字。主关键字和候选关键字就起唯一标识一个元组的作用。

外部关键字：如果表中的一个字段不是本表的主关键字，而是另外一个表的主关键字和候选关键字，这个字段就称为外关键字。从集合论的观点来定义关系，可以将关系定义为元组的集合；关系模式是命名的属性集合；元组是属性值的集合。一个具体的关系模型是若干个有联系的关系模式的集合。

为了确保主关键字段值的唯一性，Access 不允许在主关键字字段中存入重复值和空值。

表 2-2 所示的 4 个表中都设计了主关键字，如教师表中的主关键字是教师编号，具有唯一的值；学生表中的主关键字是学生编号；课程表中的主关键字为课程编号；选课成绩表中的主关键字为选课 ID，它们都具有唯一的值。

5．确定表之间的关系

在确定了表、表结构和表中的主关键字后，还需要确定表与表之间的关系。只有这样才能将不同表中的相关数据联系起来，为今后的应用打下良好的基础。图 2-2 显示了教学管理数据库中表之间的关系。至于如何定义表之间的关系，将在后面的章节中详细介绍。

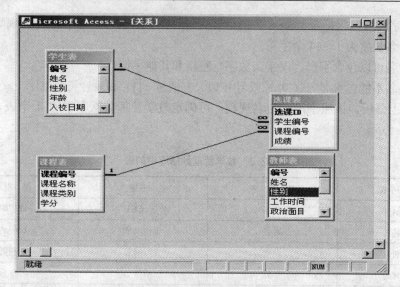

图 2-2　教学管理数据库中表之间的关系

在设计完所需表、字段和关系之后，还应该检查所做的各项设计，找出设计中不足的地方加以改进。设计者执行逐步设计要求精确操作，以检查是否遗忘字段；是否存在大量空白字段；是否有包含了同样字段的表；表中是否带有大量不属于某实体的字段；是否在某个表中重复输入了同样的信息；是否为每个表选择了合适的主关键字；是否有字段很多而记录很少的表。

实际上，现在修改数据库设计中的不足比向表中已填入数据后再修改要容易得多。如果认为确定的表结构已经达到了设计的要求，就可以向表中添加数据，并且可以新建所需要的查询、窗体、报表、宏和模块等其他数据库对象。

2.1.2　创建数据库

在介绍了有关数据库的基本概念、清楚了数据库设计的操作步骤之后，就可以开始创建数据库。在创建数据库之前，最好先建立用户自己的文件夹，以便今后的管理。创建数据库有两种方法：第一种方法是先建立一个空数据库，然后向其中添加表、查询、窗体和报表等对象；第二种方法是使用"数据库向导"，利用系统提供的模板进行一次操作来选择数据库类型，并创建所需的表、窗体和报表。

提示：

◇ 第一种方法比较灵活，但是用户必须分别定义数据库中的每个对象；

◇ 第二种方法只需要一次操作就可以创建所需的表、窗体和报表，这是创建数据库最简单的一种方法。

无论采用哪一种具体的方法，在数据库创建之后，用户都可以在任何时候修改或扩展数据库。

1. 创建空数据库

创建空数据库有两种方法：启动 Access 时创建和在 Access 程序窗口中使用"新建"命

令创建。

Access 启动后，屏幕上显示如图 2-3 所示的对话框。在该对话框中，通过选择"空 Access 数据库"单选项来建立新的空数据库。

图 2-3 "Microsoft Access"对话框

【实例 2-2】 建立教学管理数据库，并将建好的数据库保存在 E 盘 Access 文件夹中。

① 启动 Access，屏幕上显示"Microsoft Access"对话框，如图 2-3 所示。

② 在该对话框中，单击"空 Access 数据库"选项，然后单击"确定"按钮，这时屏幕上显示如图 2-4 所示的"文件新建数据库"对话框。

图 2-4 "文件新建数据库"对话框

③ 在该对话框中的"保存位置"框中找到 E 盘 Access 文件夹，并打开。

如果需要，可以通过选择位置栏上的图标将文件保存到桌面或者是其他的文件夹中。

④ 在"文件名"文本框中输入"教学管理"，单击"创建"按钮。

2. 使用新建命令创建

如果已经打开了数据库，或者在启动 Access 时已将"Microsoft Access"对话框关闭，可以使用此方法。具体的操作步骤如下。

① 单击"文件"菜单中的"新建"命令，或者单击工具栏上的"新建"按钮，这时屏幕上显示如图 2-5 所示的"新建"对话框。

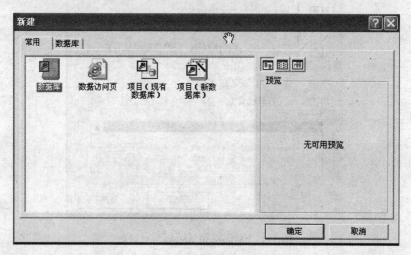

图 2-5 "新建"对话框

② 在"新建"对话框中，单击"常用"选项卡，并单击列表框内的"数据库"图标，然后单击"确定"按钮，这时屏幕上会显示出如图 2-6 所示的"文件新建数据库"对话框。

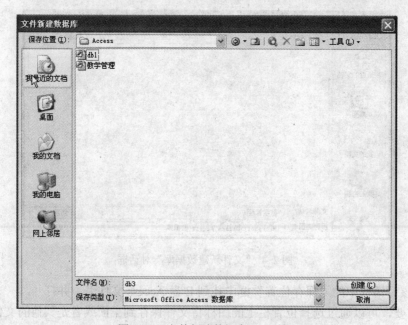

图 2-6 "文件新建数据库"对话框

③ 在该对话框中"保存位置"框内找到存储数据库的文件夹，并打开。

④ 在该对话框的"文件名"文本框中输入文件名，然后单击"创建"按钮。

Access 数据库的文件的扩展名为 .mdb，在对话框中的"文件名"文本框中只要输入文件名就可以，不必同时输入扩展名，这个由系统自动生成。这样就在指定的位置创建了一个空数据库，接下来就可以添加各种数据库对象。

在 Access 中，数据库是与特定主题或目的相关的数据的集合，是包含有多种数据库对象的容器。

在任何时刻，Access 只能打开运行一个数据库，但每一个数据库可以拥有众多的表、查询、窗体、报表、数据访问页、宏和模块。并且用户可以同时打开、运行多个数据库对象（例如，可以同时打开多个表）。

3. 使用"向导"创建数据库

"数据库向导"中提供了一些基本的数据库模板，利用这些模板可以方便、快速地创建数据库，在使用"数据库向导"前，应先从"数据库向导"所提供的模板中找出与所建数据库相似的模板，如果所选的数据库模板不能满足要求，可以在建立之后，在原来的基础上进行修改。与创建空数据库一样，使用"数据库向导"创建数据库也分为启动 Access 时创建和使用"新建"命令创建两种。

1）启动 Access 时创建

【实例 2-3】　在 E 盘"教学管理"文件夹下创建"教学管理"数据库。具体操作步骤如下。

① 启动 Access 后，屏幕上显示如图 2-3 所示的"Microsoft　Access"对话框。

② 在该对话框中选择"Access 数据库向导、数据页和项目"单选项按钮，然后单击"确定"按钮，屏幕上显示如图 2-7 所示的"新建"对话框，单击"数据库"选项卡，显示Access 提供的所有数据库模板。

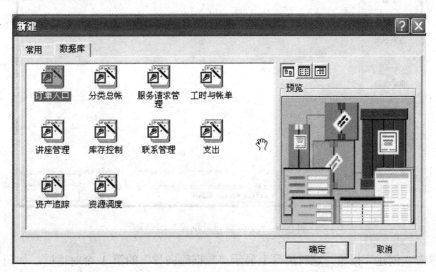

图 2-7　数据库模板

③ 选择与所建数据库相似的模板，这里选择"联系管理"模板，然后单击"确定"

按钮，屏幕上显示如图 2-8、图 2-9 所示的"联系管理"模板和"文件新建数据库"对话框。

④ 在对话框的"保存位置"框内找到 E 盘"教学管理"文件夹，并打开。

⑤ 在"文件名"文本框中输入数据库名称"联系管理"，如图 2-9 所示。

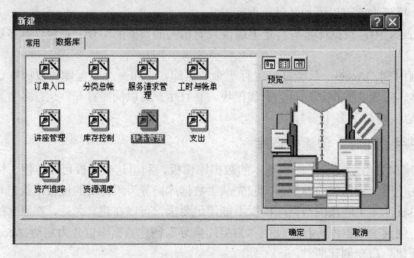

图 2-8　选择"联系管理"模板

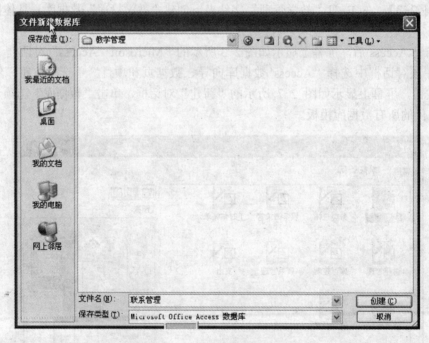

图 2-9　"文件新建数据库"对话框

⑥ 单击"创建"按钮，这时屏幕上显示"数据库向导"的第 1 个对话框，如图 2-10 所示。该对话框列出了"联系管理"数据库模板建立的"联系管理"数据库中所包含的信息，如联系信息、通话信息等。这些信息是由模板本身确定的，用户在这里无法改变，

如果包含的信息不能完全满足设计要求，可以在使用向导创建数据库操作结束后，再对它进行修改。

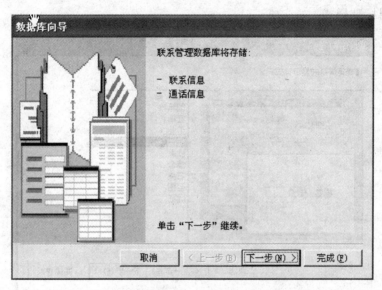

图 2-10 "数据库向导"的第 1 个对话框

⑦ 单击"下一步"按钮，屏幕上显示"数据库向导"的第 2 个对话框，如图 2-11 所示。在该对话框中左侧的列表框中列出了"联系管理"数据包含的表。

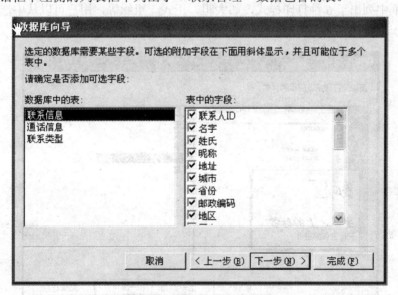

图 2-11 "数据库向导"的第 2 个对话框

⑧ 单击其中的一个表，对话框右侧列出该表中可包含的字段。这些字段可以分为两种：一种是表中必须包含的字段，用黑体表示；另一种是表的可选字段，用斜体表示。如果要将可选择的字段包含到表中，则单击它前面相应的复选框。

⑨ 单击"下一步"按钮，这时屏幕上显示"数据库向导"的第 3 个对自话框，如

图 2-12 所示。该对话框中列出了向导所提供的 10 种屏幕显示样式,如 Sumi 画、国际、宣纸、工业、标准、沙岩、混合、石头、蓝图、远征等,用户可以从中选取任一种。这里采用标准样式。

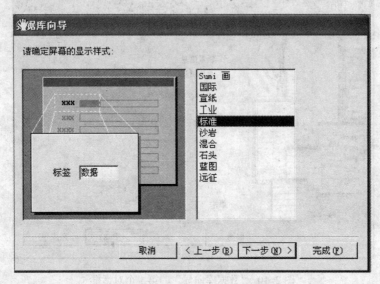

图 2-12 "数据库向导"的第 3 个对话框

⑩ 单击"下一步"按钮,屏幕上显示"数据库向导"的第 4 个对话框,如图 2-13 所示。该对话框中列出了 6 种打印样式,如大胆、正式、组织等,用户可以从中选取一种。这里选取"组织"样式。

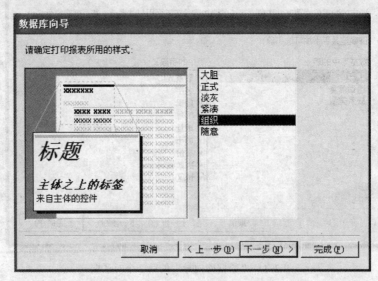

图 2-13 "数据库向导"的第 4 个对话框

⑪ 单击"下一步"按钮,屏幕显示"数据库向导"的第 5 个对话框,如图 2-14 所示。
⑫ 在"数据库向导"的第 5 个对话框的"请指定数据库的标题"文本框输入"联系管理"。

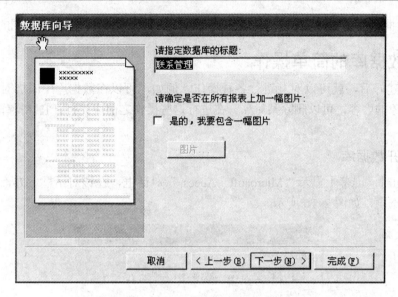

图 2-14　"数据库向导"第 5 个对话框

⑬ 单击"完成"按钮，如图 2-15 所示。

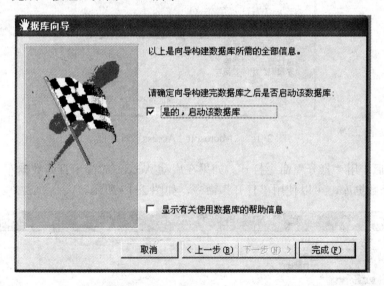

图 2-15　单击"完成"按钮

　　完成上述操作后，教学管理数据库的结构就建立起来了。但是，由于"数据库向导"创建的表可能与所需要的表存在差异，表中所包含的字段可能与需要的字段不完全一样，因此，使用"数据库向导"创建数据库后，还需要进行修改，具体操作方法将在下面的章节中介绍。

　　2）使用"新建"命令创建

　　如果在启动 Access 时关闭了"Microsoft Access"对话框，或者在已经打开了某数据库的情况下要建立新的数据库，可以使用"数据库向导"。具体的操作方法是：单击"文件"菜单中的"新建"命令，或者单击工具栏上的新建按钮 📄，这时屏幕上显示如图 2-7 所示的

"新建"对话框，接下来的操作与启动 Access 时使用的数据库向导的操作是相同的。

2.1.3　数据库的简单操作

数据库建好后，就可以对其进行各种操作。例如，可以在数据库中添加对象，可以修改其中某对象的内容，可以删除某对象。在进行这些操作之前应先打开它，操作结束后要关闭它。

1．打开数据库

① 启动时，屏幕上显示"Microsoft　Access"对话框，在该对话框下方，单击"打开已有文件"选项，如图 2-16 所示。

图 2-16　"Microsoft　Access"对话框

② 启动后，用"打开"命令打开。如果在启动 Access 时尚未打开数据库，或者需用重新打开另一个数据库，可以使用"打开"命令，如图 2-17 所示。

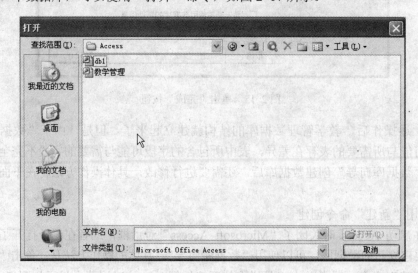

图 2-17　Microsoft　Access 的"打开"对话框

③ 双击某个 Access 数据库文件(*. mdb)。

2．关闭数据库

① 单击“数据库”右上角的“关闭”按钮。

② 双击“数据库”窗口左上角的“控制”菜单图标。

③ 单击“数据库”窗口左上角的“控制”菜单图标，从弹出的菜单中选择“关闭”命令。

3．管理数据库

数据库管理工作主要包括数据库的压缩、修复、加密和解密及为数据库设置密码等任务。

（1）压缩和修复数据库

在表中添加、删除记录或者删除数据库对象，可能会使数据库所占用的磁盘空间变成许多无法有效利用的碎片，从而减慢了系统的执行速度，并且浪费了宝贵的磁盘空间。为了解决这一问题，用户可以定期压缩数据库。Access 能够识别数据库占用的空间，重新利用浪费的磁盘空间。

（2）加密和解密数据库

用户可以随时对数据库进行加密，以确保数据库只能在 Access 2003 下打开和使用。

（3）为数据库设置密码

为数据库设置密码可以防止非法用户使用数据库，是简便易行的数据库安全保护措施。这种方法仅适用于单用户环境下对数据库进行保护，不适用于网络多用户环境，因为它无法区分每一个用户。

假如要为某一个数据库设置密码，首先用户必须要“以独占方式打开”，如图 2-18 所示。

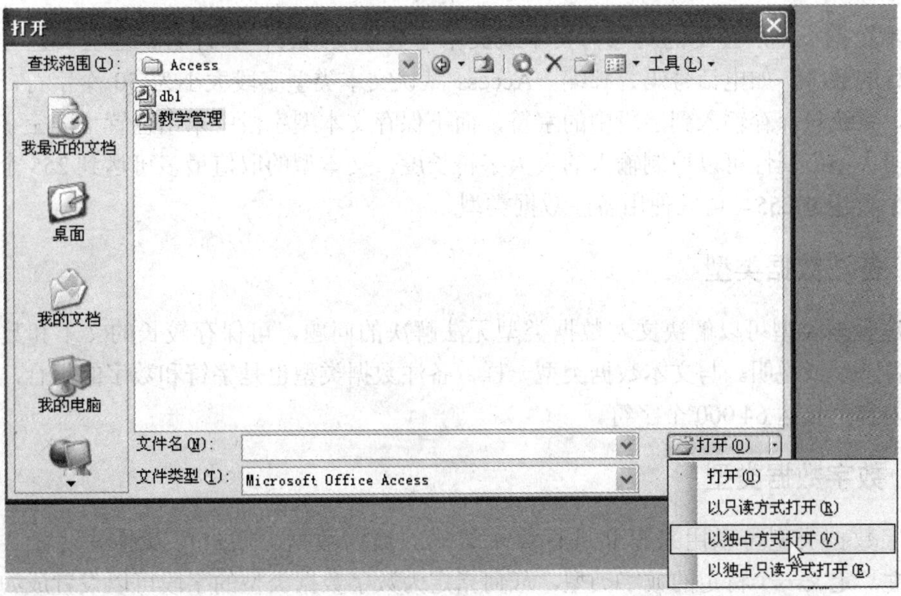

图 2-18 以独占方式打开

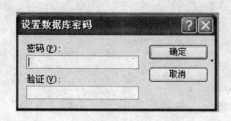

图 2-19　"设置数据库密码"对话框

若要以该方式打开数据库，在"工具"菜单的"安全"子菜单中选择"设置数据库密码"命令即可，弹出"设置数据库密码"对话框，如图 2-19 所示，按提示进行相应设置。

若要撤销数据库密码，首先也需要以独占方式打开指定的数据库，然后从"工具"菜单的"安全"子菜单中选择"撤销数据库密码"命令即可。

2.2　建立表

表是 Access 数据库的基础，是存储数据的地方，其他数据库对象，如查询、窗体、报表等都是在表的基础上建立并使用的，因此，它在数据库中占有重要的位置。为了使用 Access 管理数据，在空数据库建好后，还要建立相应的表。Access 表由表结构和表内容两部分构成的，先建立表结构，之后才能向表中输入数据。

本节将详细介绍表的结构，包括 Access 数据类型、建立表结构、向表中输入数据、字段属性的设置及建立表与表之间关系的内容。

2.2.1　Access 数据类型

用户在设计表时，必须定义表中字段使用的数据类型。Access 常用的数据类型有：文本、备注、数字、日期/时间、货币、自动编号、是/否、OLE 对象、超级链接、查阅向导等。

1．文本数据类型

文本数据类型所使用的对象为文本或文本与数字的组合。如姓名、地址；也可以是不需要计算的数字，如电话号码、邮编。Access 默认文本类型字段大小为 50 个字符，但用户输入时，系统只保存输入到字段中的字符，而不保存文本型字段中未用位置上的空字符。设置"字段大小"属性可以控制输入的最大字符长度。文本型的取值最多可达到 255 个字符，若字符个数超过 255，可以使用备注数据类型。

2．备注数据类型

备注数据类型可以解决文本数据类型无法解决的问题，可保存较长的文本和数字。如简短的备忘录或说明。与文本数据类型一样，备注数据类型也是字符和数字的组合，它允许存储的内容可长达 64 000 个字符。

3．数字数据类型

数字数据类型可以用来存储进行算术运算的数字数据。用户可以通过设置"字段大小"属性，定义一个特定的数字类型，任何指定为数字数据类型的字段可以设置成如表 2-3 所示值的范围（默认值是 double）。

表 2-3　数据类型

数　据　类　型	可存储的数据	大　　小
文本（Text）	文字、数字型字符	最多存储 255 个字符
备注（Memo）	文字、数字型字符	最多存储 65 535 个字符
数字（Number）	数值	1、2、4 或 8 字节
日期/时间（Date / Time）	日期时间值	8 字节
货币（Currency）	货币值	8 字节
自动编号（Auto Number）	顺序号或随机数	4 字节
是/否（Yes / no）	逻辑值	1 位
OLE 对象（OLE Object）	图像、图表、声音等	最大为 1 吉字节
超（级）链接（Hyperlink）	作为超（级）链接地址的文本	最大为 2048×3 个字符
查阅向导（Lookup Wizard）	从列表框或组合框中选择的文本或数值	4 字节

4．日期/时间数据类型

日期/时间数据类型用来存储日期、时间或日期时间组合。每个日期/时间字段需要 8 个字节的存储空间。

5．货币数据类型

货币数据类型是数字数据类型的特殊类型，等价于具有双精度属性的数字数据类型。向货币字段输入数据时，不必输入货币符号和千位分隔符，系统自动显示，并添加两位小数到货币字段中。

6．自动编号数据类型

自动编号数据类型较为特殊。每次向表中添加新记录时，Access 会自动插入唯一顺序号，即在自动编号字段中指定某一数值。

提示：自动编号数据类型一旦被指定，就会永久地与记录连接。如果删除了表中含有自动编号字段的一个记录，Access 并不会对表中自动编号型字段重新编号。当添加某一记录，Access 不再使用已被删除的自动编号型字段，按递增的规律重新赋值。

自动编号数据类型占 4 个字节的空间，即它是以长整数存于数据库中。这里应注意的是，不能对自动编号型字段人为地指定数值或修改其数值，每个表中只能包含一个自动编号型字段。

7．是/否数据类型

是/否数据类型是针对只包含两种不同取值的字段而设置的。如 Yes/No、True/False、On/Off 等数据，又常被称为 "布尔" 型数据。通过是/否数据类型的格式特性，用户可以对是/否字段进行选择，使其显示为 Yes/No、True/False 、On/Off。

8．OLE 对象数据类型

OLE（Object Linking and Embedding ）字面意思是对象链接与嵌入，最开始是一种复合文档技术，比如在 Word 文档中可以用 Excel 数据，写字板可能嵌入图片文件等。VB 中有一种控件就叫做 OLE 对象，通过这个控件可以调用其他格式的数据。其实 OLE 技术在办公中的应用就是满足用户在一个文档中加入不同格式数据的需要，即解决建立复合文档的问题。

9．超级链接数据类型

超级链接数据类型的字段是用来保存超级链接的。超级链接型字段包含作为超级链接地址的文本或以文本形式存储的字符与数字的组合。超级链接地址是通往对象、文档、Web页或其他目标的路径。一个超级链接地址可以是一个 URL（通往 Internet 或 Intranet 节点）或一个 UNC 网络路径（通往局域网中一个文件的地址）。超级链接地址也可能包含其他特定的地址信息，如数据库对象、书签或该地址所指向的 Excel 单元格范围。当单击一个超级链接时，Web 浏览器或 Access 将数据超级链接地址到达指定的目标。

10．查阅向导数据类型

查阅向导数据类型是为用户提供了建立一个字段内容的列表，可以在列表中选择所列内容作为添加字段的内容。使用查阅向导可以显示下面所列的两种列表中的字段。

① 从已有的表或查询中查阅数据列表，表或查询的所有更新都将反映在列表中。

② 存储一组不可更改的固定值的列表，即在列表中选择一个数值以存储到字段中。

2.2.2 建立表结构

建立表结构有 3 种方法（见图 2-20）：

① 一是在"数据表"视图中直接在字段名处输入字段名，这种方法比较简单，但无法对每一个字段的数据类型、属性值进行设置，一般还需要在"设计"视图中进行修改；

② 二是使用"设计"视图，这是一种最常用的方法；

③ 三是通过"表向导"创建表结构，其创建方法与使用"数据库向导"创建数据库的方法类似。

下面分别介绍这 3 种方法。

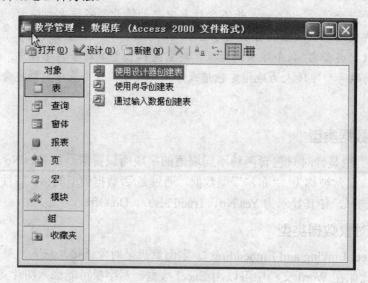

图 2-20　创建表的方法

1. 使用"数据表"视图

"数据表"视图是按行和列显示表中数据的视图。在此视图中，可以进行字段的编辑、添加、删除和数据的查找等各项操作。"数据表"视图是 Access 中最常见的视图形式。

【实例2-4】 建立"教师"表，教师表结构如表 2-4 所示。

表 2-4 教师表结构

字 段 名	类 型	字 段 名	类 型
姓名	文本	工作日期	日期/时间
教工编号	数字	政治面貌	文本
性别	文本		

具体操作步骤如下。

① 在"数据库"窗口中，单击"表"对象，然后单击"新建"按钮，屏幕上显示如图 2-21 所示的"新建表"对话框。

② 在该对话框中，单击"数据表视图"，然后单击"确定"按钮，屏幕上显示 1 个空数据表，如图 2-22 所示。表中各个字段的名称依次为"字段 1"、"字段 2"、"字段 3"……。

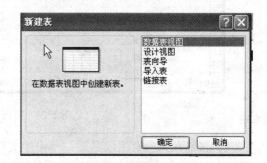

图 2-21 "新建表"对话框

图 2-22 空数据表

在 Access 中，也可以在"数据库"窗口中，单击"表"对象，然后双击"通过输入数据创表"打开"数据表视图"（见图 2-23）。在空数据表中，双击"字段 1"，输入"姓名"；

双击"字段 2",输入"教工编号";双击"字段 3",输入"性别";使用同样方法,输入第 4 个字段名、第 5 个字段名等。

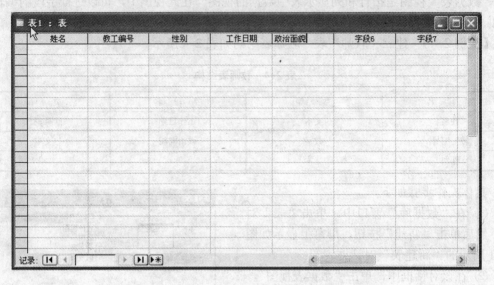

图 2-23　双击字段更改字段名称

③ 在输入完所有字段名后,单击"文件"菜单中的"保存"命令,或单击工具栏上的"保存"按钮 ，这时屏幕上显示"另存为"对话框,如图 2-24 所示。

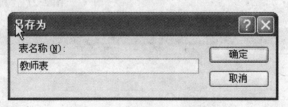

图 2-24　保存所建的表

④ 在"另存为"对话框的"表名称"文本框中输入表名"教师表",然后单击"确定"按钮。由于前面的操作中没有指定主关键字,因此,这时屏幕上显示"创建主键"提示框,如图 2-25 所示。

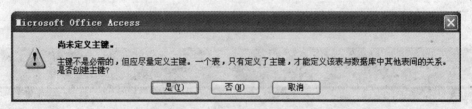

图 2-25　"尚未创建主键"提示框

⑤ 单击"是"按钮,Access 为新建的表创建一个"自动编号"字段作为主关键字,这种主关键字的值从 1 开始递增;单击"否"按钮,不建立"自动编号"主关键字;单击"取消"按钮,放弃保存表的操作。如果在建数据库表中的主关键字的选择上没有把握,可

以先选择"否"，因为在后面的设计中，如何更改"主关键字"的方法很简单。

2．使用"设计"视图

在一般情况下，使用"设计"视图建立表结构，要详细说明每个字段的字段名称及所对应的数据类型情况。

【实例2-5】在"教学管理"数据库中建立"学生表"，其对应的表结构如表 2-5 所示。

表 2-5　学生表结构

字 段 名 称	数 据 类 型	字 段 名 称	数 据 类 型
学号	文本	入校日期	日期/时间
姓名	文本	团员否	是/否
性别	文本	简历	备注
年龄	数字	照片	OLE 对象

使用"设计"视图建立"学生表"的表结构，其具体操作步骤如下。

① 在"数据库"窗口中，单击"表"对象，然后单击"新建"按钮，这时屏幕上会显示"新建表"对话框。

② 在"新建表"对话框中，单击"设计视图"，然后单击"确定"按钮，屏幕上显示如图 2-26 所示的"设计"视图。

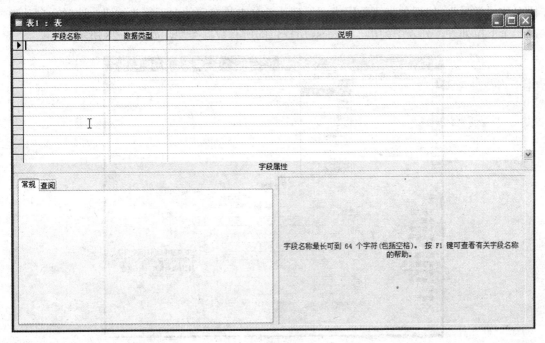

图 2-26　"设计"视图

提示：在 Access 中，也可以在"数据库"窗口中，先单击"表"对象，然后再直接双击"使用设计器创建表"打开图 2-27 所示的"设计"视图。

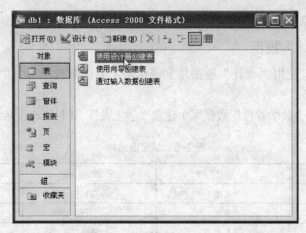

图 2-27 使用设计器创建表

表的"设计"视图分为上下两部分。上半部分是字段输入区，从左到右分别为字段选定器、字段名称列，数据类型列和说明列。字段选定器主要用来选择某一字段，字段的名称列用来说明字段的名称，数据类型列用来说明该字段的数据类型，如果需要可以在说明列中对字段进行必要的说明。下半部分是字段属性区，在字段属性中可以设置字段的相应各项属性值。

③ 单击"设计"视图的第一行"字段名称"列，并在其中输入"学生表"的第一个字段名称"学号"；然后单击"数据类型"列，并单击其右侧的向下箭头按钮，这时会自动弹出一个下拉列表，列表中列出了 Access 所提供的所有数据类型，如图 2-28 所示。

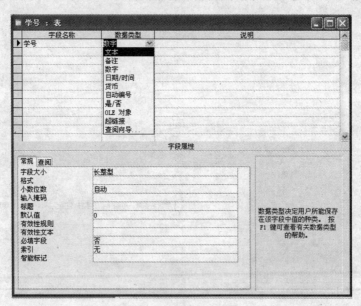

图 2-28 数据类型

④ 选择"文本"数据类型；在"说明列"中输入字段的说明信息："主关键字"。说明信息并不是必须所包含的，但它可以增加数据的可读性。

⑤ 单击"设计"视图的第二行"字段名称"列，并在其中输入"姓名"，单击相应的

"数据类型"列，从弹出的下拉列表中选择"文本"数据类型。

⑥ 重复操作步骤⑤，在"设计"视图中按表 2-5 所列出来的字段名和数据类型，分别输入表中其他字段的名称，并设置相对应的数据类型。如果需要，也可以在字段属性区域设置相应的属性值，如长度等。

⑦ 定义完全部字段后，单击第 1 个字段的字段选定器，然后单击工具栏上的"主关键字"按钮，给所建表定义一个主关键字，如图 2-29 所示。

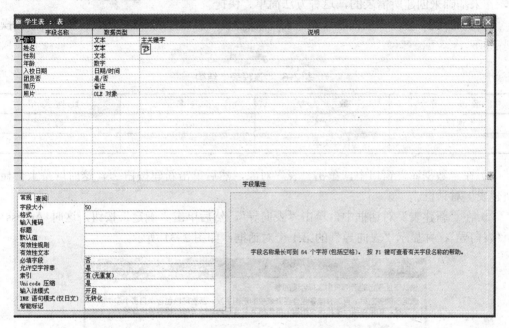

图 2-29　在"设计"视图中建立学生表

⑧ 单击工具栏上的"保存"按钮，这时出现"另存为"对话框。

⑨ 在"另存为"对话框中的"表名称"文本框内输入表名"学生表"。

⑩ 单击"确定"按钮。

提示：对于上面的设置中，字段名称"学号"，其数据类型有时设置为数字数据类型，其表达形式可以类似为：2110405252，但是对于"学号"056701010101，如果也将其设为数字数据类型，当在"数据"视图输入完后，前面的那个"0"也会被系统自动去掉，如图 2-30 所示。

(a)

(b)

图 2-30　特殊字段的类型选择

若在实际设计过程中，遇到此类问题时，可以进行数据类型的转换，如"数字"转换为"文本"数据类型。

3. 使用"表向导"

在 Access 中除了使用"数据表"视图和"设计"视图创建表的结构以外，还可以用"表向导"来创建某种格式的表。使用"表向导"创建表是在"表向导"的引导下，选择一个表作来基础来创建所需表的，这种方法简单、快捷。

【实例 2-6】 使用"表向导"创建表 "课程表"，"课程表"结构如表 2-6 所示。操作步骤如下。

表 2-6 "课程表"结构

字 段 名 称	数 据 类 型	字 段 名 称	数 据 类 型
课程	文本	成绩	数字
学号	文本		

① 在"数据库"窗口中，单击"表"对象，然后单击新建按钮，这时屏幕上会显示"新建表"对话框。

② 在"新建表"对话框中，单击"表向导"，然后单击"确定"按钮，这时 Access 启动"表向导"，并显示"表向导"的第 1 个对话框，如图 2-31 所示。

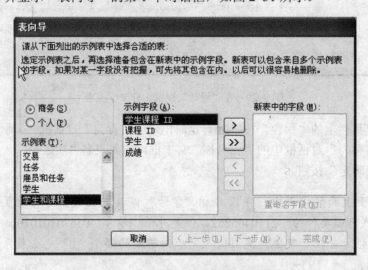

图 2-31 "表向导"的第 1 个对话框

③ 从该对话框中左边的"示例表"框中选择"学生和课程"表，这时在"示例字段"框中显示出来所有的可选择字段，单击全部添加按钮 表示将"示例字段"对话框中提供的所有字段都移到"新表中的字段"字段列表中。

在选择字段时，也可以单击添加按钮 选择一个或双击要选取的字段到"新表中的字段"列表中。这个按钮的灵活性相对大些，将实际所需要的字段移到新表中即可。若对已经选择的字段不满意，可以使用添加按钮 或全部添加按钮 ，取消所选择的字段，即从"新表中的字段"移除不需要的字段。

④ 单击"下一步"按钮，这时屏幕上显示"表向导"的第 2 个对话框，如图 2-32 所示。

在该对话框中"请指定表的名称"文本框中输入"选课成绩"，然后单击"是，帮我设置一个主键"，由"表向导"设计主关键字。

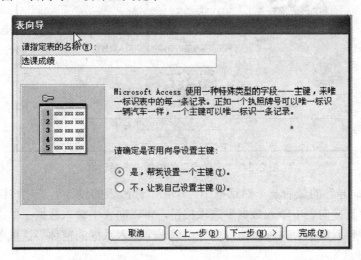

图 2-32　"表向导"的第 2 个对话框

⑤ 单击"下一步"按钮，这时屏幕上显示如图 2-33"表向导"的第 3 个对话框。该对话框询问新建的表是否要与其他表相关，通常情况下，新建的表至少要与当前数据库中的另一个表相关。

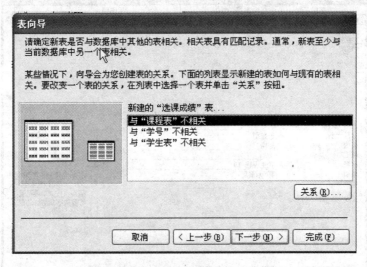

图 2-33　"表向导"的第 3 个对话框

⑥ 根据前面确定的"教学管理"数据库中表之间的关系来检查图 2-33 所示的对话框中所列出来的相关情况，如果符合确定表的关系，单击"下一步"按钮；如果需要与列表框中的某个表建立关系，则单击列表框中的相关表，然后单击"关系"按钮进一步定义，最后单击"下一步"按钮。这时屏幕上显示"表向导"的最后一个对话框，如图 2-34 所示。

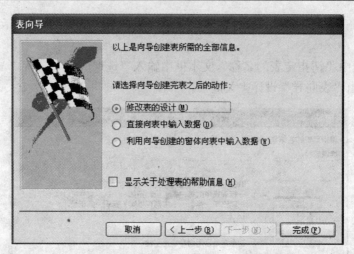

图 2-34　"表向导"的最后一个对话框

　　⑦ 在"表向导"的最后一个对话框中，单击"修改表的设计"选项按钮，可以修改表的设计；单击"直接向表中输入数据"选项按钮，可以向表中输入数据；单击"利用向导创建的窗体向表中输入数据"选项按钮，向导创建一个输入数据的窗体。这里单击"修改表的设计"选项按钮。

　　⑧ 单击"完成"按钮。

　　在完成上述各项操作后，表向导开始创建"选课成绩 1：表"，最后打开设计视图显示"选课成绩表"结构，如图 2-35 所示。

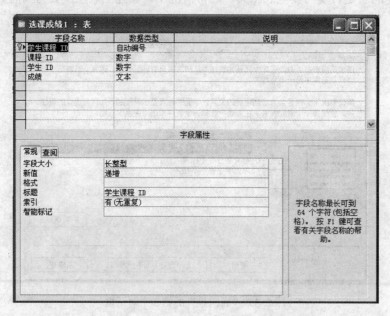

图 2-35　设计视图显示"选课成绩表"结构

　　⑨ 在设计视图中，对所建表的字段重新命名。这里可以将"学生课程 ID"改为"选课 ID"，将"学生 ID"改为"学号"，并选择"文本"数据类型；"课程 ID"改为"课程编号"，并选择"文本"数据类型；将"成绩"数据类型改为"数字"。

⑩ 关闭“设计”视图。

使用“表向导”创建的表结构，有时也与用户的实际要求存在不同之处，此时需要通过切换到“设计”视图对其进行必要的修改。因此，掌握“设计”视图的建立方法对于正确、熟练地建立表结构是非常重要的。

三种创建表方法比较：

- 使用“数据表”视图建表需再修改结构（类型等）；
- 使用“设计视图”先建结构再输入数据，实用；
- 使用“向导”创建表不灵活，也需根据实际需要在“设计视图”中修改结构。

2.2.3 向表中输入数据

在建立好表的结构之后，就可以向表中输入数据。所谓向表中输入数据就好像在一张空白的表格内填写数字一样简单。在 Access 中，可以利用“数据表”视图来向表中输入数据，也可以利用已有的表。

1．利用“数据表”视图来向表中输入数据

【实例 2-7】 向“学生表”中输入记录，输入内容如表 2-7 所示。

表 2-7　学生表内容

姓　名	学　号	录取学院	性　别	团员否	出生日期	民　族	照　片
周天宇	03011030582	01	男	否	1973.10.25	汉	
陆芬	03012050332	01	女	是	1983.07.11	瑶族	
……	……	……	……	……	……	……	

具体操作步骤如下。

① 在“数据库”窗口中，单击“表”对象。

② 双击“学生表”，打开“数据表”视图，如图 2-36 所示。

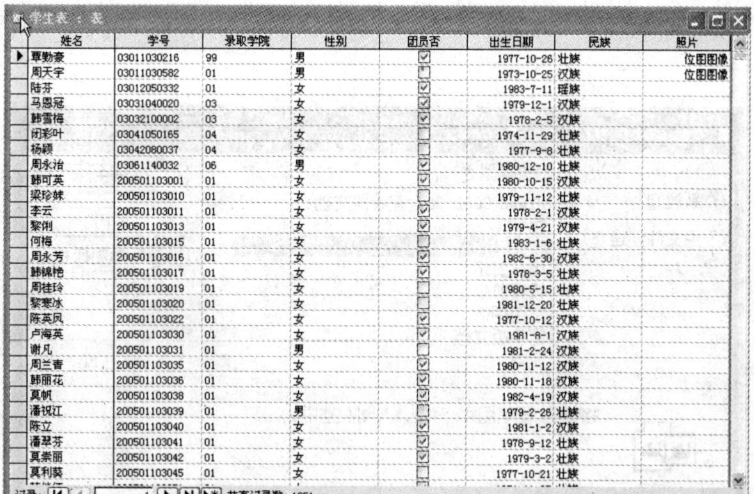

姓名	学号	录取学院	性别	团员否	出生日期	民族	照片
覃勤豪	03011030216	99	男	☑	1977-10-26	壮族	位图图像
周天宇	03011030582	01	男	☐	1973-10-25	汉族	位图图像
陆芬	03012050332	01	女	☑	1983-7-11	瑶族	
马恩冠	03031040020	03	女	☑	1979-12-1	汉族	
韩雪梅	03032100002	03	女	☑	1978-2-5	汉族	
闭彩叶	03041050165	04	女	☐	1974-11-29	壮族	
杨颖	03042080037	04	女	☐	1977-9-8	壮族	
周永治	03061140032	06	男	☑	1980-12-10	壮族	
韩可英	200501103001	01	女	☑	1980-10-15	汉族	
梁珍妹	200501103010	01	女	☐	1979-11-12	壮族	
李云	200501103011	01	女	☑	1978-2-1	汉族	
黎俐	200501103013	01	女	☑	1979-4-21	汉族	
何梅	200501103015	01	女	☐	1983-1-6	壮族	
周永芳	200501103016	01	女	☑	1982-6-30	汉族	
韩锦艳	200501103017	01	女	☑	1978-3-5	壮族	
周桂玲	200501103019	01	女	☐	1980-5-15	壮族	
黎寒冰	200501103020	01	女	☐	1981-12-20	壮族	
陈英凤	200501103022	01	女	☑	1977-10-12	汉族	
卢海英	200501103030	01	女	☑	1981-8-1	汉族	
谢凡	200501103031	01	男	☐	1981-2-24	汉族	
周兰青	200501103035	01	女	☑	1980-11-12	汉族	
韩丽花	200501103036	01	女	☑	1980-11-18	汉族	
莫帆	200501103038	01	女	☑	1982-4-19	汉族	
潘祝江	200501103039	01	男	☐	1979-2-26	壮族	
陈立	200501103040	01	女	☑	1981-1-2	汉族	
潘翠芬	200501103041	01	女	☑	1978-9-12	壮族	
莫崇丽	200501103042	01	女	☑	1979-3-2	壮族	
莫利葵	200501103045	01	女	☐	1977-10-21	壮族	

图 2-36　以数据表视图方式输入数据

③ 从第 1 个空白记录的第 1 个字段开始分别输入""、""、和""等字段的值，每输入完一个字段值按 Enter 键或按 Tab 键转到下一个字段。输入"团员否"字段值时，在复选框内单击鼠标左键会显示出一个"√"，打钩表示是团员；再次单击鼠标左键可以去掉"√"，不打钩表示为非团员。

④ 输入"照片"时，将鼠标指针指向该记录的"照片"字段列，单击鼠标右键，弹出快捷菜单，如图 2-37 所示。

姓名	性别	团员否	出生日期	民族	地址	照片
覃勤豪	男	☑	1977-10-26	壮族	广东马山县合群乡中心小学	位图图像
周天宇	男	☐	1973-10-25	汉族	从化北高中学	
陆芬	女	☑	1983-7-11	瑶族	广东马山县古零镇羊山小学	
马恩冠	女	☑	1979-12-1	汉族	广东上思县昌菱公司园艺队	
韩雪梅	女	☑	1978-2-5	汉族	广东广州市保爱路 2 7 - 2	
闭彩叶	女	☐	1974-11-29	壮族	东莞市靖西县靖西三中	
杨颖	女	☐	1977-9-8	壮族	广东邕宁县蒲庙镇孟连小学	
周永冶	男	☑	1980-12-10	壮族	广东乐业县新化镇乐翁村乐	
韩可英	女	☑	1980-10-15	汉族	广东灵山县太平镇苑西中学	
梁珍姝	女	☐	1979-11-12	壮族	广东武鸣县城东镇夏黄小学	
李云	女	☐	1978-2-1	汉族	广东从化新桥镇完小	
黎例	女	☑	1979-4-21	汉族	广东蒂县豪棋镇政府	
何梅	女	☐	1983-1-6	壮族	广东上林县西燕镇政府	
周永芳	女	☑	1982-6-30	汉族	从化中华镇山口高小	
韩锦艳	女	☑	1978-3-5	壮族	广东武鸣县太平镇庆乐小学	
周桂玲	女	☑	1980-5-15	壮族	广东邕宁县良庆镇新团小学	
黎寒冰	女	☐	1981-12-20	壮族	广东天等县驮堪乡独山联中	
陈英凤	女	☑	1977-10-12	汉族	广东合浦县闸口中学	
卢海英	女	☑	1981-8-1	汉族	广东灵山县云圩镇龙富塘小	
谢凡	男	☐	1981-2-24	壮族	广东横县陶圩大岭村	
周兰青	女	☑	1980-11-12	汉族	从化高田乡中心小学	
韩丽花	女	☐	1980-11-18	壮族	广东武鸣县府城镇富良小学	
莫帆	女	☑	1982-4-19	壮族	从化芦圩镇黄卢小学	
潘钺江	男	☐	1979-2-26	壮族	广东武鸣县仙湖镇连才小学	
陈立	女	☑	1981-1-2	汉族	从化芦圩镇马兰高小	
潘翠芬	女	☑	1978-9-12	壮族	广东武鸣县玉泉乡培联小学	
莫崇丽	女	☑	1979-3-2	壮族	广东来宾市忻城县宁江乡中	
莫利葵	女	☐	1977-10-21	壮族	广东忻城县莲塘东河小学	

快捷菜单：按选定内容筛选(S)、内容排除筛选、筛选目标(X)、取消筛选/排序(R)、升序排序(A)、降序排序(O)、剪切(T)、复制(C)、粘贴(P)、插入对象(I)...、超链接(O)

记录：14 ◄ 2 ► ►I ►* 共有记录数：1851

图 2-37　快捷菜单

⑤ 执行"插入对象"命令，打开"Microsoft Office Access"对话框，选择插入对象如图 2-38 所示。

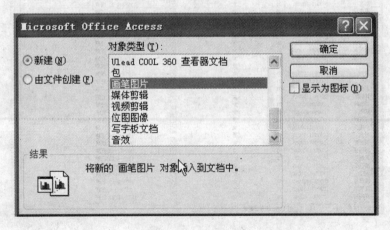

图 2-38　"Microsoft Office Access"对话框

⑥ 在"对象类型"列表框中选中"画笔图片"，单击"确定"按钮。屏幕上显示 "位图图像在学生表表中-画图"程序窗口，如图 2-39 所示。

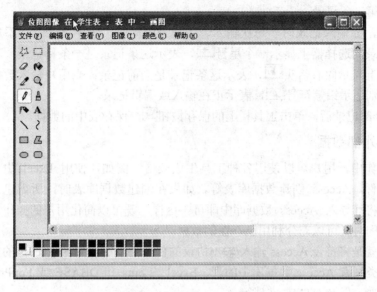

图 2-39 "位图图像在学生表中-画图"程序窗口

⑦ 执行"编辑"菜单中的"粘贴来源"命令，打开"粘贴来源"对话框，如图 2-40 所示。

图 2-40 "粘贴来源"对话框

⑧ 在该对话框中的"查找范围"中找到存放照片的文件夹，并最好使照片能以缩略图的方式显示，这样可以对各照片进行预览，在显示图片的列表框中选中所需的图片，然后单击"打开"按钮。

⑨ 关闭"画图"程序窗口。

⑩ 输入完这条记录的最后一个字段"照片"值后，按 Enter 键或 Tab 键转到下一条记录，接着输入第二条记录。

可以看到，要输入记录时，每次输入一条记录的同时，表中就会自动添加一条新的空记录，且该记录的选择器上显示一个星号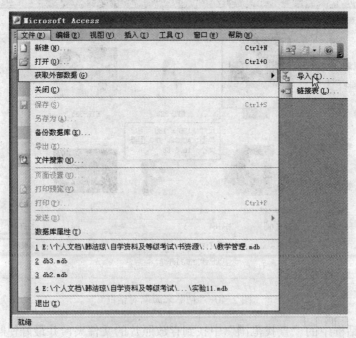，表示这条记录是一条新记录；当前准备输入的记录选择器上显示向右箭头，表示这条记录是当前记录；当用户输入数据时，输入的记录选择器上则显示铅笔符号，表示正在输入或编辑记录。

⑪ 输入全部记录后，单击工具栏上的保存按钮，保存表中的数据。

2．获取外部数据

在实际工作中，用户可以使用各种工具生成表格。例如，使用 Excel 生成表、FoxPro 建立数据库文件、Access 创建数据库表等。如果在创建数据库表时，所需建立的表已经存在，那么只需将其导入 Access 数据库中即可。这样，既可以简化用户的操作、节省用户创建表的时间，同时又可以充分利用已存在的数据。

所谓导入就是将符合 Access 输入/输出协议的任一类型的表导入 Access 的数据库表中。可以导入的表类型有 Access 数据库中的表、Excel、Louts 和 DBASE 或 FoxPro 等数据应用程序所创建的表，以及 HTML 文档等。

【实例 2-8】 将已经建立的 Excel 文件"网络课成绩.xls"导入"教学管理"数据库中，具体操作步骤如下：

① 在"数据库"窗口中，单击"文件"菜单中的"获取外部数据"命令，并在其下级菜单中选择"导入"命令，这时屏幕上显示"导入"对话框，如图 2-41、图 2-42 所示。

图 2-41 选择"导入"功能菜单

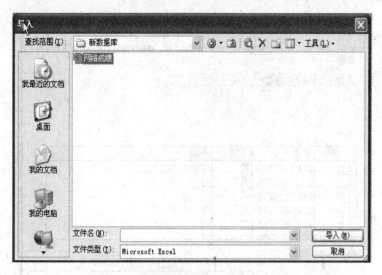

图 2-42　选择"导入"操作的数据源

②　在"导入"对话框中的"查找范围"框中找到导入文件的位置，在"文件类型"框中选择"Microsoft Excel"文件类型，在列表中选择"网络成绩.xls"文件，如图 2-43 所示。

③　单击"导入"按钮，屏幕上显示"导入数据表向导"的第①个对话框，如图 2-43 所示。

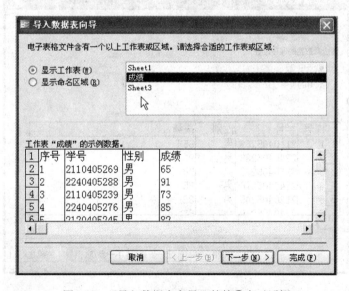

图 2-43　"导入数据表向导"的第①个对话框

在该对话框中所提供可以导入的数据源程有 3 张（Excel 中系统自动默认生成的 sheet1，sheet2，sheet3）。

④　该对话框列出可以导入表的内容（Excel 中系统自动默认生成的 sheet1，sheet2，sheet3），单击"下一步"按钮，屏幕上显示"导入数据表向导"第 2 个对话框，如图 2-44 所示。

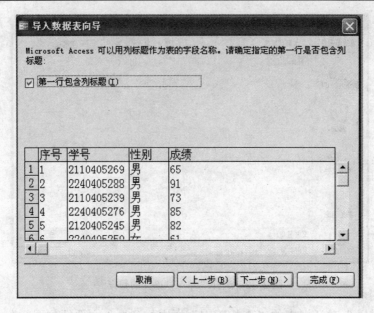

图 2-44 "导入数据表向导"的第 2 个对话框

　　⑤ 在该对话框中单击"第一行包含列标题"选项,然后单击"下一步"按钮,屏幕上显示"导入数据表向导"的第 3 个对话框,如图 2-45 所示。

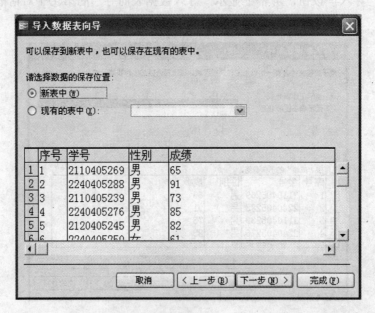

图 2-45 "导入数据表向导"的第 3 个对话框

　　⑥ 如果要将导入的表存入当前数据库中新表中,单击"新表中"选项;如果要将导入的表存入当前数据库的现有表中,则要单击"现有的表中"选项。这里单击"新表中"选项,然后单击"下一步"按钮,屏幕上显示"导入数据表向导"的第 4 个对话框,如图 2-46所示。

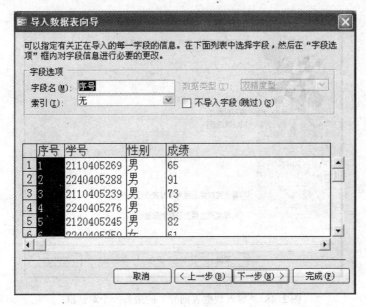

图 2-46　"导入数据表向导"的第 4 个对话框

⑦　单击"下一步"按钮，屏幕上显示"导入数据表向导"的第 5 个对话框，如图 2-47 所示。

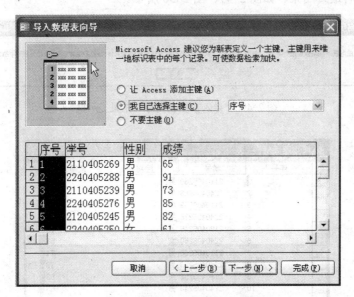

图 2-47　"导入数据表向导"的第 5 个对话框

⑧　在该对话框中确定主键。若单击"让 Access 添加主键"选项，由 Access 添加一个自动编号作为主关键字。这里单击"我自己选择主键"选项，来自行确定主关键字。

⑨　单击"下一步"按钮，屏幕上显示"导入数据表向导"的最后一个对话框，如图 2-48 所示。

⑩　在该话框中的"导入到表"文本框中输入导入表名称"网络课成绩"。

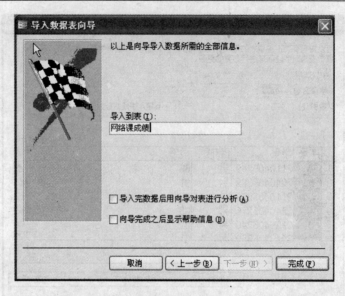

图 2-48 "导入数据表向导"的最后一个对话框

⑪ 单击"完成"按钮，屏幕上显示"导入数据表向导"结果提示框，单击"确定"按钮后表示已经成功地将外部数据源导入当前数据库中，同时也可以直接到"数据库"窗口的"表"对象中查看最终结果，如图 2-49、图 2-50 所示。

图 2-49 "导入数据表向导"结果提示框

序号	学号	性别	成绩
1	2110405269	男	65
2	2240405288	男	91
3	2110405239	男	73
4	2240405276	男	85
5	2120405245	男	82
6	2240405250	女	61
7	2110405266	男	74
8	2240405293	男	73
9	2110405252	女	83
10	2240405248	男	63
11	2240405284	女	66
12	2240405282	女	62
13	2110405259	男	83
14	2110405242	男	82
15	2240405291	男	80
16	2240405287	女	63
17	2240405294	男	78
18	2240405279	男	63
19	2110405240	男	87

记录： 1 共有记录数：59

图 2-50 "导入数据表向导"最终导入结果

2.2.4　字段属性的设置

在完成表结构的设置后，还需在属性区域设置相应的属性值。例如，设置"学生表"中"性别"字段的"字段大小"属性和"默认值"属性，以及"有效性规则"属性、"出生日期"字段的"输入掩码"属性等。其目的是为了减少输入出现的错误，方便输入操作。

表中每个字段都有一系列的属性描述。字段的属性表示字段所具有的特性，不同的字段类型具有不同的属性，当选择某一字段时，"设计"视图的下部分"字段属性"区就会依次显示出相应字段的属性。下面介绍具体如何设置各字段的属性。

1．字段的大小

通过"字段大小"属性，可以控制字段所使用的空间大小。该属性只适用于数据类型为"文本"或"数字"的字段。对于一个"文本"型字段，其字段大小的取值范围为 0～255，系统默认取值为 50，根据实际的设计需要，可以在该属性框中输入取值范围内的任一整数；而对于一个"数字"型字段，同样可以单击"字段大小"属性框，然后单击右侧的向下箭头按钮，从中选择一种类型。

【实例 2-9】将"学生表"中的"性别"字段的"字段大小"设置为 1。其操作步骤如下。

① 在"数据库"窗口中，单击"表"对象。

② 单击"学生表"，然后单击"设计"视图，这时屏幕显示出"设计"视图。

③ 在"设计"视图中，单击"性别"字段行的任一列，这时在"字段属性"区中显示了该字段的所有属性。

④ 在"字段大小"文本框中输入"1"，如图 2-51 所示。

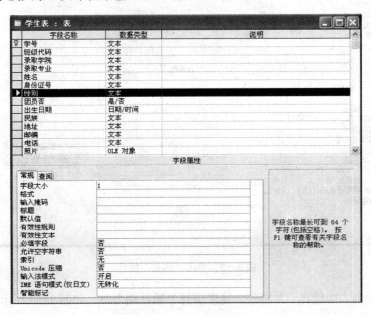

图 2-51　设置"字段大小"属性

提示：如果文本字段中已经输入了数据，那么若执行了减小字段大小会丢失数据，Access 将截去超出新限制的字符。如果在数字字段中包含有小数，那么将字段大小设置为整数时，Access 自动将小数取整。因此，在改变字段大小时要非常小心。

2. "格式"属性

"格式"属性用于定义数据的显示和打印格式。Access 为某些数据类型的字段预定义了"格式"属性，也允许用户为某些数据类型的字段自定义"格式"属性。"格式"属性只影响数据的显示格式而不会影响数据的存储和输入。

"格式"属性适用于"文本"、"备注"、"数字"、"货币"、"日期/时间"和"是/否"数据类型。Access 为设置"格式"属性提供了特殊的格式化字符，具体步骤如下。

① 在"数据库"窗口中，单击"表"对象。

② 单击"学生表"，然后单击"设计"视图，这时屏幕显示出"设计"视图。

③ 在"设计"视图中，单击"出生日期"字段行的任一列，这时在"字段属性"区中显示了该字段的所有属性。

④ 单击"格式"属性框，然后单击右侧向下箭头按钮，屏幕上将显示如图2-52所示。

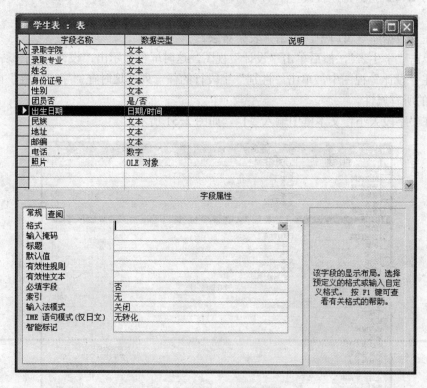

图 2-52 字段"格式"属性

⑤ 从下拉列表中选择一种格式，这里选择"长日期"型，如图2-53所示。

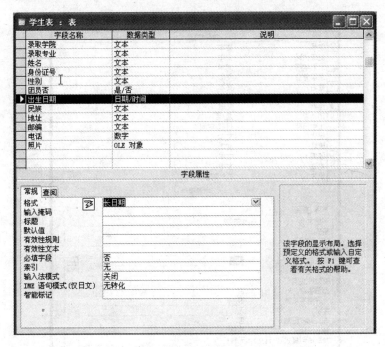

图 2-53　字段"格式"属性设置结果

对于"日期/时间"格式，可以选择如图 2-54 所示的格式。利用"格式"属性可以使同类数据的显示达到统一，也便于对数据库的管理。

常规日期	1994-6-19 17:34:23
长日期	1994年6月19日
中日期	94-06-19
短日期	1994-6-19
长时间	17:34:23
中时间	下午 5:34
短时间	17:34

图 2-54　日期/时间型字段可采用的显示格式

"默认值"是一个十分有用的属性。在一个数据库中，往往会有一些字段的数据内容相同或含有相同的部分。例如，"学生表"中的"性别"字段只有"男"、"女"两种值，这种情况就可以设置一个默认值。

【实例 2-10】　将"学生表"中"性别"字段的"默认值"属性设置为"男"。操作步骤如下。

① 在"数据库"窗口中，单击"表"对象。

② 单击"学生表"，然后单击"设计"视图按钮，屏幕上显示出"设计"视图。

③ 在"设计"视图中，单击"性别"字段的任一列，这时在"字段属性"区中显示了该字段的所有相关属性。

④ 在"默认值"属性框中输入"男"，如图 2-55 所示。

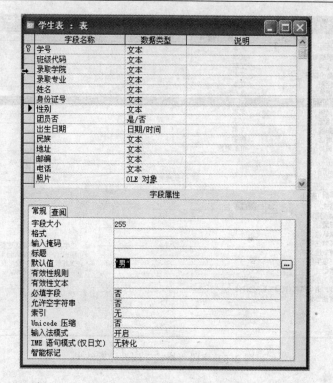

图 2-55　设置"默认值"属性

当输入文本值时，可以不加引号，系统会自动生成的，但是如果在输入时要求加引号，注意引号必须是在半角状态有效，否则会出现如图 2-56 所示的情况。

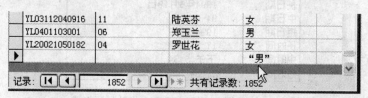

图 2-56　引号输入法错误

设置好默认值后，Access 在生成新记录时，将这个默认值插入到相应的字段中。也可以使用 Access 的表达式来定义默认值。例如，如果要在输入某日期/时间型字段值时插入当前系统日期，就可以在该字段的默认值属性框中输入表达式"Date()"。一旦表达式被用来定义默认值，它就不能被同一表中的其他字段所使用。

设置默认值属性时，必须与字段的所设的数据类型机匹配，否则会出现错误。实例 2-9 中的最后设计结果如图 2-57 所示。

"有效性规则"属性允许用户输入一个表达式来限定被接受进入字段的值，是 Access 中非常重要的一个属性。利用该属性可以防止非法数据输入到表中。有效性规则的形式及设置目的随着字段的数据类型不同而不同。对"文本"类型字段，可以设置输入中的字符个数不超过某个值；对"数字"类型字段，可以让 Access 只接受在一定范围内的有效数据；对"日期/时间"类型字段，可以将数值限制在一定的月份或年份以内。

图 2-57　加入默认值的结果

【实例 2-11】　在"网络课成绩"表中，将"成绩"字段的取值范围设在 0～100 之间，具体的操作步骤如下。

① 在"数据库"窗口中，单击"表"对象。

② 单击"网络课成绩"，然后单击"设计"视图按钮，屏幕上显示出"设计"视图。

③ 在"设计"视图中，单击"成绩"字段的任一列，这时在"字段属性"区中显示了该字段的所有相关属性。

④ 在"有效性规则"属性框中输入表达式">=0 And <=100"，输入结果如图 2-58 所示。

图 2-58　在有效性规则框中输入有效性规则

　　在此步操作时，也可以单击其右侧的生成器按钮 …… 来启动表达式生成器，利用"表达式生成器"输入表达式。

　　定义了有效性规则后，保存"网络课成绩"表，然后单击"数据表"视图，用户试图输入一个超出限制范围的成绩，例如，输入"102"或"-89"，按回车键后，这时屏幕会显示提示框，如图 2-59 所示。

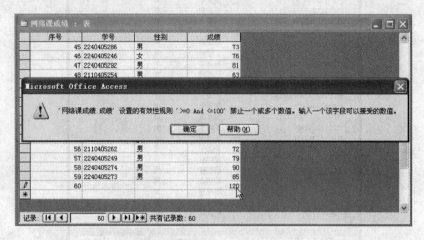

图 2-59　测试所设"有效性规则"

　　为了使错误提示更加清楚、明确，可以定义有效性文本，其操作步骤如下。

　　① 在打开的"设计"视图中，单击"成绩"行任一列。

　　② 在"字段属性"区中的"有效性文本"属性框中输入文本"请输入 0—100 之间的数据！"，如图 2-60 所示。

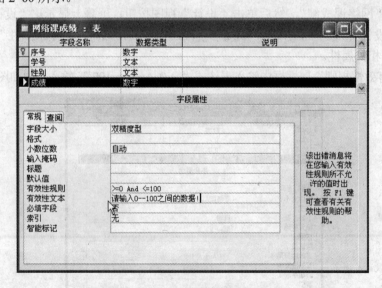

图 2-60　设置"有效性文本"属性

　　③ 保存"网络课成绩"表，然后单击"数据表"视图，这时用户若再输入成绩为"102"，并按回车键后，屏幕上就会显示如图 2-61 所示的提示框。

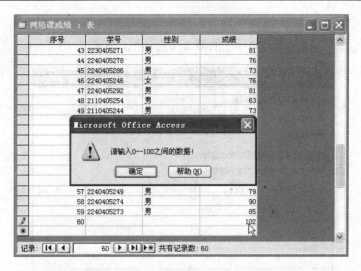

图 2-61 测试所设"有效性规则"和"有效性文本"

"输入掩码"属性用于定义数据的输入格式，以及输入数据的某一位上允许输入的数据类型，如果在输入数据时，希望输入的格式标准保持致，或希望检查输入时的错误，可以使用 Access 所提供的"输入掩码向导"来设置一个输入掩码。除了"备注"、"OLE 对象"和" "自动编号"数据类型，对于其他的数据类型，都可以定义一个输入掩码。

① 在"数据库"窗口中，单击"表"对象。

② 单击"学生表"，然后单击"设计"视图按钮，屏幕上显示出"设计"视图。

③ 在"设计"视图中，单击"出生日期"字段的任一列，这时在"字段属性"区中显示了该字段的所有相关属性。

④ 在"输入掩码"属性框中单击鼠标左键，这时该框右侧出现了一个"生成器"按钮，单击该按钮，打开"输入掩码向导"的第 1 个对话框，如图 2-62 所示。

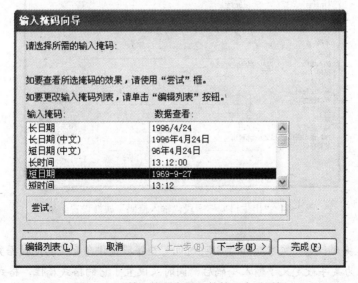

图 2-62 "输入掩码向导"的第 1 个对话框

⑤ 在此对话框的"输入掩码"列表中选择"短日期"选项,然后单击"下一步"按钮,这时屏幕上显示"输入掩码向导"的第 2 个对话框,如图 2-63 所示。

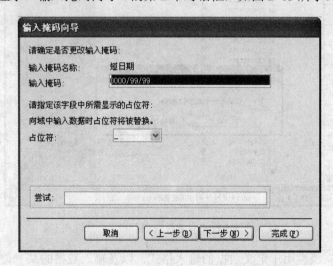

图 2-63 "输入掩码向导"的第 2 个对话框

⑥ 在该对话框中,决定输入的掩码方式和分隔符。

⑦ 单击"下一步"按钮,在弹出的 "输入掩码向导"的最后一个对话框中单击"完成"按钮,设置结果如图 2-64 所示。

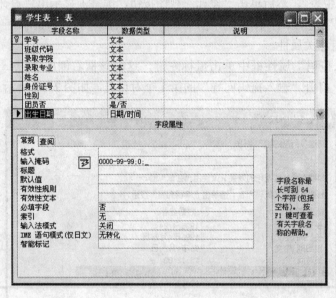

图 2-64 "出生日期"字段"输入掩码"属性设置结果

　　　　提示:输入掩码仅为"文本"和"日期/时间"型字段提供向导,其他数据类型没有向导帮助。另外,如果为某字段定义了输入掩码后,同时又设置了它的格式属性,格式属性将在数据显示时优先于输入掩码的设置。这将意味着即使已经保存了输入掩码,在数据设置格式显示时,将会忽略输入掩码。位于基表的数据本身没有更改,格式属性只影响数据的显示方式。

使用输入掩码属性时，可以用一串代码来作为预留区来制作一个输入掩码。例如，上面对"出生日期"字段指定的输入掩码格式为：0000-99-99：0：0。"9"意味着此处只能输入一个数，但不是必须要输入；"0"意味此处只能输入一个数，而且是必须输入的。定义输入掩码属性所使用的字符如表 2-8 所示。

表 2-8　输入掩码属性所使用字符的含义

输入掩码字符	说　　明
0	数字占位符，数字（0~9）必须输入到该位置，不允许输入+和-符号
9	数字占位符，可以将数字（0~9）或空格输入到该位置，不允许输入+和-符号。如果在该位置没有输入任何数字或空格时，Access 2003 将忽略该占位符
#	数字占位符，数字、空格、+和-符号都可以输入到该位置。如果在该位置没有输入任何数字时，Access 2003 认为输入的是空格
L	字母占位符，字母必须输入到该位置
?	字母占位符，字母能够输入到该位置。如果在该位置没有输入任何字母时，Access 2003 将忽略该占位符
A	字母数字占位符，字母或数字必须输入到该位置
a	字母数字占位符，字母或数字能够输入到该位置。如果在该位置没有输入任何字母或数字时，Access 2003 将忽略该占位符
&	字符占位符，字符或空格必须输入到该位置
C	字符占位符，字符或空格能够输入到该位置。如果在该位置没有输入任何字符时，Access 2003 将忽略该占位符
. ,：；- /	小数点占位符及千位，日期与时间的分隔符（实际的字符将根据"Windows 控制面板"中的"区域设置属性"中的设置而定）
<	将所有字符转换为小写
>	将所有字符转换为大写
!	使输入掩码从右到左显示，而不是从左到右显示。输入掩码中的字符始终都是从左到右的，可以在输入掩码中的任何地方输入感叹号
\	使接下来的字符以原义字符显示（例如，\A 只显示为 A）

"输入掩码"属性最多可以由 3 部分组成，各部分之间要用分号分隔。第 1 部分定义数据的输入格式。第 2 部分定义是否按显示方式在表中存储数据。若设置为 0，则按显示方式存储。若设置为 1 或将第 2 部分空缺，则只存储输入的数据。第 3 部分定义一个占位符以显示数据输入的位置。用户可以定义一个单一字符作为占位符，缺省占位符是一个下划线。

直接使用字符定义输入掩码属性时，用户可以根据需要对字段属性，如"小数位数"、"标题"、"必填字段"、"索引"等，进行选择和设置。这些属性设置比较简单，这里不作详细说明。

2.2.5　建立表之间的关系

在 Access 中，数据库拥有众多的表。这些表虽然都处在同一个数据库中，但彼此是独立存在的，相互间还没有建立起关系。关系数据库系统的特点是可以为表建立表间关系，从而真实地反映客观世界丰富多变的特点以及错综复杂的联系，减少数据的冗余。两个表之间只有存在相关联的字段才能在二者之间建立关系。

在两个相关表中，起着定义相关字段取值范围作用的表称为父表，而另一个引用父表中相关字段的表称为子表。

根据父表和子表中相关联字段的对应关系，表间关系可以分为 3 种：一对一关系、一对多关系和多对多关系。

一对一关系：在这种关系中，父表中的每一条记录最多只与子表中的一条记录相关联。

若要在两个表之间建立一对一关系，父表和子表都必须以相关联的字段建立主键。

一对多关系：在这种关系中，父表中的每一条记录可以与子表中的多条记录相关联。若要在两个表之间建立一对多关系，父表必须根据相关联的字段建立主键。

多对多关系：在这种关系中，父表中的一条记录在子表中可以对应多条记录，而在子表中一条记录在父表中也可以对应多条记录，在这种情况下，需要改变数据库的设计。

在定义了多个表以后，如果这些表相互之间存在着关系，那么应为这些相互关联的表建立表间关系。两个表之间若要建立表间关系，这两个表必须拥有数据类型相同的字段。

使用数据库向导创建数据库时，向导自动定义了各个表之间的关系，同样使用向导在创建表的同时，也将定义该表与数据库中其他表之间的关系。但如果用户没有使用向导创建数据库或表，那么就需要自己定义表与表之间的关系。在定义表之间关系前，应把要定义关系的所有表关闭，然后使用下面介绍的方法去定义。

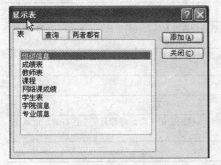

图 2-65　"显示表"对话框

【实例 2-12】 定义"教学管理"数据库中 4 个表间的关系，操作步骤如下。

① 单击工具栏上的关系按钮，打开"关系"窗口，然后单击工具栏上的显示表按钮，打开如图 2-65 所示的"显示表"对话框。

② 在"显示表"对话框中，单击"教师表"，然后单击"添加"按钮，接着使用同样的方法将"课程"、"学生表"和"成绩表"等表添加到"关系"窗口中。

③ 单击"关闭"按钮，关闭"显示表"窗口，这时屏幕上显示结果如图 2-66 所示。

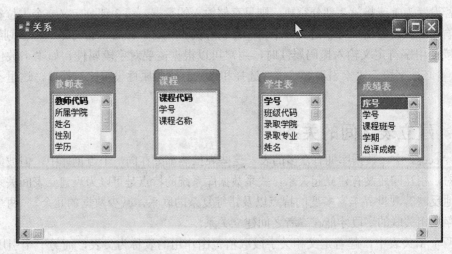

图 2-66　"关系"窗口

④ 选定"教师表"中的"课程代码"字段，然后按下鼠标左键拖动到"课程"表中的"课程代码"字段上，并松开鼠标，这时屏幕上显示如图 2-67 所示的"编辑关系"对话框。

在"编辑关系"对话框中的"表/查询"列表框中，列出了表"课程"表的相关字段"课程代码"，在"相关表/查询"列表框中，列出了相关表"教师表"表的相关字段"课程代码"。在列表框下面有个复选框，如果选择了"实施参照完整性"复选框，然后选择"级联更新相关字

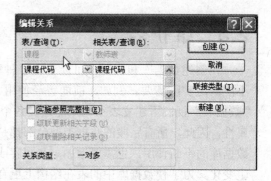

图 2-67　"编辑关系"对话框

段"复选框，可以在主表的主关键字值更改时，自动更新相关表中的对应数值；如果选择了"实施参照完整性"复选框，然后选择"级联删除相关记录"复选框，则相关表中的相关记录发生变化时，主表中的主关键字不会相应变化，而且当删除相关表中的任何记录时，也不会更改主表中的记录。

⑤ 单击"实施参照完整性"复选框，然后单击"创建"按钮。

⑥ 用同样的方法将"课程"表中的"学号"拖动到"学生表"中的学号字段上，如图 2-68 所示。

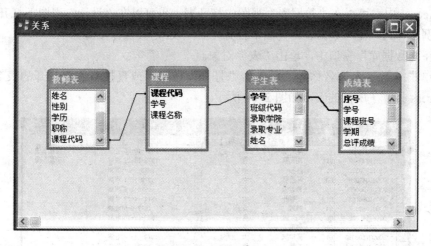

图 2-68　建立关系结果

⑦ 单击"关闭"按钮，这时 Access 询问是否保存布局的更改，单击"是"按钮。在定义了关系之后，有时还需要重新编辑已存在的关系，以便进一步优化数据库性能。编辑关系的方法是：首先关闭所有打开的表；然后单击工具栏上的"关系"按钮，这时屏幕上显示"关系"窗口。如果要删除两个表之间的关系，单击要删除关系的连线进行选中，之后按 Del 键；如果要更改两个表之间的关系，双击要更改关系的连线；这时出现"编辑关系"对话框，在该对话框中，重新选择复选框，然后单击"创建"按钮；如果要清除"关系"窗口，单击工具栏上的"清除版面"按钮 ✕，然后单击"是"按钮。

2.3 维护表

在创建数据库和表时，可能会由于种种原因，使表的结构设计不是很合理，有些内容不能满足实际需要。例如，前面曾经使用“数据表”视图建立了“教师表”的结构，由于“数据表”视图下建立表结构只能定义各个字段名，并不能定义每个字段的数据类型和字段属性，因此，所有字段的数据类型全部都是文本型，显然不能符合设计的要求。另外，随着数据库的不断使用，也需要增加一些同容或删除一些内容，这样表的结构和表的内容都会发生变化。为了使数据库中的表在结构上更合理，内容更新，使用更有效，就需要经常对表进行维护。本节将详细介绍维护表的基本操作，包括对表结构的修改、表内容的完善、表格式的调整以及表的其他操作等内容。

2.3.1 打开表和关闭表

表建立好以后，如果需要，用户可以对表进行修改，例如，修改表的结构、编辑表中的数据、浏览表中的记录等，在进行这些操作之前，首先要打开相应的表； 完成这些操作后，要关闭表。

1. 打开表

在 Access 中，可以在“数据表”视图中打开表，也可以在“设计”视图下打开表。

【实例 2-13】 在“数据表”视图下打开“学生表”，其操作步骤如下。

① 在“数据库”窗口中，单击“表”对象。

② 单击“学生表”名称，然后单击“打开”按钮；或直接双击要打开的表名称。此时， Access 打开了所需的表，如图 2-69 所示。

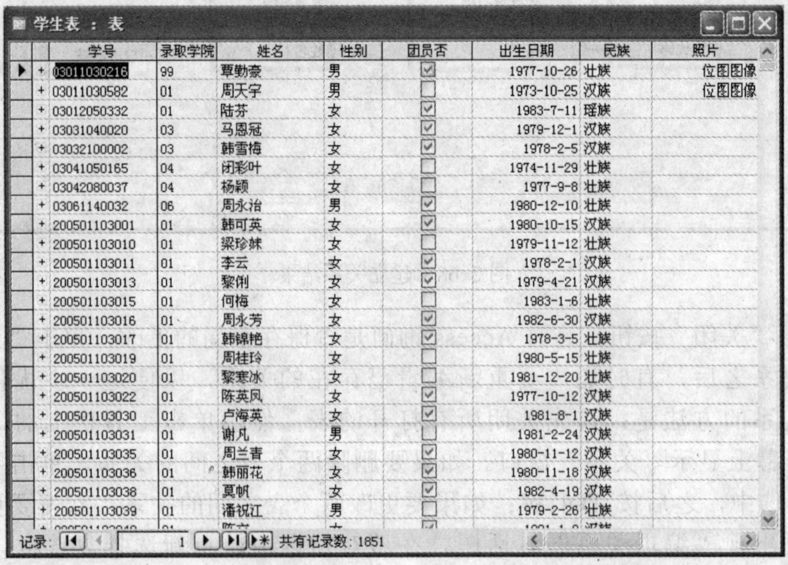

学号	录取学院	姓名	性别	团员否	出生日期	民族	照片
03011030216	99	覃勤豪	男	☑	1977-10-26	壮族	位图图像
03011030582	01	周天宇	男	☐	1973-10-25	汉族	位图图像
03012050332	01	陆芬	女	☑	1983-7-11	瑶族	
03031040020	03	马恩冠	女	☑	1979-12-1	汉族	
03032100002	03	韩雪梅	女	☑	1978-2-5	汉族	
03041050165	04	闭彩叶	女	☐	1974-11-29	壮族	
03042080037	04	杨颖	女	☐	1977-9-8	壮族	
03061140032	06	周永治	男	☑	1980-12-10	壮族	
200501103001	01	韩可英	女	☑	1980-10-15	汉族	
200501103010	01	梁珍妹	女	☐	1979-11-12	壮族	
200501103011	01	李云	女	☑	1978-2-1	汉族	
200501103013	01	黎俐	女	☑	1979-4-21	汉族	
200501103015	01	何梅	女	☐	1983-1-6	壮族	
200501103016	01	周永芳	女	☑	1982-6-30	汉族	
200501103017	01	韩锦艳	女	☑	1978-3-5	壮族	
200501103019	01	周桂玲	女	☐	1980-5-15	壮族	
200501103020	01	黎寒冰	女	☐	1981-12-20	壮族	
200501103022	01	陈英凤	女	☑	1977-10-12	汉族	
200501103030	01	卢海英	女	☑	1981-8-1	汉族	
200501103031	01	谢凡	男	☐	1981-2-24	汉族	
200501103035	01	周兰青	女	☑	1980-11-12	汉族	
200501103036	01	韩丽花	女	☑	1980-11-18	汉族	
200501103038	01	莫帆	女	☑	1982-4-19	汉族	
200501103039	01	潘祝江	男	☐	1979-2-26	壮族	

图 2-69 在“数据表”视图中打开“学生”表

在“数据表”视图下打开表以后，用户可以在该表中输入新的数据、修改已有的数据或删除不需要的数据。如果要修改表的结构，应当可以使用工具栏上的"视图"按钮切换到"设计"视图，或在"设计"视图中打开所需的表。

【实例2-14】　在"设计"视图中打开"学生表"，其操作步骤如下。

① 在"数据库"窗口中，单击"表"对象。

② 单击"学生表"，然后单击"设计"视图按钮，如图 2-70 所示。

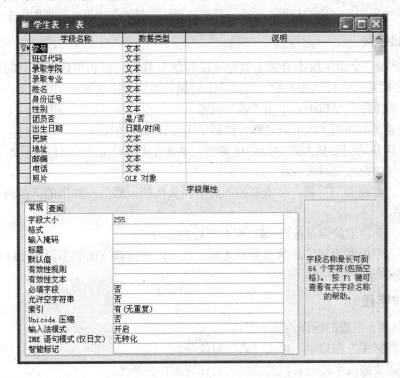

图 2-70　在"设计"表视图中打开"学生表：表"

这时 Access 就会在"设计"视图中打开所需的表。此时，也可以单击工具栏上的"视图"按钮切换到"数据表"视图。

2．关闭表

表的操作结束后，应该将其关闭。不管表是处于"设计"视图状态还是处于"数据表"视图状态下，单击"文件"菜单中的"关闭"命令或单击窗口的关闭窗口按钮 ❌ 都可以将打开的表关闭。在关闭表时，如果曾对表的结构或者是布局进行过修改，Access 会显示一个提示框，询问用户是否保存所做的修改，如图 2-71 所示。

图 2-71　提示框

单击"是"按钮将保存所做的修改；单击"否"按钮放弃所做的修改；单击"取消"按钮则取消关闭操作。

2.3.2　修改表的结构

修改表的结构操作主要包括增加字段、删除字段、修改字段、重新设置主关键字，修改字段名称及修改相应的各字段的数据类型等。要修改表结构只能在"设计"视图中来完成。

1．增加字段

在表中增加一个新字段不会影响其他字段和现有数据。但利用该表建立的查询、窗体或报表，新字段是不会自动加入的，需要手工增加。增加新字段的操作步骤如下。

① 在"数据库"窗口中，单击"表"对象。

② 单击需要增加新字段的表名称，然后单击设计视图按钮　。

③ 将光标移动到要插入新字段的位置上，单击工具栏上的插入行按钮　。在新行的"字段名称"列中输入要增加的新字段名称。

④ 单击"数据类型"列，单击右侧的向下箭头按钮，然后在弹出的下拉列表中选择所需的数据类型。

⑤ 单击工具栏上的保存按钮　，保存所做的修改。

⑥ 在插入字段并设置字段数据类型之后，还可以在窗口下面的字段属性区中输入各记录有关此字段的相应属性值。

2．修改字段

修改表中某一字段的操作步骤如下。

① 在"数据库"窗口中，单击"表"对象。

② 单击需要修改字段的表，然后单击设计视图按钮　。

③ 如果要修改某字段的名称，在该字段的"字段名称"列中，单击鼠标左键，修改字段名；如果要修改某字段的数据类型，单击该字段"数据类型"列右侧的向下箭头按钮，然后从弹出的列表中重新选择所需的数据类型。

④ 单击工具栏上的保存按钮　，保存所做的修改。

用户在使用 Access 时可能会发现，在"数据表"视图中字段列顶部的名称与字段的名称与字段的名称不相同。这是因为"数据表"视图中字段列顶部显示的名称来自于该字段的"标题"属性框。如果"标题"属性框中为空白，"数据表"视图中字段列顶部将显示对应字段的名称。如果 "标题"属性框中输入了新名字，该新名字将显示在"数据表"视图中相应字段列的顶部。

3．删除字段

删除表中的某一字段的操作步骤如下。

① 在"数据库"窗口中，单击"表"对象。

② 单击需要删除字段的表，然后单击设计视图按钮　。

③ 将光标移到要删除字段的位置上。

④ 单击工具栏上的删除行按钮　，这时屏幕上出现提示框，如图 2-72 所示。

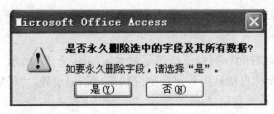

图 2-72 提示框

⑤ 单击"是"按钮，删除所选字段；单击"否"按钮，不删除这个字段。

⑥ 单击工具栏上的保存按钮，保存所做的修改。

在上面操作步骤中，只删除了一个字段，实际上，在表"设计"视图中，还可以一次删除多个字段，其操作步骤如下。

① 在"设计"视图窗口中用鼠标单击要删除字段的字段选定器，然后按下 Ctrl 键不松开，再用鼠标单击每一个要删除字段的字段选定器。

② 单击工具栏上的删除行按钮，屏幕上出现提示框 。

③ 单击"是"按钮，删除所选字段。

④ 单击工具栏上的保存按钮，保存所做的修改。

如果所删除字段的表为空，就不会出现删除提示框；如果表中含有数据，不仅会出现提示框需要用户确认，而且还将利用该表所建立的查询、窗体或报表中的相应该字段删除，即删除字段时，还要删除整个 Access 中对该字段的使用。

4．重新设置主关键字

如果原定义的主关键字不合适，可以重新选择新的字段作为主关键字，不过首先要删除原主键字，然后定义新的主关键字，具体操作步骤如下。

① 在"数据库"窗口中，单击"表"对象。

② 单击需要重新定义主关键字的表，然后单击工具栏上设计视图按钮，这时屏幕上显示"设计"视图。

③ 在"设计"视图中，单击主关键字所在行的字段选定器，然后单击工具栏上的主关键字按钮，此操作将取消原设置的主关键字。

④ 单击要设为主关键字的字段选定器，然后单击工具栏上的主关键字按钮，这时主关键字所在的字段选定器上显示一个主关键字图标，表明该字段是主关键字段。

2.3.3 编辑表的内容

为了确保表中的数据的准确，编辑表中的内容，使所建表能够满足实际需要。编辑表中内容的操作主要包括定位记录、选择记录、添加记录、删除记录、修改数据及复制字段中的数据等。

1．定位记录

数据表中输入数据后，经常需要修改操作，其中定位和选择记录是首要的任务。常用的方法有两种：一种是使用记录号定位，另一种是使用快捷键定位。

【实例 2-15】 将指针定位到"学生表"中第 23 条记录上，具体操作步骤如下。

① 在"数据库"窗口中的"表"对象下，双击"学生表"。

② 在记录定位器中的记录号框中双击编号，然后在记录框中输入要查找记录的记录号，此处为“23”。

③ 按 Enter 键。这时光标将定位在该记录上，如图 2-73 所示。通过记录定位器上的“第一条记录”按钮将光标直接从当前记录定位到第一条记录处，“最后一条记录”按钮将光标从当前记录定位到最后一条记录处。

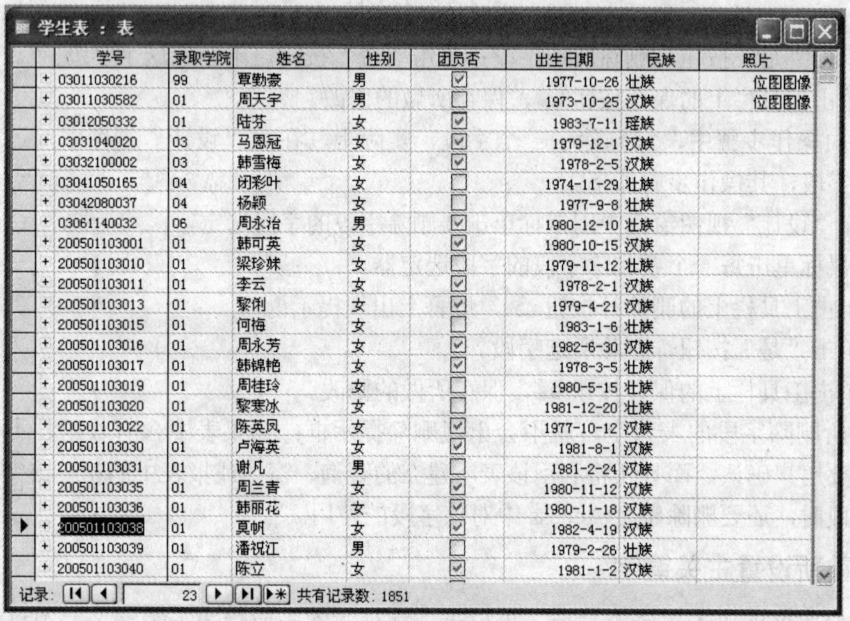
学生表 : 表

学号	录取学院	姓名	性别	团员否	出生日期	民族	照片
03011030216	99	覃勤豪	男	☑	1977-10-26	壮族	位图图像
03011030582	01	周天宇	男	☐	1973-10-25	汉族	位图图像
03012050332	01	陆芬	女	☑	1983-7-11	瑶族	
03031040020	03	马恩冠	女	☑	1979-12-1	汉族	
03032100002	03	韩雪梅	女	☑	1978-2-5	汉族	
03041050165	04	闭彩叶	女	☐	1974-11-29	壮族	
03042080037	04	杨颖	女	☐	1977-9-8	壮族	
03061140032	06	周永治	男	☑	1980-12-10	壮族	
200501103001	01	韩可英	女	☑	1980-10-15	汉族	
200501103010	01	梁珍妹	女	☐	1979-11-12	壮族	
200501103011	01	李云	女	☑	1978-2-1	汉族	
200501103013	01	黎俐	女	☑	1979-4-21	汉族	
200501103015	01	何梅	女	☐	1983-1-6	壮族	
200501103016	01	周永芳	女	☑	1982-6-30	汉族	
200501103017	01	韩锦艳	女	☑	1978-3-5	壮族	
200501103019	01	周桂玲	女	☐	1980-5-15	壮族	
200501103020	01	黎寒冰	女	☐	1981-12-20	壮族	
200501103022	01	陈英凤	女	☑	1977-10-12	汉族	
200501103030	01	卢海英	女	☑	1981-8-1	汉族	
200501103031	01	谢凡	男	☐	1981-2-24	汉族	
200501103035	01	周兰青	女	☑	1980-11-12	汉族	
200501103036	01	韩丽花	女	☑	1980-11-18	汉族	
200501103038	01	莫帆	女	☑	1982-4-19	汉族	
200501103039	01	潘祝江	男	☐	1979-2-26	壮族	
200501103040	01	陈立	女	☑	1981-1-2	汉族	

记录: 23 共有记录数: 1851

图 2-73　定位查找记录

使用表 2-9 所示的快捷键可以快速定位记录或字段。

表 2-9　快捷键及定位功能

快 捷 键	定 位 功 能
Tab 回车 右箭头	下一字段
Shift+ Tab 左箭头	上一字段
Home	当前记录中的第一个字段
End	当前记录中的最后一个字段
Ctrl+上箭头	第一条记录中的当前字段
Ctrl+下箭头	第一条记录中的最后当前字段
Ctrl+Home	第一条记录中的第一个字段
Ctrl+End	第一条记录中的最后一个字段
上箭头	上一条记录中的当前字段
下箭头	下一条记录中的当前字段
PgDn	下移一屏
PgUp	上移一屏
Ctrl+ PgDn	左移一屏
Ctrl+ PgUp	右移一屏

2．选择记录

选择记录是指选取用户所需要的记录。用户可以在"数据表"视图下用鼠标或键盘两种方法选取数据的范围。

（1）用鼠标选择数据范围

在"数据表"视图下打开相应的表，可以用如下方法选择数据范围。

① 选择字段中的数据：单击开始处，拖动鼠标到结尾处。

② 选择字段中的全部数据：单击开始处，待鼠标指针变成"✛"后单击左键。

③ 选择相邻字段中的数据：单击第一个字段左边，待鼠标指针变为"✛"，拖动鼠标到最后一个字段的结尾处。

④ 选择一列数据：单击该列的字段选定器。

⑤ 选择多列数据：单击第 1 列顶端字段名，拖动鼠标到最后一个段的结尾处。

（2）用鼠标选择记录的范围

在"数据表"视图下打开相应表后，可以用如下方法选择记录的范围。

① 选择一条记录：单击该记录的记录选定器。

② 选择多条记录：单击第 1 条记录的记录选定器，按住鼠标左键，拖动鼠标到选定范围的结尾处。

③ 选择所有记录：单击"编辑"菜单下的"选择所有记录"命令或直接单击表选定器。

（3）用键盘选择数据范围

用键盘选择数据的范围如表 2-10 所示。

表 2-10　用键盘选择数据

选 择 字 段	操 作 方 法
一个字段的部分数据	光标移动到字段的开始处，按住 Shift 键，再按方向键到结尾处
整个字段的数据	光标移动到字段中，按 F2 键
相邻多个字段	选择第一个字段，按住 Shift 键，再按方向键到结尾处

3．添加记录

在已建立的表中，如果需要添加新记录，操作步骤如下。

① 在"数据库"窗口中，单击"表"对象。

② 双击要编辑的表，这时 Access 将在"数据表"视图下打开这个表。

③ 双击工具栏上的新记录按钮 ▶，光标移到新记录上。

④ 输入新记录的数据，或者选择"插入"菜单中的"新记录"。

4．删除记录

表中的信息如果出现了不需要的数据，就应将其删除。删除记录的操作步骤如下。

① 在"数据库"窗口中，单击"表"对象。

② 双击要编辑的表。

③ 单击要删除记录的记录选定器，然后单击工具栏上的"删除记录"按钮，这时屏幕上显示删除记录对话框。

④ 单击提示框中的"是"按钮，则删除了选定的记录。

提示：删除操作是不可恢复的操作。在数据表中，可以一次删除多条相邻的记录。若要一次删除多条相邻的记录，则在选择记录时，先单击第一条记录的选定器，然后拖动鼠标经过要删除的每条记录，最后单击工具栏上的删除记录按钮 ，这时 Access 就删除全部选定的记录。

5．修改数据

在数据表视图中修改数据的方法非常简单，只要将光标移到要修改数据的相应字段直接改就可以。修改时，可以修改整个字段的值，也可以修改字段的部份数据。如果要修改字段的部分数据可以先将要修改的部分数据删除，然后再输入新的数据；也可以先输入新数据，再删除要修改部分的数据。删除时可以将鼠标指针放在要删除数据的右边单击一下，然后按 Backspace 键；每按一次 Backspace 键，删除一个字符或汉字。

6．复制数据

在输入或编辑数据时，有些数据可以相同或相似，这时可以使用和粘贴操作将某字段中的部分或全部数据复制到另一个字段中，具体操作如下。

① 双击打开要修改数据的表。

② 将鼠标指针指向要复制的数据字段的最左边，在鼠标变为"✛"时，单击鼠标左键，这时选中整个字段；如果是部分数据复制；将鼠标指向复制数据的开始位置，然后拖动鼠标到结束位置；这时字段的部分数据将被选中。

③ 单击工具栏上的粘贴按钮或单击编辑菜单中的复制命令。

④ 单击指定的某字段。

⑤ 单击工具栏上的粘贴按钮或者编辑菜单中的粘贴命令。

这样，就可以将需要的字段内容复制到指定的字段上了，可以提高工作效率。

2.3.4　调整表的外观

为了使表看上去更清楚、美观，调整表的结构和外观调整表格外观的操作包括：改变段次序、调整字段显示宽度和高度、设置数据字体、调整表中网格线及背景颜色、隐藏列等。

1．改变字段次序

在默认设置下，通常 Access 显示数据的字段次序与它们在表或查询中出现的次序是一样的。但是，在使用"数据表"视图时，往往需要移动一些字段列来满足查看数据的实际要求。此时，可以采用改变字段的显示次序方式，以达到要求。

【**实例 2-16**】将"教师表"中"教师姓名"字段和"教师代码"字段位置互换。具体操作步骤如下。

① 在"数据库"窗口中"表"对象中，双击"教师表"或者单击鼠标右键选取 "打开"。

② 将鼠标指针定位在"教师姓名"字段列的字段上，鼠标指针会变成一个粗体黑色下箭头，单击鼠标左键，选中整个列，屏幕上将显示如图 2-74 所示。

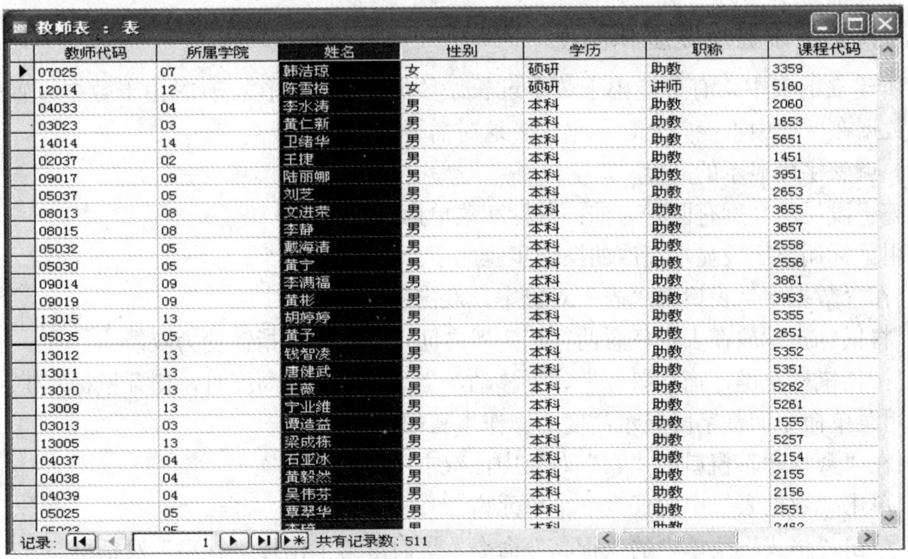

图 2-74　选择列改变字段次序

③ 将鼠标放在"教师姓名"字段列的字段名上，然后按下鼠标左键并拖动鼠标到"教师代码"字段的前面后，松开鼠标左键，结果如图 2-75 所示。

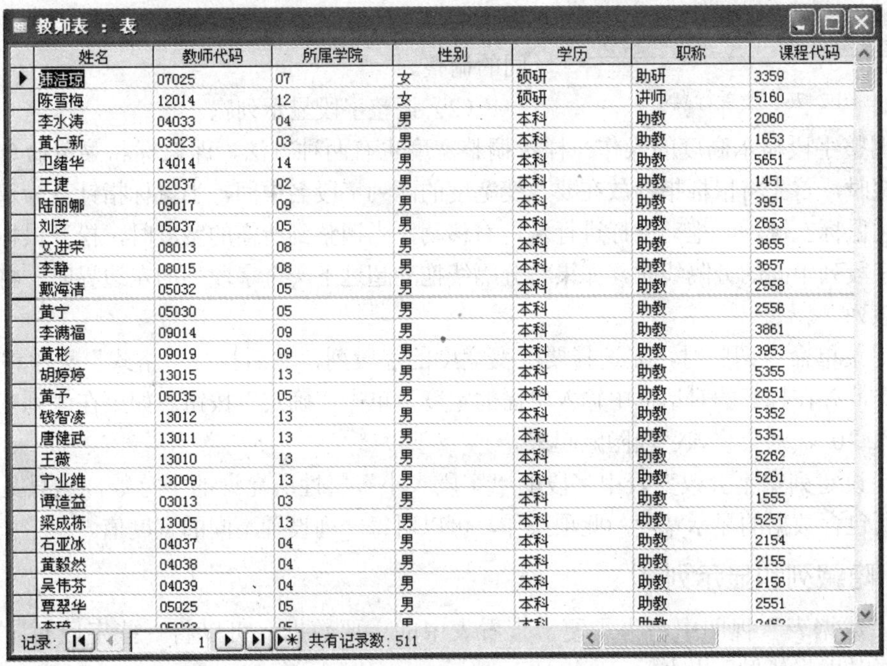

图 2-75　改变字段显示次序结果

利用这种方法，可以移动任何单独字段或所选的字段组。移动"数据表"视图中的字段，不会改变"设计"视图中字段的排列次序，而只是改变了字段在"数据表"视图中的显示次序而已。

2. 调整字段显示宽度和高度

在所建立的表中，有可能由于数据过长，数据显示被遮住；有时由于数据设置的字号过大，数据在一行中不能完全显示出来。这时需要调整宽度或高度。

（1）调整字段显示的高度

调整字段显示高度有两种方法：鼠标和菜单命令法。

使用鼠标调整字段显示高度的操作步骤如下。

① 在"数据库"窗口中"表"对象中，双击所需的表。

② 将鼠标指针放在表中任意两行选定器之间，这时鼠标指针变为双箭头。

③ 按住鼠标左键，拖动鼠标上、下移动，当调整到所需高度时，松开鼠标左键。

使用菜单命令调整字段显示高度的操作步骤如下。

① 在"数据库"窗口中"表"对象中，双击所需的表。

② 单击"数据表"中的任意一个单元格。

③ 单击"格式"菜单中的"行高"命令，这时屏幕上出现"行高"对话框。

④ 在该对话框的"行高"文本框内输入所需的行高值，如图 2-76 所示。

⑤ 单击"确定"按钮。

采用鼠标方法，可以实现"模糊"设置行高，而采用菜单命令方法，则可以达到"精确"改变行高设置，另外在改变了行高后，整个表的所有行都得到相同的调整。

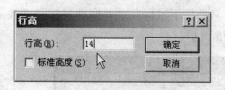

图 2-76　设置行高

（2）调整字段显示列宽

与调整字段显示高度的操作一样，调整宽度也有两种方法，即鼠标和菜单命令。使用鼠标调整时，首先将鼠标指针放在要改变宽度的两列字段名中间，当鼠标指针变为双向箭头时，按住鼠标左键，并拖动鼠标进行左、右移动，当调整到所需的宽度时，松开鼠标左键。在拖动字段列中间的分隔线时，如果将分隔线拖动超过下一个字段列的左边界时，将会相应地隐藏该列。

使用菜单命令调整时，先选择要改变宽度的字段列，然后执行"格式"菜单中的"列宽"命令，并在打开的对话框中输入所需的宽度，单击"确定"按钮。如果在"列宽"对话框中输入"0"，则会将该字段隐藏起来。

重新设定列宽不会改变表中字段的"字段大小"属性所允许的字符数，这只是简单地改变列所包含数据的显示宽度。此项操作，可以对每一列设置不同的宽度值。

3. 隐藏列和显示列

在"数据表"视图中，为了便于查看表中的主要数据，可以将一些字段暂时隐藏起来，需要时再将其显示出来。

（1）隐藏某些字段列

【实例 2-17】 将"学生表"中的"出生日期"字段列隐藏起来。具体的操作步骤如下。

① 在"数据库"窗口中"表"对象中，双击"学生表"。

② 单击"出生日期"字段选定器，如图 2-77 所示。如果要一次隐藏多列，单击要隐

藏的第一列字段选定器，然后按住鼠标左键，拖动鼠标到达最后一个需要选择的列。

图 2-77　选定隐藏列

③ 单击"格式"菜单中的"隐藏列"命令，或者单击鼠标右键，在弹出的快捷菜单中选择"隐藏列"命令，如图 2-78 所示。

图 2-78　隐藏列后结果

（2）显示隐藏的列

如果希望将隐藏的列重新显示出来，具体操作步骤如下。

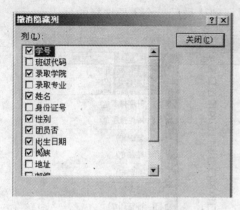

图 2-79　"撤消隐藏列"对话框

① 在"数据库"窗口中"表"对象中，双击"学生表"。

② 单击"格式"菜单中的"取消隐藏列"命令，这时屏幕上出现"撤消隐藏列"对话框，如图 2-79 所示。

选中相应字段的复选框，将在表中显示该字段的名称，如果没有选中，此字段即被隐藏。

③ 在"列"列表中选中要显示列的复选框。

④ 单击"关闭"按钮。

这样，就可以将被隐藏的列重新在表中显示出来。

4．冻结列

在通常的操作中，如果所建立的数据库比较大，由于表中所包含的字段太多，造成表过宽，在"数据表"视图中，有些关键的字段由于水平滚动后而无法看到，影响了对数据的正常查看。例如，"教学管理"数据库中的"学生表"，由于字段比较多，当查看"学生表"中的"地址"字段时，"姓名"字段已经被移出了屏幕，因而不知道是哪位同学的地址信息，造成可读性比较差，如图 2-80 所示。解决此问题的最好办法就是利用 Access 提供的冻结列功能，把一些关键性字段锁定，使其不被移动。

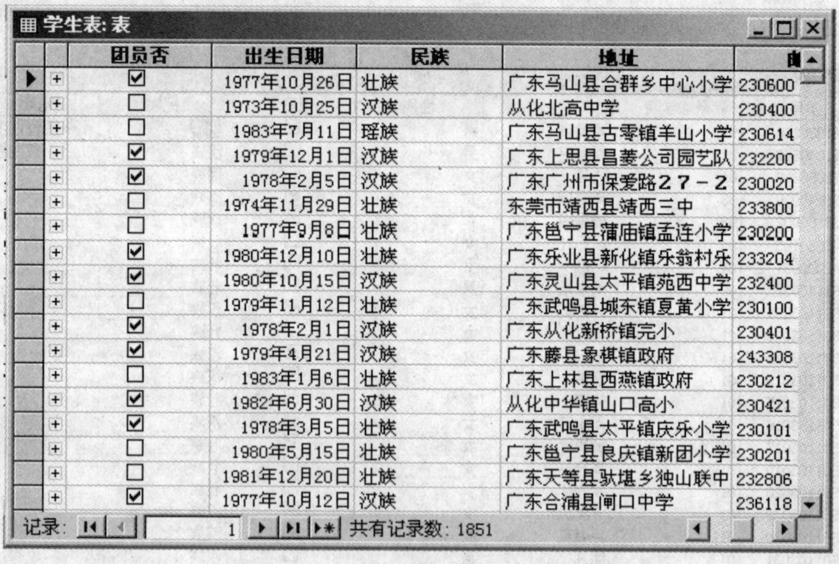

		团员否	出生日期	民族	地址	
▶	+	☑	1977年10月26日	壮族	广东马山县合群乡中心小学	230600
	+	☐	1973年10月25日	汉族	从化北高中学	230400
	+	☐	1983年7月11日	瑶族	广东马山县古零镇羊山小学	230614
	+	☑	1979年12月1日	汉族	广东上思县昌蓁公司园艺队	232200
	+	☑	1978年2月5日	汉族	广东广州市保爱路２７－２	230020
	+	☐	1974年11月29日	壮族	东莞市靖西县靖西三中	233800
	+	☐	1977年9月8日	壮族	广东邕宁县蒲庙镇孟连小学	230200
	+	☑	1980年12月10日	壮族	广东乐业县新化镇乐翁村乐	233204
	+	☑	1980年10月15日	汉族	广东灵山县太平镇苑西中学	232400
	+	☐	1979年11月12日	壮族	广东武鸣县城东镇夏黄小学	230100
	+	☑	1978年2月1日	汉族	广东从化新桥镇完小	230401
	+	☑	1979年4月21日	汉族	广东藤县象棋镇政府	243308
	+	☐	1983年1月6日	壮族	广东上林县西燕镇政府	230212
	+	☑	1982年6月30日	汉族	从化中华镇山口高小	230421
	+	☑	1978年3月5日	壮族	广东武鸣县太平镇庆乐小学	230101
	+	☐	1980年5月15日	壮族	广东邕宁县良庆镇新团小学	230201
	+	☐	1981年12月20日	壮族	广东天等县驮堪乡独山联中	232806
	+	☑	1977年10月12日	汉族	广东合浦县闸口中学	236118

记录: ◄◄ ◄ 1 ► ►► ►* 共有记录数: 1851

图 2-80　冻结前的"数据表"视图

在"数据表"视图中，冻结某字段列或某几个字段列后，无论用户怎样水平滚动屏幕，这些字段也不会被移出，始终保持可见，并且总是显示在窗口的最左边。

【实例 2-18】冻结"学生表"中的"姓名"字段，具体操作步骤如下。

① 在"数据库"窗口中"表"对象中，双击"学生表"。

② 选取要冻结的字段，单击"姓名"字段选定器。

③ 单击"格式"菜单中的"冻结列"命令。

此时水平滚动窗口时，可以看到"姓名"字段列始终显示在窗口的最左边，如图 2-81 所示。

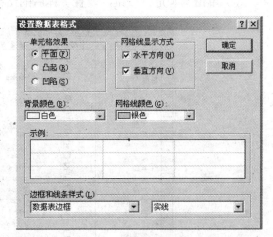

图 2-81　冻结后的数据表

当不再需要冻结列时，可以取消上述操作，取消的具体方式是单击"格式"菜单中的 "取消对所有列的冻结"命令。

5．设置数据表格式

在"数据表"视图中，一般在水平方向和垂直方向都是显示网格线的，网格线采用银 色，背景色采用白色。但是，用户也可以改变单元格的显示效果，也可以选择网格线的显示 方式及颜色等。设置数据表格式的操作步骤如下。

① 在"数据库"窗口中的"表"对象中，双击要打开的表。

② 单击"格式"菜单中的"数据表"命 令，这时屏幕上显示"设置数据表格式"对话 框，如图 2-82 所示。

③ 在该对话框中，用户可以根据实际需 要选择所需的项目。例如，如果要去掉水平 网格线，可以取消"网格线显示方式"框中 的"水平方向"复选框。如果要将背景色变 为"蓝色"，单击"背景颜色"下拉列表框中 的右侧向下箭头按钮，并从弹出的列表中选 择所需的蓝色。如果要使单元格在显示时具 有"凸起"的效果，可以在"单元格效果" 框中选中"凸起"选项，当选择了"凸起" 或"凹陷"单选项后，不能再对其他选项进 行相关设置。

图 2-82　"设置数据表格式"对话框

④ 单击"确定"按钮。

6. 改变字体显示

为了使数据的显示美观清晰、醒目突出，用户可以改变数据表中数据的字体、字型和字号。

【实例 2-19】 将"学生表"设置为如图 2-84 所示的格式，其中字体为楷体、字号为 5号、字型为斜体、颜色为青色，具体的操作步骤如下。

① 在"数据库"窗口中的"表"对象中，双击"学生表"。

② 单击"格式"菜单中的"字体"命令，这时屏幕上显示"字体"对话框，如图 2-83所示。

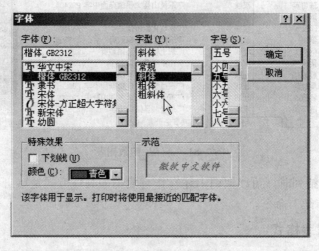

图 2-83 "字体"对话框

③ 在"字体"列表中选中"楷体_GB2312"、"字型"列表中选中"斜体"、在"字号"列表中选中"五号"，在"颜色"下拉列表中选中"青色"。

④ 单击"确定"按钮，设置字体后的结果如图 2-84 所示。

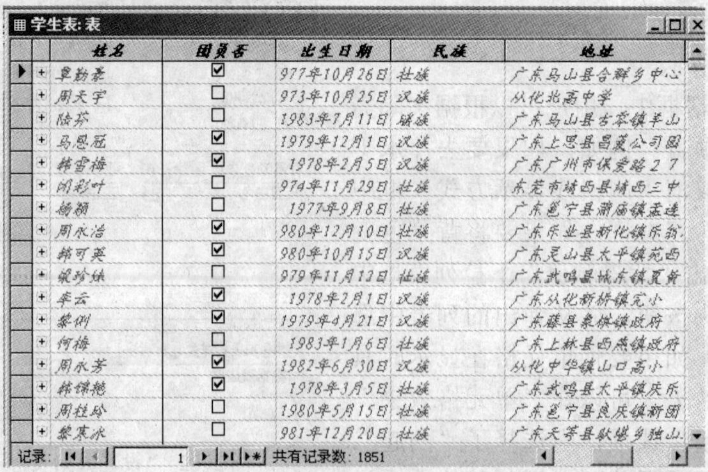

图 2-84 设置字体

2.4 操作表

一般情况下，在用户创建数据库及表以后，都需要进行必要的操作。例如，查找或替换指定的内容、排列表中的数据、筛选符合指定条件的记录等。实际上，这些操作在 Access 的"数据表"视图中是非常容易完成。为了使用户能够了解在数据库中操作表中数据的方法，本节将详细介绍在表中查找数据、替换指定的文本、改变记录的显示次序及筛选指定条件下的记录。

2.4.1 查找数据

1. 查找指定内容

① 在"数据库"窗口的"表"对象下，双击"学生表"。

② 单击"性别"字段选定器。

③ 单击"编辑"菜单中的"查找"命令，这时屏幕上提示显示"查找和替换"对话框。

④ 在"查找内容"框中输入"男"，其他部分的信息如图 2-85 所示。

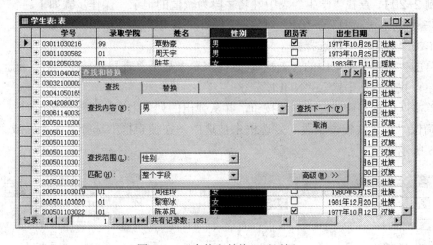

图 2-85 "查找和替换"对话框

如果需要也可以在"查找范围"下拉列表框中选择"整个表"作为查找的范围。但要注意："查找范围"下拉列表中所包括的字段为在进行查找之前控制光标所在的字段。用户最好在查找之前将控制光标移动到所要查找的字段上，这样与对整个表进行查找相比可以节省更多时间。在"匹配"下拉列表中，除图 2-85 所示的内容外，也可以选择其他的匹配部分，如"字段任何部分"、"字段开头"等。

⑤ 单击"查找下一个"按钮，这时将查找下一个指定的内容，Access 将反白显示找到的数据，连续单击"查找下一个"按钮，可以将全部指定的内容查找出来。

⑥ 单击"取消"按钮，结束查找。

用户在指定查找内容时，希望在只知道部分内容的情况下对数据进行查找，或者按照一定特定的要求来查找记录。如果出现以上情况，可以使用通配符（见表 2-11）作为其他字符的占位符。

表 2-11　通配符说明

字　符	用　法	示　例
*	通配任何个数的字符，它可以在字符串当作第一个或最后一个字符使用	wh*可以找到 white 和 why 但是找不到 wash 和 wihtout
?	通配任何单个字母的字符	b?ll 可以找到 ball，bill，但找不到 blle 和 beall
[]	通配方括号内任何单个字符	b[ae]ll 可以找到 ball，bell，但是找不到 bill
!	通配任何不在括号之内的字符	b[!ae]ll.可以找到 bull，bill 但不能找到 ball 及 bell
–	通配范围内的任何一个字符，必须以递增排序来指定区域（A 到 z）	b[a-c]d 可以找到 bad，bed，bcd 但是找不到 bdd
#	通配任何单个数字字符	1#3 可以找到 103，113，123

提示：在使用通配符搜索星号（*），问号(?)、数字号码（#），左方括号（[）或减号（-）时，必须将搜索的符号放在方括号内。

空字符串是用双引号括起来的空字符串（即""），且双引号中间没有空格，这种字符串的长度为 0，在 Access 中，查找空值或空字符串的方法是相似的。

【实例 2-20】 查找"学生"表中姓名字段为空值的记录，操作步骤如下。

① 在"数据库"窗口的"表"对象下，双击"学生"表。

② 单击"姓名"字段选择器。

③ 单击"编辑"菜单中的"查找"，这时屏幕上显示"查找和替换"对话框。

④ 在查找内容框中输入"NULL"。

⑤ 单击匹配框右侧的向下箭头按钮，并从弹出的列表中选择"整个字段"。

⑥ 确保"按格式搜索字段"复选框未被选中，在搜索框中选择"向上"或"向下"，如图 2-86 所示。

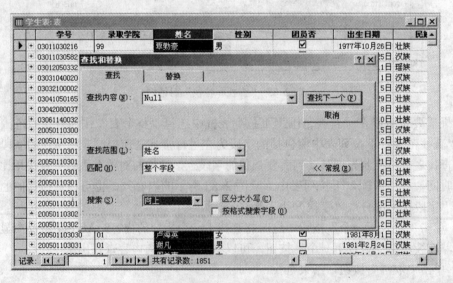

图 2-86　查找 Null

⑦ 单击"查找下一个"按钮，找到后，记录选定器指针将指向相应的记录。

如果要查找空字符串，只需要将操作步骤④中的输入内容改为不包含任何空格的双引号（""）即可。

2.4.2　替换数据

【实例 2-21】　查找"教师表"中"政治面貌"为"团员"的所有记录，并将其值替换为"党员"，具体的操作步骤如下。

① 在"数据库"窗口的"表"对象下，双击"教师表"。

② 单击"政治面貌"字段选择器。

③ 单击"编辑"菜单中的"查找"命令，这时屏幕上显示"查找和替换"对话框。

④ 在"查找内容"框中输入"团员"，然后在"替换值"框中输入"党员"。

⑤ 在"查找范围"框中确保选中当前字段，在"匹配"框中，确保选中"整个字段"，如图 2-87 所示。

⑥ 如果一次替换一个，单击"查找下一个"按钮，找到后，单击"替换"按钮。如果不替换当前找到的内容，则继续单击"查找下一个"按钮。如果要一次替换出现的全部指定的内容，则单击"全部替换"按钮。这里单击"全部替换"按钮，这时屏幕上显示一个提示框，要求用户确认是否要完成此项替换操作。

⑦ 单击"是"按钮，进行替换操作。

图 2-87　设置查找和替换选项

提示：如果要查找 Null 或空字符串时，必须使用"查找和替换"对话框来查找这些内容，并将一一地替换它们。

用户在进行查找和替换操作时，有时希望以全字匹配方式搜索当前字段；有时则希望搜索所有字段，并且只需符合字段的任一部分即可；而有时则要搜索与当前字段起始字符匹配的数据，这时可以通过更改系统默认设置来实现。

① 在"数据库"窗口中，单击"工具"菜单中"选项"命令，弹出"选项"对话框。

② 单击"编辑/查找"选项卡，如图 2-88 所示。

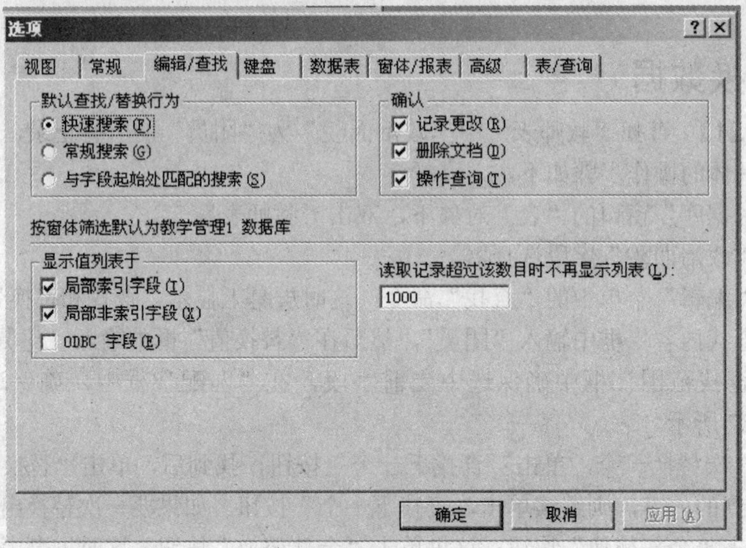

图 2-88　更改默认设置"选项"对话框

③ 在"默认查找/替换行为"选项组中，单击所需的单选按钮，选择"快速搜索"将以全字匹配方式搜索当前字段。选择"常规搜索"将搜索所有字段，并且只需符合字段的任一部分即可，选择"与字段起始外匹配的搜索"，则搜索当前字段并且与字段起始字符匹配。

④ 单击"确定"按钮。

2.4.3　排序记录

一般情况下，在向表中输入数据时，人们不会有意地安排输入数据的先后顺序，而只考虑方便性，按照数据到来的先后顺序输入，但是当要从这些输入的数据中查找所需的数据时就非常不方便。为了提高查找效率，需要重新整理这些数据，对此最行之有效的方法就是对数据进行排序。

1. 排序规则

排序就是根据当前表中的一个或多个字段的值对整个表中的所有记录进行重新排列，排序可以是升序也可以是降序，排序记录时，不同的字段类型，排序的规则有所不同，具体规则为：

  ◇ 英文按字母顺序排序时，大/小写视为相同，升序时按 A 到 Z，降序按 Z 到 A；

  ◇ 中文按拼音字母的顺序排序；

  ◇ 数字按数字的大小排序；

  ◇ 日期和时间字段，按日期的先后顺序排序。

提示：

（1）对于"文本"字段时，如果它取值为数字，那么 Access 将数字视为字符。因此，排序时是按照 ASCII 码值的大小来排序的，而不是按照数值本身大小来排序的。如果希望按其数值大小来排序，应在较短的数字前面加上零。例如，希望将以下文本字符串"5"、

"6"、"12" 按升序排列，排序的结果为 "12"、"5"、"6"，这是因为 "1" 的 ASCII 码小于 "5" 的 ASCII 码。要想实现升序的正确排序，应将 3 个字符串改写为 "05"、"06"、"12"。如图 2-89、图 2-90 所示查看对比结果。

（2）按升序排列字段时，如果字段的值为空值，则将包含空值的记录排列在列表的第一条。

（3）数据类型为备注/超级链接或 OLE 对象的字段不能排序。

（4）排序后，排序次序将与表一起保存。

图 2-89　按降序排序　　　　　　　　　　　　　　图 2-90　按升序排序

2. 按一个字段排序记录

按一个字段排序记录，可以在"数据表"视图中进行。

【实例 2-22】 在"学生表"中，按"学号"进行升序排序，其具体操作步骤如下。

① 在"数据库"窗口中的"表"对象下，打开"学生表"。

② 单击"学号"字段所在的列。

③ 单击工具栏中的"升序"按钮 ，排序结果如图 2-91 所示。

学号	录取学院	姓名	性别	团员否	出生日期	民族
03011030216	99	覃勤蒙	男	☑	1977年10月26日	壮族
03011030582	01	周天宇	男	☐	1973年10月25日	汉族
03012050332	01	陆芬	女	☐	1983年7月11日	瑶族
03031040020	03	马恩冠	女	☑	1979年12月1日	汉族
03032100002	03	韩雪梅	女	☑	1978年2月5日	汉族
03041050165	04	闭彩叶	女	☐	1974年11月29日	壮族
03042080037	04	杨颖	女	☐	1977年9月8日	壮族
03061140032	06	周永治	男	☑	1980年12月10日	壮族
200501103001	01	韩可英	女	☑	1980年10月15日	汉族
200501103010	01	梁珍姝	女	☐	1979年11月12日	壮族
200501103011	01	李云	女	☑	1978年2月1日	汉族
200501103013	01	黎俐	女	☑	1979年4月21日	汉族
200501103015	01	何梅	女	☐	1983年1月6日	壮族
200501103016	01	周永芳	女	☑	1982年6月30日	汉族
200501103017	01	韩锦艳	女	☑	1978年3月5日	汉族
200501103019	01	周桂玲	女	☐	1980年5月15日	壮族
200501103020	01	黎寒冰	女	☐	1981年12月20日	壮族
200501103022	01	陈英凤	女	☑	1977年10月12日	汉族
200501103030	01	卢海英	女	☑	1981年8月1日	汉族
200501103031	01	谢凡	男	☐	1981年2月24日	汉族
200501103035	01	周兰青	女	☑	1980年11月12日	汉族
200501103036	01	韩丽花	女	☑	1980年11月18日	汉族

记录：　1　共有记录数：1851

图 2-91　在"数据表"视图中按一个字段排序

执行上述操作后，就可以改变表中原有的排列次序，而变为新的次序。保存表时，将同时保存排序的结果。

3．按多个字段排序记录

按多个字段排序记录时，Access 首先根据第 1 个字段指定的顺序进行排序，当第 1 个字段具有相同的值时，Access 再根据第 2 个字段进行排序，以此类推，直到按全部指定的字段排好序为止。按多个字段排序记录有两种方法，一种是使用"数据表"视图实现，另一种是使用"高级筛选/排序"窗口完成排序。

（1）使用数据表视图

【实例 2-23】　在"学生表"中按"录取学院"和"姓名"两个字段进行升序排序操作，具体操作步骤如下。

① 在"数据库"窗口中的"表"对象下，打开"学生表"。

② 选择用于排序的"录取学院"和"姓名"字段的字段选定器。

③ 单击工具栏上的"升序"按钮 ，排序后的结果如图 2-92 所示。

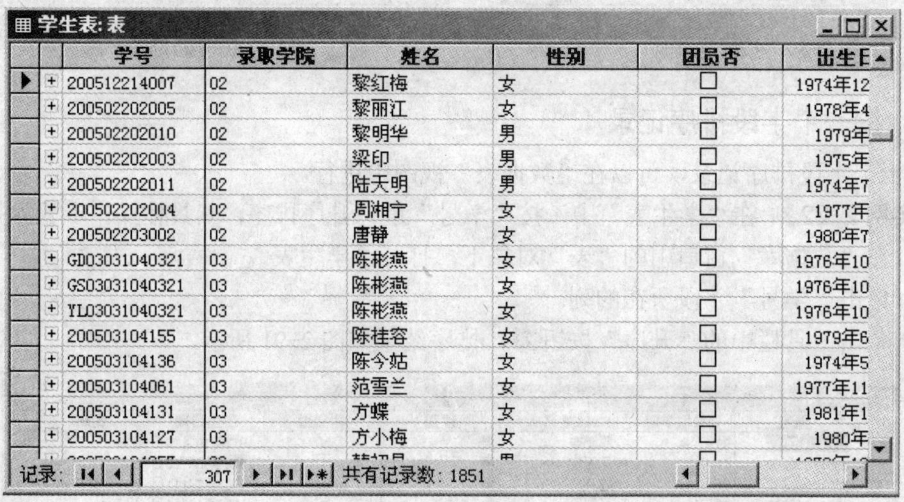

	学号	录取学院	姓名	性别	团员否	出生E
+	200512214007	02	黎红梅	女	☐	1974年12
+	200502202005	02	黎丽江	女	☐	1978年4
+	200502202010	02	黎明华	男	☐	1979年
+	200502202003	02	梁印	男	☐	1975年
+	200502202011	02	陆天明	男	☐	1974年7
+	200502202004	02	周湘宁	女	☐	1977年
+	200502203002	02	唐静	女	☐	1980年7
+	GD03031040321	03	陈彬燕	女	☐	1976年10
+	GS03031040321	03	陈彬燕	女	☐	1976年10
+	YL03031040321	03	陈彬燕	女	☐	1976年10
+	200503104155	03	陈桂容	女	☐	1979年6
+	200503104136	03	陈今姑	女	☐	1974年5
+	200503104061	03	范雪兰	女	☐	1977年11
+	200503104131	03	方蝶	女	☐	1981年1
+	200503104127	03	方小梅	女	☐	1980年

记录：◄◄ ◄ 307 ► ►► ►＊ 共有记录数：1851

图 2-92　在"数据表"视图中按两个字段排序

从结果看出，Access 先按"录取学院"进行排序，在录取学院相同的前提下，再按"姓名"字段进行第二次排序。

选择用于排序的"录取学院"和"姓名"两个字段选定器，单击工具栏中的"升（降）序"按钮；选择多个排序依据的字段进行排序时，必须注意字段的先后顺序，先对最左边的字段进行排序，然后依此从左到右进行排序。若要取消记录的排序，则将鼠标指向记录内容后单击右键，然后在快捷菜单中"取消筛选排序"即可。

提示：此种操作方式按多个字段排序时，要求排序字段必须是相邻字段才可以，如果要按此种方法操作，先得通过更改字段次序操作后，再进行多字段排序操作。

（2）使用高级筛选/排序窗口

使用"数据表"视图按两个字段排序虽然简单，但它只能使所有字段都按同种顺序排序，而且这些字段必须是相邻的的字段，如果希望两个字段按不同的次序排序，或者按两个不相邻的字段排序，就必须使用"高级筛选/排序"窗口。

【实例 2-24】　在"学生表"中按"姓名"升序排后，再按"出生日期"降序排。其具体操作步骤如下。

① 在"数据库"窗口中的"表"对象下，打开"学生表"。

② 单击"记录"菜单中的"筛选"命令，然后从级联菜单中选择"高级筛选/排序"命令，这时屏幕上显示如图 2-93 所示的"筛选"窗口。

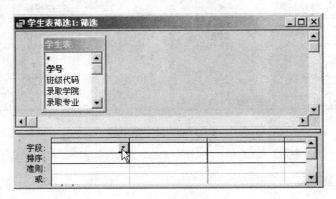

图 2-93　"筛选"窗口

"筛选"窗口分为上、下两部分。上半部分显示了被打开表的字段列表。下半部分是设计网格，用来指定排序字段、排序方式和排序准则。

③ 用鼠标单击设计网格中的第 1 列字段行右侧的向下箭头按钮，从弹出的列表中选取"姓名"字段，然后用同样的方法在第 2 列的字段上选择"出生日期"字段，或者直接双击上半部分的字段列表中的排序字段。

④ 单击"姓名"的"排序"单元格，单击右侧向下箭头按钮，从弹出的列表中选择"升序"，再单击"出生日期"的"排序"单元格，单击右侧向下箭头按钮，从弹出的列表中选择"降序"，如图 2-94 所示。

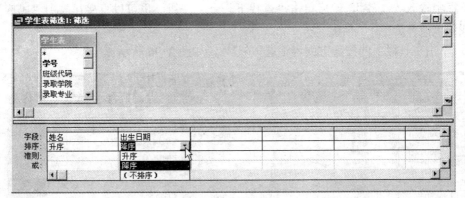

图 2-94　设置排序次序

⑤ 单击工具栏上的"应用筛选"按钮 ，这时系统就会按上面的设置对"学生表"中的所有记录进行排序操作，排序结果如图 2-95 所示。

在指定排序次序后，单击"记录"菜单中的"取消筛选/排序"命令，或再次单击工具栏上的"应用筛选"按钮，可以取消所设置的排序顺序。

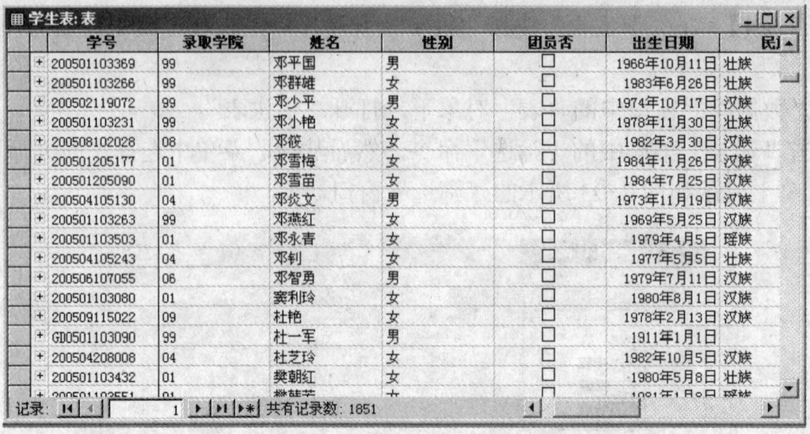

图 2-95　排序结果

2.4.4　筛选记录

使用数据库表时，经常需要从众多的数据中挑选出一部分满足某种条件的数据进行处理。例如，在"教师"表中，不应包含退休教师，需要从教师表中删除。

Access 提供了 4 种方法，按选定内容筛选、按窗体筛选、按筛选目标筛选及高级筛选。

1．按选定内容筛选

按选定内容筛选是一种最简单的筛选方法，使用它可以很容易地找到包含的某字段值的记录。

【实例 2-25】　在"学生表"中筛选出民族为"汉族"的学生。其具体操作步骤如下。

① 在"数据库"窗口中的"表"对象下，双击"学生表"。

② 单击"民族"字段列的任一行，执行"编辑"菜单中的"查找"命令，并在"查找内容"框中输入"汉族"，然后单击"查找下一个"按钮。也可以直接在表中"民族"字段列中找到该值并选中。

③ 单击工具栏上的按选定内容筛选按钮，如图 2-96 所示。

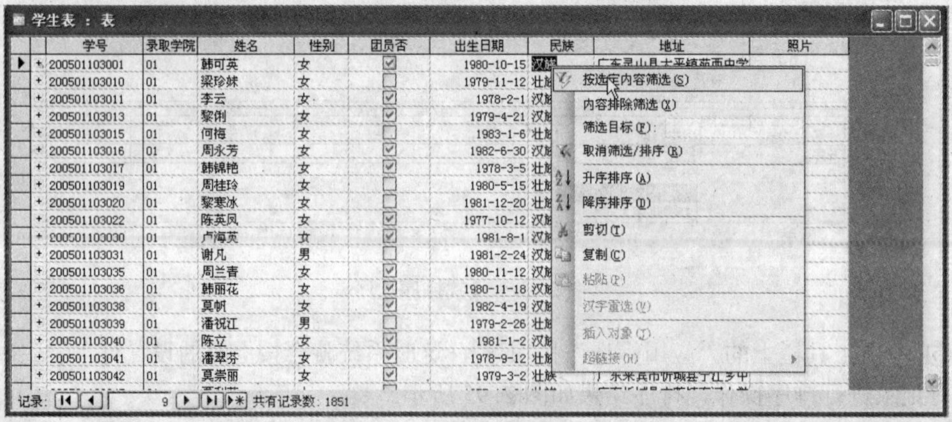

图 2-96　按选定内容筛选

这时，Access 将根据所选的内容筛选出相应的记录，结果如图 2-97 所示。使用“按选定内容筛选”首先要在表中找到一个在筛选产生的记录中必须包含的值。如果这个值不容易找，最好不使用这种方法。

学号	录取学院	姓名	性别	团员否	出生日期	民族	地址
03011030582	01	周天宇	男	☐	1973-10-25	汉族	从化北高中学
03031040020	03	马恩冠	女	☑	1979-12-1	汉族	广东上思县昌菱公司园艺
03032100002	03	韩雪梅	女	☑	1978-2-5	汉族	广东广州市保爱路２７－
200501103001	01	韩可英	女	☑	1980-10-15	汉族	广东灵山县太平镇苑西中
200501103011	01	李云	女	☑	1978-2-1	汉族	广东从化新桥镇完小
200501103013	01	黎俐	女	☑	1979-4-21	汉族	广东藤县象棋镇政府
200501103016	01	周永芳	女	☑	1982-6-30	汉族	从化中华镇山口高小
200501103022	01	陈英凤	女	☑	1977-10-12	汉族	广东合浦县闸口中学
200501103030	01	卢海英	女	☑	1981-8-1	汉族	广东灵山县云圩镇龙窟塘
200501103031	01	谢凡	男	☐	1981-2-24	汉族	广东横县陶圩大岭村
200501103035	01	周兰青	女	☑	1980-11-12	汉族	从化高田乡中心小学
200501103036	01	韩丽花	女	☑	1980-11-18	汉族	广东武鸣县府城镇富良小
200501103038	01	莫帆	女	☑	1982-4-19	汉族	从化芦圩镇黄卢小学
200501103040	01	陈立	女	☑	1981-1-2	汉族	从化芦圩镇马兰高小
200501103066	01	周凤珍	女	☐	1981-11-6	汉族	广东从化新圩镇中心小学
200501103070	01	宋继英	女	☐	1983-11-4	汉族	广东从化商贸城中区067号
200501103073	01	韩宁娟	女	☐	1982-5-4	汉族	广州市江州区江州镇卜松
200501103075	01	韩燕凤	女	☐	1984-8-20	汉族	广东广州市从化武陵镇马
200501103080	01	窦利玲	女	☐	1980-8-1	汉族	广东北流大岭路5号

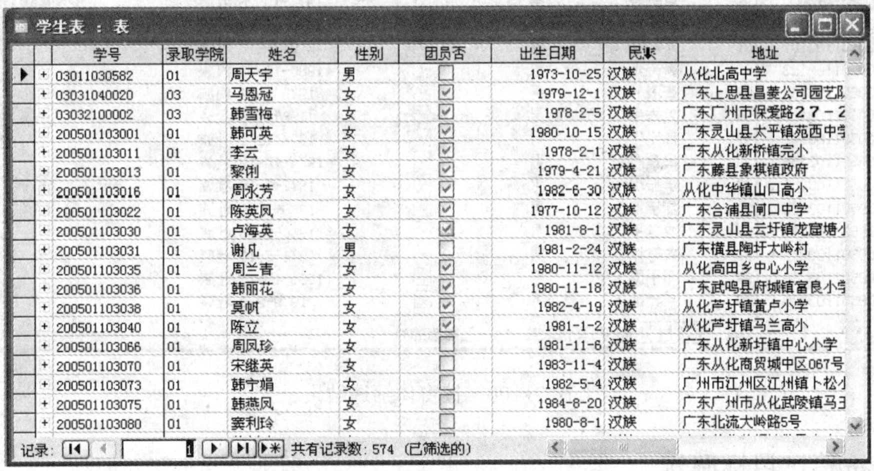

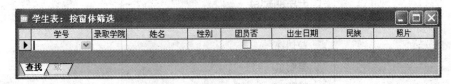

图 2-97　按选定内容筛选结果

2. 按窗体筛选

按窗体筛选是一种快速的筛选方法，使用它不用浏览整个表中的记录，同时对两个以上字段值进行筛选操作。

按窗体筛选记录时，Access 将数据表变成一个记录，并且每个字段是一个下拉列表，用户可以从每个下拉列表框中选取一个值作为筛选的内容。如果选择两个以上的值，还可以通过窗体底部的“或”标签来确定两个字段之间的关系。

【实例 2-26】 将“学生表”中的男生团员筛选出来，其具体操作步骤如下。

① 在“数据库”窗口中的“表”对象下，双击“学生表”。

② 单击工具栏上的按窗体筛选按钮，切换到“按窗体筛选”窗口，如图 2-98 所示。

图 2-98　“按窗体筛选”窗口

③ 单击“性别”字段，并单击右侧向下箭头按钮，从下拉列表中选择“男”。

④ 单击“团员否”字段中的复选框，结果如图 2-99 所示。

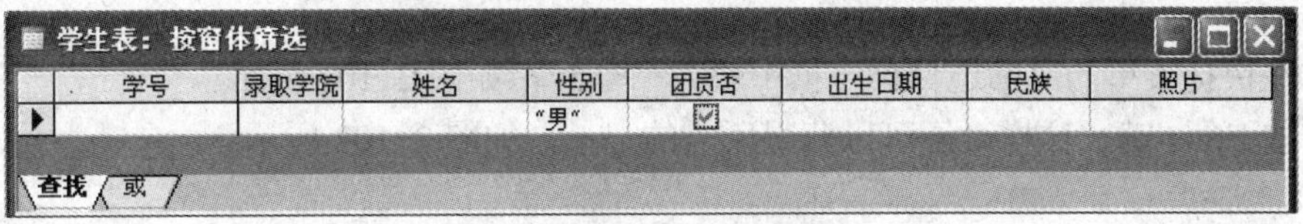

图 2-99　选择筛选字段值

⑤ 单击工具栏上的应用筛选按钮 ▼ 执行筛选，筛选结果如图 2-100 所示。

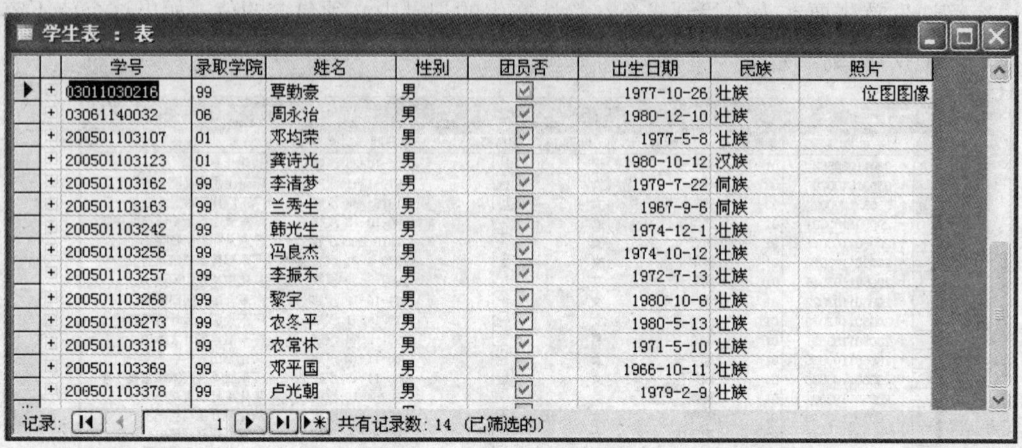

		学号	录取学院	姓名	性别	团员否	出生日期	民族	照片
▶	+	03011030216	99	覃勤豪	男	☑	1977-10-26	壮族	位图图像
	+	03061140032	06	周永治	男	☑	1980-12-10	壮族	
	+	200501103107	01	邓均荣	男	☑	1977-5-8	壮族	
	+	200501103123	01	龚诗光	男	☑	1980-10-12	汉族	
	+	200501103162	99	李清梦	男	☑	1979-7-22	侗族	
	+	200501103163	99	兰秀生	男	☑	1967-9-6	侗族	
	+	200501103242	99	韩光生	男	☑	1974-12-1	壮族	
	+	200501103249	99	冯良杰	男	☑	1974-10-12	壮族	
	+	200501103257	99	李振东	男	☑	1972-7-13	壮族	
	+	200501103268	99	黎宇	男	☑	1980-10-6	壮族	
	+	200501103273	99	农冬平	男	☑	1980-5-13	壮族	
	+	200501103318	99	农常休	男	☑	1971-5-10	壮族	
	+	200501103369	99	邓平国	男	☑	1966-10-11	壮族	
	+	200501103378	99	卢光朝	男	☑	1979-2-9	壮族	

记录：|◀ ◀ | 1 | ▶ ▶| ▶* 共有记录数：14（已筛选的）

图 2-100　按窗体筛选结果

3．按筛选目标筛选

按筛选目标筛选是一种相对灵活的方法，根据输入的筛选条件进行筛选，是在"筛选目标"框中输入筛选条件来查找含有该指定值或表达式值的所有记录。

【实例 2-27】　在"成绩表"中筛选期末成绩 85 分以下的学生，其具体操作如下。

① 在"数据库"窗口中的"表"对象下，双击"成绩表"。

② 将鼠标放在"期末成绩"字段列的任一位置，然后单击鼠标右键，弹出快捷菜单，如图 2-101 所示。

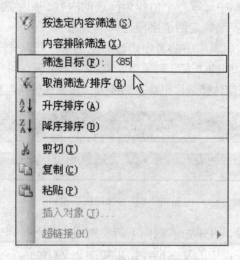

图 2-101　利用快捷菜单完成筛选

③ 在快捷菜单的"筛选目标"框中输入"<85"，如图 2-101 所示。

④ 按 Enter 键，这样，便可以获得所需的记录，如图 2-102 所示。

成绩表 : 表

序号	学号	课程班号	平时成绩	期末成绩
54	GD03112040625	31030301	80	80
44	GD03112040615	31030301	80	80
9	GD03012050525	31029301	80	80
49	GD03112040620	31030301	80	80
1042	200507110005	21007301	80	70
566	200806107002	11452301	70	70
210	GD03112040602	31033301	50	50
206	GD03112040591	31033301	50	50
205	GD03112040590	31033301	50	50
31	GD03012050554	31029301	50	50
30	GD03012050553	31029301	50	50
211	GD03112041914	31033301	50	50
35	GD03112040605	31030301	50	50
36	GD03112040606	31030301	50	50
200	GD03112040576	31033301	50	50

记录: 1 共有记录数: 385 (已筛选的)

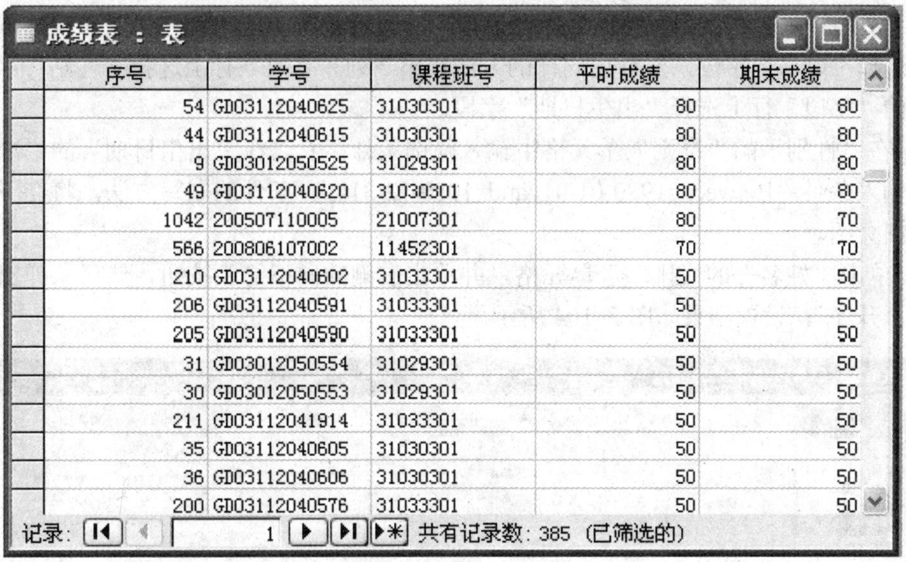

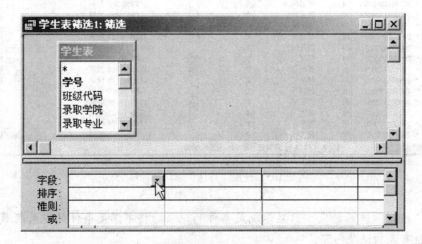

图 2-102　按筛选目标筛选结果

4. 高级筛选

采用高级筛选可进行复杂的筛选，筛选出符合多重条件的记录。

前面所介绍的三种方法是筛选记录中最容易的方法，筛选的条件单一，操作非常简单。但在实际应用中，常常涉及复杂的筛选条件。例如，找出 1980 年出生的女生。此时使用“筛选”窗口，可以很容易地实现。使用“筛选”窗口不仅可以筛选出满足复杂条件的记录，而且还可以对筛选的结果进行排序。

【实例 2-28】 在“学生表”中查找 1980 年出生的女学生，并按“姓名”升序排序。具体操作步骤如下。

① 在“数据库”窗口中的“表”对象下，双击“学生表”。

② 单击“记录”菜单中的“筛选”命令，然后从级联菜单中选择“高级筛选/排序”命令，屏幕上弹出如图 2-103 所示的“学生表筛选 1：筛选”窗口。

图 2-103　“筛选”窗口

③ 用鼠标单击设计网格中第 1 列"字段"行，并单击右侧的向下箭头按钮，从弹出的列表中选择"姓名"字段，然后用同样的方法在第 2 列"字段"行上选择"性别"字段，在第 3 列的"字段"行上选择"出生日期"字段。

④ 在"性别"的"准则"单元格中输入筛选条件：女，在"出生日期"的"准则"单元格中输入条件"Between#1980-01-01#and#1980-12-31#"。条件的书写方法，将在下面的章节中详细介绍。

⑤ 单击"姓名"的"排序"单元格，并单击右侧的向下箭头按钮，然后从弹出的列表中选择"升序"，设置结果如图 2-104 所示。

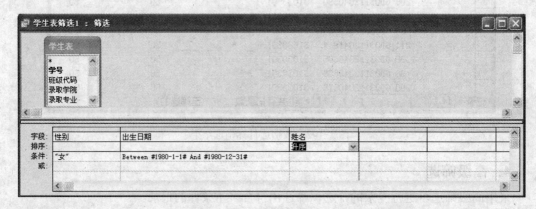

图 2-104　设置筛选条件和排序方式

⑥ 单击工具栏上的"应用筛选"按钮执行筛选，筛选结果如图 2-105 所示。

学号	录取学院	姓名	性别	团员否	出生日期	民族	照片
+ 200501205068	01	陈洁红	女	☐	1980-9-10	汉族	
+ 200507110090	07	陈娜	女	☐	1980-5-18	壮族	
+ 200505106040	05	陈廷梅	女	☐	1980-3-16	汉族	
+ 200508102027	07	陈赞琼	女	☐	1980-1-8	壮族	
+ 200501103080	01	窦利玲	女	☐	1980-8-1	汉族	
+ 200501103432	01	樊朝红	女	☐	1980-5-8	壮族	
+ YL03112040750	11	樊雪梅	女	☐	1980-5-8	壮族	
+ GD03112040750	11	樊雪梅	女	☐	1980-5-8	壮族	
+ GS03112040750	11	樊雪梅	女	☐	1980-5-8	壮族	
+ GD0501103064	99	方凤娇	女	☐	1980-9-5	壮族	
+ 200503104127	03	方小梅	女	☐	1980-6-6	壮族	
+ 200502101001	02	韩桂珍	女	☐	1980-6-24	壮族	
+ 200501103067	01	韩花梅	女	☐	1980-6-10	壮族	
+ 200501103001	01	韩可英	女	☑	1980-10-15	汉族	
+ 200501103036	01	韩丽花	女	☑	1980-11-18	汉族	
+ 200504105120	04	韩桑红	女	☐	1980-8-18	瑶族	
+ 200501103351	99	韩新宇	女	☐	1980-11-10	壮族	
+ 200501103082	01	韩雪梅	女	☐	1980-11-27	壮族	
+ 200501103101	01	韩艳飞	女	☐	1980-11-23	壮族	
+ 200506107010	06	韩燕红	女	☐	1980-1-18	汉族	
+ 200708102004	08	韩月	女	☐	1980-1-11	壮族	

记录: |◄ ◄ 　1　 ► ►| ►* 共有记录数: 86 (已筛选的)

图 2-105　使用"筛选"窗口筛选结果

提示：经过筛选后的表，只显示满足条件的记录，将不满足条件的记录隐藏起来，并不会覆盖原有表的记录内容。

习题 2

一、选择题

1. Access 表中字段的数据类型不包括（　　）。

　　A. 文本　　　　　　B. 备注　　　　　　C. 通用　　　　　　D. 日期 / 时间

2. 必须输入 0~9 的数字的输入掩码是（　　）。

　　A. O　　　　　　　B. &　　　　　　　C. A　　　　　　　D. C

3. 以下关于货币数据类型的叙述，错误的是（　　）。

　　A. 向货币字段输入数据时，系统自动将其设置为 4 位小数

　　B. 可以和数值型数据混合计算，结果为货币型

　　C. 字段长度是 8 字节

　　D. 向货币字段输入数据时，不必输入美元符号和千位分隔符

4. 必须输入任一字符或空格的输入掩码是（　　）。

　　A. O　　　　　　　B. &　　　　　　　C. A　　　　　　　D. C

5. 数据表中的"行"称为（　　）。

　　A. 字段　　　　　　B. 数据　　　　　　C. 记录　　　　　　D. 关系

6. 下列关于数据库中的表，说法正确的是（　　）。

　　A. 每个表应该只包含关于一个主题的信息

　　B. 每个表绝对不可以包含多个主题的信息

　　C. 表中绝对不可以包含重复信息

　　D. 信息绝对不可以在多个表之间复制

7. Access 中记录、表和数据库的关系是（　　）。

　　A. 一个表可以包含多条记录，一个数据库可以包含多个表

　　B. 一个表可以包含多条记录，但只能包含两个数据库

　　C. 一个表只能有一条记录，但可以包含多个数据库

　　D. 一个数据库只能包含一个表，可以包含多条记录

8. 在已经建立的数据表中，若在显示表中内容时使某些字段不能移动显示位置，可以使用的方法是（　　）。

　　A. 排序　　　　　　B. 筛选　　　　　　C. 隐藏　　　　　　D. 冻结

9. 在 Access 数据库中，表就是（　　）。

　　A. 关系　　　　　　B. 元组　　　　　　C. 索引　　　　　　D. 数据库

二、填空题

1. 在 Access 数据库中，表与表之间的关系可以分为＿＿＿、＿＿＿和＿＿＿ 3 种。

2. Access 的筛选方法有＿＿＿＿和高级筛选。

3. 每个表可以包含＿＿＿＿个自动编号型字段。

4. 字段名的最大长度为＿＿＿。

5. 能够唯一标识表中每条记录的字段称为＿＿＿。

6. ＿＿＿＿所使用的对象为文本或文本与数字的组合。

第 3 章　查　　询

第 2 章主要介绍了数据库的建立和维护方法。使用这些方法，能够容易地建立数据库，但是建立数据库，将数据正确地保存在数据库中并不是最终目的，最终的目的是为了更好地使用和共享这些数据，通过对数据库的数据进行各种处理和分析，从中提取出所需的有用信息。查询是 Access 处理和分析数据的工具，它能够把多个表中的数据抽取出来，供用户查看、更改和分析使用。为了能使读者更好地了解 Access 的查询功能，学会创建和使用查询的方法，本章将详细介绍有关查询的基本操作，包含查询的概念、查询的创建和使用。

3.1　认识查询

在 Access 中，任何时候都可以从已经建立的数据库表中按照一定的条件抽取需要的记录。查询就是实现这种操作最主要的方法。

3.1.1　查询的功能

查询是对数据库表中的数据进行查找，同时产生一个类似表的结果。在 Access 中可以方便地创建查询，在创建查询的过程中定义要查询的内容和准则，Access 将根据定义的内容和准则在数据库表中搜索符合条件的记录，利用查询可以实现很多功能。

1．选择字段

在查询中，可以只选择表中的部分字段。如建立一个查询，只显示"教师表"中每名教师的姓名、性别、职称等。利用查询这一功能，可以通过选择一个表中的不同字段生成所需的多个表。

2．选择记录

根据指定的条件查找所需的记录，并显示找到的记录。如建立一个查询，只显示"学生表"中 1984 年出生的男生。

3．编辑记录

编辑记录主要包括添加记录、修改记录和删除记录等，在 Access 中，可以利用查询添加、修改和删除表中的记录。例如，将"成绩表"中期末成绩不及格的学生从表中删除。

4．实现计算

查询不仅可以找到满足条件的记录，而且还可以在建立查询的过程中进行各种统计计算，如计算平均成绩。

5．建立新表

利用查询得到的结果可以建立一个新表，如将"计算机实用软件"成绩在 90 分以上的学生找出来并存放在一个新表中。

6．建立基于查询的报表和窗体

为了从一个或多个表中选择合适的数据显示在报表或窗体中，用户可以先建立一个查询，然后将该查询的结果作为报表或窗体的数据源。每次打印报表或打开窗体时，该查询就从它的基表中检索出符合条件的最新记录，这样可以提高了报表或窗体的使用效果。

3.1.2　查询的类型

Access 数据库中的查询有很多种，每种方式在执行上都有所不同，查询有选择查询、交叉表查询、参数查询、操作查询和 SQL 查询。上面提到的查询功能可以通过这些查询来实现。

1．选择查询

选择查询是最常用的一种查询类型，顾名思义，它是根据指定的查询准则，从一个或多个表中获取数据并显示结果。也可以使用选择查询对记录进行分组，并且对记录进行总计、计数、平均及其他类型的计算。

选择查询能够使用户查看自己所想看的记录。执行一个选择查询时，需要从指定的数据库表中搜索数据，数据库表可以是一个表或多个表，也可以是一个查询。查询的结果是一组数据记录，即动态集。

动态集是一个临时表，当用户关闭动态集数据表视图的时候，动态集消失。需要注意的是：动态集并不保存在查询中，查询对象仅仅保存查询的结构——查询所涉及的表和字段、排序准则、筛选条件等。

运行查询所生成的动态集具有很大的灵活性，适合作为报表和窗体的数据源。

在选择查询中，分为条件查询和非条件查询。条件查询是指要按照指定的条件进行查询；而非条件查询，只是从一个或多张表中选择所要显示的字段。

例如，查找 1984 年入学的男生。首先单击"数据库"中的"查询"对象，再使用查询"设计"视图建立此查询，如图 3-1 所示；可以通过"数据表"视图显示查询的结果（动态集），如图 3-2 所示。

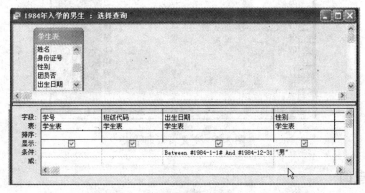

图 3-1　一个使用查询的"设计"视图

图 3-2   查询所生成的动态集

2. 交叉表查询

交叉表查询将来源于某个表中的字段进行分组，一组列在数据表的左侧，一组列在数据表的上部，然后在数据表行与列的交叉处显示表中某个字段的统计值。交叉表查询就是利用了表中的行和列来统计数据的。

例如，统计各学院男女学生的人数。此时，可能通过建立交叉表查询来实现统计计算，统计的结果如图 3-3 所示。

录取学院	总计	男	女
01	216	59	157
02	97	48	49
03	131	29	102
04	143	72	71
05	63	41	22
06	60	40	20
07	33	17	16
08	66	18	48
09	55	35	20
10	25	15	10
11	681	322	359
12	40	16	24
99	241	82	159

记录: |◀ ◀   1   ▶ ▶| ▶*   共有记录数: 13

图 3-3   交叉表查询结果

3. 参数查询

参数查询是一种用对话框来提示用户输入准则的查询。这种查询可以根据用户输入的准则来检索符合相应条件的记录。例如，查询并显示某学院学生的基本情况。利用参数查询可实现这种随机的查询需求，大大提高了查询的灵活性。执行参数查询时，屏幕上会显示出一个设计好的对话框，以提示输入相关信息，如图 3-4 所示。

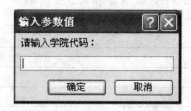

图 3-4 "输入参数值"对话框

4．操作查询

操作查询与选择查询相似，都是由用户指定查找记录的条件，但选择查询是检查符合特定条件的一组记录，而操作查询是在一次查询操作中对所得结果进行编辑等操作。

操作查询包含生成表、删除、更新和追加 4 种。生成表查询是利用一个或多个表中的全部或部分数据建立新表，生成表查询主要用于创建表的备份、创建符合条件而显示数据的报表、创建包含旧记录的历史表等。例如，查找期末成绩在 90 分以上的记录并存放在一个新表中；删除查询可以从一个表或多个表中删除记录；更新查询可以对一个或多个表中的一组记录作全面的更改，例如，将 1988 年后参加工作的老师的职称更改为副教授；追加查询可以从一个或多个表中选取一组记录添加到一个或多个表的尾部。例如，将期末成绩为80~90 分的同学记录找出来后追加到一个已经存在的表中。

5．SQL 查询

SQL 查询就是用户使用 SQL 语句来创建一种查询。SQL 查询主要包括联合查询、传递查询、数据定义查询和子查询等。联合查询是将一个或多个表、一个或多个查询的字段组合作为查询结果中的一个字段，执行联合查询时，将返回所包含的表或查询中对应字段的记录；传递查询是直接将命令发送到 ODBC 数据，它使用服务器能接收的命令，可以检索或更改记录；数据定义查询可以创建、删除或更改表，或者在当前的数据库中创建索引；子查询是包含另一个选择或操作查询中的 SQL SELECT 语句，可以在查询设计网格的"字段"行输入这些语句来定义新字段，或在"准则"行来定义字段的准则。通过子查询测试某些结果的存在性；查找主查询中等于、大于或小于子查询返回值的值。

3.1.3 建立查询的准则

在日常生活和工作中，用户的查询并非仅是简简单单的查询，往往需要指定一定的条件，例如，查找 1992 年参加工作的男教师，这种带条件的查询需要通过设置相关的准则来实现。准则可以是运算符、常量、字段值、函数及字段名和属性等的任意组合，能够最终计算出一个结果。准则（或称条件）是建立带条件的查询时经常要用到的，因此，了解准则的组成，掌握它的书写规范是非常重要的。下面将通过一些实例来介绍准则的书写方法。

1．准则中的运算符

运算符是组成准则的基本元素。Access 提供了关系运算符、逻辑运算符和特殊运算符。3 种运算符符号及含义如表 3-1、表 3-2 和表 3-3 所示。

表 3-1　关系运算符及含义

关系运算符	说　明
=	等于
<>	不等于
<	小于
<=	小于等于
>	大于
>=	大于等于

表 3-2　逻辑运算符及含义

逻辑运算符	说　明
Not	当 Not 连接的表达式为真时，整个表达式为假
And	当 And 连接的表达式都为真时，整个表达式为真，否则为假
Or	当 Or 连接的表达式中有一个为真时，整个表达式为真，否则为假

表 3-3　特殊运算符及含义

特殊运算符	说　明
In	用于指定一个字段值的列表，列表中的任意一个值都可与查询字段相匹配
Between	用于指定一个字段值的范围。指定的范围之间用 And 连接
Like	用于指定查批文本字段的字符模式。在所定义的字符模式中，用"?"表示该位置可匹配任何一个字符；用"*"表示该位置可以匹配零或多个字符；用"#"表示该位置可匹配一个数字；用方括号描述一个范围，用于可匹配的字符的范围
Is Null	用于指定一个字段为空
Is Not Null	用于指定一个字段为非空

2．准则中的函数

Access 中提供了大量的标准函数，如数值函数、字符函数、日期时间函数和统计函数等。这些函数为用户更好地构造查询准则提供了极大的便利，也为用户准确地进行统计计算、实现数据处理等提供了有效的方法。表 3-4、表 3-5、表 3-6、表 3-7 列出了数值函数的格式和功能。

表 3-4　数值函数说明

函　数	说　明
Abs（数值表达式）	返回数值表达式值的绝对值
Int（数值表达式）	返回数值表达式值的整数部分值
Srq（数值表达式）	返回数值表达式值的平方根值
Sgn（数值表达式）	返回数值表达式值的符号值。当数值表达式值大于 0 时，返回值为 1；当数值表达式值等于 0 时，返回值为 0；当数值表达式值小于 0 时，返回值为 –1

表 3-5　字符函数说明

函　数	说　明
Space（数值表达式）	返回由数值表达式的值确定的空格个数组成的空字符串
String（数值表达式，字符表达式）	返回一个由字符表达式的第 1 个字符重复组成的指定长度为数值表达式值的字符串
Left（字符表达式，数值表达式）	返回一个值，该值是从字符表达式左侧第 1 个字符开始截取的若干个字符。其中，字符个数是数值表达式的值。当字符表达式是 Null 时，返回 Null 值；当数值表达式的值为 0 时，返回一个空串；当数值表达式值大于或等于字符表达式的字符个数时，返回字符表达式
Right（字符表达式，数值表达式）	返回一个值，该值是从字符表达式右侧第 1 个字符开始截取的若干个字符。其中，字符个数是数值表达式的值。当字符表达式是 Null 时，返回 Null 值；当数值表达式的值为 0 时，返回一个空串；当数值表达式值大于或等于字符表达式的字符个数时，返回字符表达式
Len（字符表达式）	返回字符表达式的字符个数，当字符表达式是 Null 值时，返回 Null 值
Ltrim（字符表达式）	返回去掉字符表达式前导空格的字符串
Rtrim（字符表达式）	返回去掉字符表达式尾部空格的字符串
Trim（字符表达式）	返回去掉字符表达式前导和尾部空格的字符串
Mid（字符表达式，数值表达式 1[，数值表达式 2]）	返回一个值，该值是从字符表达式最左端某个字符开始截取到某个字符为止的若干个字符。其中，数值表达式 1 的值是开始的字符位置，数值表达式 2 的值是终止的字符位置。数值表达式 2 是可以省略的，若省略了数值表达式 2，则返回的值是从字符表达式最左端某个字符开始截取到最后一个字符为止的若干个字符

表 3-6　日期时间函数说明

函　数	说　明
Day(date)	返回给定日期 1～31 的值，表示给定日期是一个月的哪一天
Month(date)	返回给定日期 1～12 的值，表示给定日期是一年的哪一月
Year(date)	返回给定日期 100～9999 的值，表示给定日期是哪一年
Weekday(date)	返回给定日期 1～7 的值，表示给定日期是一周中的哪一天
Hour(date)	返回给定日期 1～23 的值，表示给定时间是一天中的哪一个钟点
Date()	返回系统日期

表 3-7　统计函数说明

函　数	说　明
Sum（字符表达式）	返回字符表达式中值的总和。字符表达式可以是一个字段名，也可以是一个含字段名的表达式，但所包含字段应该是数字数据类型的字段
Avg（字符表达式）	返回字符表达式中值的平均值。字符表达式可以是一个字段名，也可以是一个含字段名的表达式，但所包含字段应该是数字数据类型的字段
Count（字符表达式）	返回字符表达式中值的个数，即统计记录个数。字符表达式可以是一个字段名，也可以是一个含字段名的表达式，但所包含字段应该是数字数据类型的字段
Max（字符表达式）	返回字符表达式中值的最大值。字符表达式可以是一个字段名，也可以是一个含字段名的表达式，但所包含字段应该是数字数据类型的字段
Min（字符表达式）	返回字符表达式中值的最小值。字符表达式可以是一个字段名，也可以是一个含字段名的表达式，但所包含字段应该是数字数据类型的字段

这些函数的具体用法可以参考下面所列准则示例。

1）采用文本值作为准则

在 Access 中建立查询时，经常会使用文本值作为查询的准则。若使用文本值作为查询的准则，可以方便地限定查询的范围和查询的条件，实现一些相对简单的查询。表 3-8 给出了以文本值作为准则的示例和它们的功能。

表 3-8　使用文本值作为准则示例

字 段 名	准　　则	功　　能
职称	"教授"	查询职称为教授的记录
职称	"教授"or "副教授"	查询职称为教授或副教授的记录
课程名称	Like"计算机"	查询课程名称为 "计算机" 开头的记录
姓名	In("李元"，"王明") 或"李元"or "王明"	查询姓名为李元或王明的记录
姓名	Not"李元"	查询姓名不为李元的记录
姓名	Not "王*"	查询不姓王的记录
姓名	Left（[姓名]，1）= "王"	查询姓王的所有记录
姓名	Len([姓名])<=4	查询姓名为两个字的记录
籍贯	Right([籍贯]，2)="大同"	查询籍贯最后两个字为大同的记录
学号	Mid([学号]，3，2) = "03"	查询学号第 3 个和第 4 个字符为 03 的记录（即从学号字段中第 3 个字符开始的连续两位其值为 03 的所有记录）

查询职称职为教授的教职工时，可以表示为：= "教授"，但是为了输入方便，系统允许在表达式中省去等号 "="，所以可以直接输入 "教授"。同时也可以直接在准则处输入：教授，此时在输入完成后，系统会自动添加""。

提示：如果自己输入引号，这些引号必须是在半角状态下。

2）使用处理日期结果作为准则

在 Access 中建立查询时，有时需要以计算或处理日期所得到的结果作为准则。使用计算或处理日期结果作为准则，可以方便地限定所查询的时间范围。表 3-9 列举了一些计算或处理日期结果作为准则的示例。

表 3-9　使用处理日期结果作为准则的示例

字 段 名	准　　则	功　　能
工作时间	Between#92-01-01#And#92-12-31#	查询 92 年参加工作的职工
工作时间	<Date()-15	查询 15 天前参加工作的记录
工作时间	Between Date()And Date()-20	查询 20 天内参加工作的记录
出生日期	Year([出生日期])=1980	查询 1980 年出生的记录
工作时间	Year([工作时间])=1999 隔 And Month([工作时间])=4	查询 1999 年 4 月参加工作的记录

书写这类准则时应注意，日期值要用半角的 "#" 括起来。

3）使用字段的部分值作为准则

在 Access 中建立查询时，可能需要只使用字段中所包含的部分值作为查询的准则。这样也可以方便地限定查询的范围。表 3-10 显示了使用字段的部分值作为查询准则的示例。

表 3-10　使用字段的部分值作为查询准则的示例

字 段 名	准　　　则	功　　能
课程名称	Like"计算机*"	查询课程名称为"计算机"开头的记录
课程名称	Like"*计算机*"	查询课程名称包含"计算机"的记录
姓名	Not "王"	查询不姓王的记录

4）使用空值或空字符串作为准则

在 Access 表中，可能会有尚未存储数据的字段，如果某个记录的某个字段尚未存储数据，则称该记录的这个字段的值为空值。空值与空字符串的含义有所不同。空值是缺值或还没有值，字段中允许使用 NULL 值来说明一个字段里的信息目前还无法得到。例如，一名教师的电话号码在输入数据时还不清楚，可以在字段中存储 NULL 值，直到存入有实际意义的数据为止。

空字符串是用双引号括起来的空字符串（即""），且双引号中间没有空格，这种字符串的长度为 0。

在查询时常常需要使用空值或空字符串作为查询的准则，来查看数据库表中的某些记录。表 3-11 列举出了有关使用空值或空字符串作为准则的示例。

表 3-11　使用空值或空字符串作为准则的示例

字 段 名	准则表达式	功　　能
姓名	Is Null	查询姓名为 Null（空值）的记录
姓名	Is Not Null	查询姓名不是空值的记录
联系电话	""	查询没有联系电话的记录

提示：准则中字段名必须要用方括号括起来；数据类型应与对应字段定义的类型相符合，否则会出现数据类型不匹配的错误。

3.2　创建选择查询

在实际应用中，需要创建的选择查询多种多样。有些是带条件的检索，如检索教授的基本情况；而有些是不带有任何条件，只是简单地将表中的记录全部或部分字段内容检索出来。如只查看"教师表"中的"姓名"、"性别"、"院系"等字段的内容。本节将主要介绍选择查询的创建方法。

3.2.1　创建不带条件的查询

一般情况下，建立查询的方法有查询向导及设计视图两种。下面将分别介绍如何使用这两种方法来创建不带任何条件的查询。

1．使用查询向导

通过使用"查询向导"来建立查询操作相对比较简单，用户只要在向导的提示下一步一步完成相应的设置即可。

【实例 3-1】　查找并显示"教师表"中的"教师姓名"、"所属院系"、"性别"、"学历"及"职称"等字段。具体操作步骤如下。

① 在"教学管理"数据库窗口中，单击"查询"对象，然后双击"使用向导创建查询"选项，这时将显示"简单查询向导"的第 1 个对话框，如图 3-5 所示。

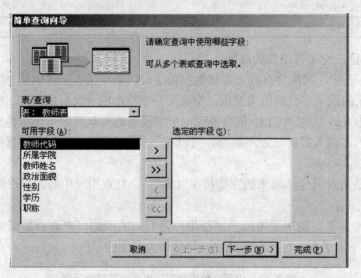

图 3-5　"简单查询向导"的第 1 个对话框

另外，也可以直接单击新建按钮回，屏幕上弹出如图 3-6 所示的"新建查询"对话框，在此对话框中选择"简单查询向导"，然后单击"确定"按钮，也将显示如图 3-5 所示的"简单查询向导"的第 1 个对话框。

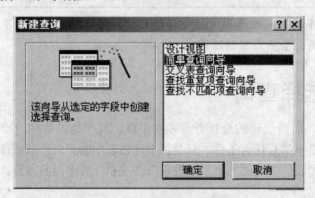

图 3-6　"新建查询"对话框

② 在"简单查询向导"的第 1 个对话框中，单击"表/查询"的下拉列表框右侧的向下箭头按钮，选择所需的数据源，然后从弹出的列表中选择"教师表"。此时在"可用字段"框中将显示出"教师表"中所包含的所有可用字段。双击"姓名"字段，该字段就被添加到"选定字段"框中，用同样的方法将其他将要显示的字段添加到"选定字段"框中，如图 3-7所示。

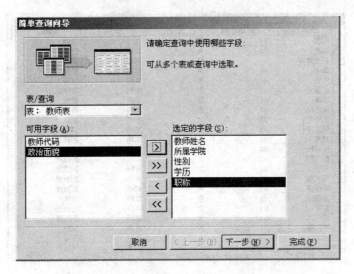

图 3-7　显示字段选定结果

在选择字段时，也可以使用添加按钮 和全部添加按钮 。确定了所需显示的所有字段后，单击"下一步"按钮，这时将显示"简单查询向导"的第 2 个对话框，如图 3-8 所示。

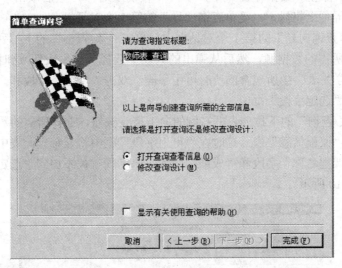

图 3-8　"简单查询向导"的第 2 个对话框

③ 在"请为查询指定标题"文本框中输入查询的名称，也可以使用系统默认值，这里就使用系统默认的"教师表　查询"。另外也可以关闭掉此查询后，返回到查询对象，右击此查询选择"重命名"，进行重新命名。

如果要打开查询查看结果，则单击"打开查询查看信息"选项按钮；如需要修改查询设计，则单击"修改查询设计"选项按钮。这里单击"打开查询查看信息"选项按钮。

④ 单击"完成"按钮，这时 Access 就开始了创建查询，并将查询的结果显示在屏幕上，如图 3-9 所示。

教师姓名	所属学院	性别	学历	职称
汪一	99	男		讲师
林良	01	男	本科	教授
石士勇	01	男	硕研	讲师
李进	01	男	博研	教授
卢飞	01	男	本科	教授
江国业	01	男	本科	教授
毛清	01	男	本科	教授
吴伟林	01	男	本科	教授
李隐蓉	01	女	本科	副教授
何玉伟	01	男	本科	讲师
宾海	01	男	本科	副教授
吴锡民	01	男	博研	教授
彭云帆	01	女	本科	副教授
宋丽	01	女	本科	副教授
陈列海	01	女	大学	副教授
梁德林	01	男	硕研	副教授
李朝煜	01	男	本科	讲师
缪晖	01	女	本科	副教授
伍和忠	01	男	博研	副教授
覃可霖	01	男	本科	教授
陆云	01	女	本科	讲师
李东军	01	男	大专	研究员

记录: 14 ◀ 1 ▶ ▶I ▶* 共有记录数: 511

图 3-9　教师表查询结果

【实例 3-2】　查询每名学生的选课成绩，并显示"学号"、"姓名"、"课程名称"和"成绩"等字段信息。具体操作步骤如下。

①　在"教学管理"数据库窗口中，单击"查询"对象，然后双击"使用向导创建查询"选项，这时屏幕上将显示"简单查询向导"的第 1 个对话框。

②　在"简单查询向导"的第 1 个对话框中，单击"表/查询"的下拉列表框右侧的向下箭头按钮，选择所需的数据源，然后从弹出的列表中选择"学生表"。这时在"可用字段"框中将显示出"学生表"中所包含的所有可用字段。双击"学号"字段和"姓名"字段，该字段就被添加到"选定字段"框中。

③　单击"表/查询"的下拉列表框右侧的向下箭头按钮，选择所需的数据源，然后从弹出的列表中选择"课程信息"表。这时在"可用字段"框中将显示出此表中所包含的所有可用字段。双击"课程名称"字段和"成绩"字段，该字段就被添加到"选定字段"框中，选择后结果如图 3-10 所示。

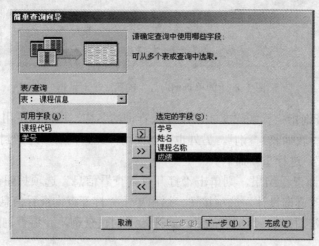

图 3-10　确定查询中所需的字段

④ 单击"下一步"按钮，这时显示"简单查询向导"的第 2 个对话框，如图 3-11 所示。

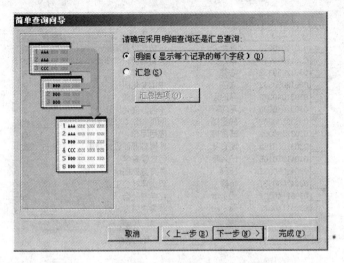

图 3-11 "简单查询向导"的第 2 个对话框

⑤ 在"简单查询向导"的第 2 个对话框中，用户需要确定采用"明细"查询，还是"汇总"查询。选择"明细"选项，则查看详细信息；选择"汇总"选项，则对一组或全部记录进行各种统计操作。这里单击"明细"选项，然后单击"下一步"按钮，这时显示"简单查询向导"的第 3 个对话框，如图 3-12 所示。

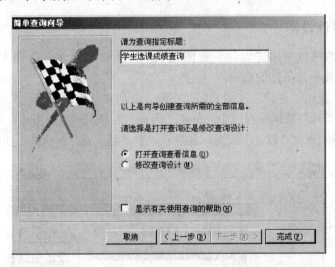

图 3-12 "简单查询向导"的第 3 个对话框

⑥ 在"简单查询向导"的第 3 个对话框中的"请为查询指定标题"文本框中，输入"学生选课成绩查询"，然后单击"打开查询查看信息"选项按钮。

⑦ 单击"完成"按钮。

这时，Access 就开始创建查询，并将查询的结果显示在屏幕上，如图 3-13 所示。

该查询中不仅显示了学生的学号、姓名，课程名称及相应的选课成绩，它使用两个表作为简单查询的数据源。由此可知， Access 的查询功能非常强大，它可以将多个表中的信息联系起来，并且可以从中找出符合条件的记录。

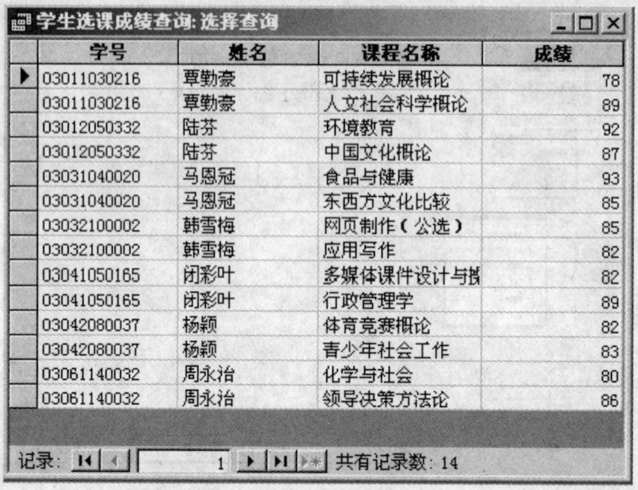

学号	姓名	课程名称	成绩
03011030216	覃勤豪	可持续发展概论	78
03011030216	覃勤豪	人文社会科学概论	89
03012050332	陆芬	环境教育	92
03012050332	陆芬	中国文化概论	87
03031040020	马恩冠	食品与健康	93
03031040020	马恩冠	东西方文化比较	85
03032100002	韩雪梅	网页制作（公选）	85
03032100002	韩雪梅	应用写作	82
03041050165	闭彩叶	多媒体课件设计与摄	82
03041050165	闭彩叶	行政管理学	89
03042080037	杨颖	体育竞赛概论	82
03042080037	杨颖	青少年社会工作	83
03061140032	周永治	化学与社会	80
03061140032	周永治	领导决策方法论	86

记录：1　　　1　共有记录数：14

图 3-13　学生选课成绩查询结果

　　　提示：在"数据表"视图下查看查询结果时，字段的排列顺序与用户在"简单查询向导"对话框中所选择字段的先后次序是相同的，因此，在选定字段时，应事先考虑好按字段的显示顺序选取，当然，也可以使用前面所介绍的更改字段的先后次序的方法来改变字段的顺序。

2.　使用设计设图

　　　实际应用中，可以利用"设计"视图建立不带条件的查询。下面实例说明如何使用"设计"视图来创建不带条件的查询。

　　　【实例 3-3】　使用"设计"视图来创建实例 3-2 所要建立的查询，具体操作步骤如下。

　　　① 在"教学管理"数据库窗口中，单击"查询"对象，然后双击"在设计视图中创建查询"选项，这时显示查询"设计"视图，并显示一个"显示表"对话框，如图 3-14 所示。

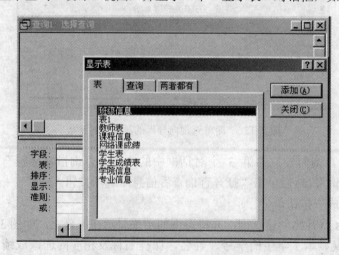

图 3-14　"显示表"对话框

② 在"显示表"对话框中有 3 个选项卡，分别为"表"、"查询"及"两者都有"。如果建立查询的数据源来自于表，则单击"表"选项卡；如果所需的数据源来自前面所建立的查询，则单击"查询"选项卡；如果所要建立的查询是来源于表及前面已经建立的查询，则要单击"两者都有"选项卡；这里仅单击"表"。

③ 双击"学生表"，这时"学生表"字段列表被添加到查询"设计"视图的上半部分的窗口中，然后双击"课程信息表"，将相应的字段列表也添加到查询"设计"视图的上半部分的窗口中，接下来单击"关闭"按钮，关闭"显示表"对话框，如图 3-15 所示。

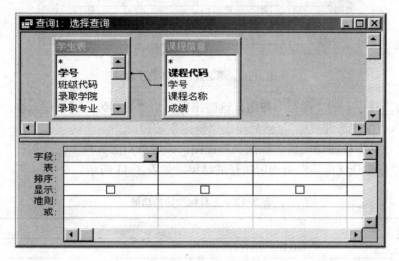

图 3-15 查询"设计"视图窗口

查询"设计"视图窗口分为上下两部分，上半部分为字段列表区，显示所选数据源所包含的所有字段名称；下半部分为设计网格，由一些字段列和已经命名的行组成。其中已命名的行总共有 7 行，其作用如表 3-12 所示。

提示：表 3-12 中所提到的总计行是在建立查询需要计算时才使用的，通过单击"合计"按钮 **Σ** 将其显示出来，这点将在后面章节中详细介绍。

④ 在表的字段列表中选择所要显示的字段放到"设计网格"的字段行上，现介绍三种方法进行选择字段，一是单击某字段，然后按住鼠标左键将其拖动到"设计网格"中的字段行上；二是直接双击要选中的字段；三是单击"设计网格"中字段行上的要放置字段的列，然后单击右侧向下箭头按钮，从下拉列表中选择所需的字段。上述三种方法操作比较，第 2 种方法最简单。这里分别双击"学生表"中的"学号"及"姓名"字段，再双击"课程信息"表中的"课程名称"和"成绩"两个字段，将它们添加到"字段"行的第 1 列到第 4 列上。同时将在"表"行上显示这些字段所在表的名称，结果如图 3-16 所示。

从图 3-16 中可以看到，在"设计网格"中的第 4 行是"显示"行，这行的每一列都有一个复选框，主要用于确定这些字段是否在最终的"数据表"视图中显示。当选中此复选框时，表明最终的查询结果视图中显示该字段。根据实际设计的需要，这 4 个字段都需要最终显示出来，所以这些字段相应的复选框都要选中。

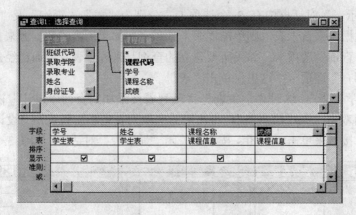

图 3-16　确定查询所需的字段

⑤ 单击工具栏上的"保存"按钮,这时出现一个"另存为"对话框,在"查询名称"文本框中输入"学生选课成绩",然后单击"确定"按钮。

⑥ 从"设计"视图切换到"数据表"视图,或者单击工具栏上的"运行"按钮,这时就可以看到"学生选课成绩"查询所执行的结果,如表 3-13 所示。

表 3-13　工具栏按钮的功能

按　钮	功　能
	选择查询的视图方式
	保存查询设计
	剪切选取的内容
	复制选取的内容
	粘贴选取的内容
	撤销上一步操作
	选取查询的类型
	运行查询,生成并显示查询的结果
Σ	对数据记录进行汇总计算
	显示数据库中所有表或查询
All	显示 TOP 值
	显示查询的属性
	生成查询的表达式
	显示数据库窗口
	生成新的 Access 对象

在上面的操作中,使用了许多工具按钮,除 Access 的基本工具按钮外,还提供了一些专门用于查询操作的按钮,便于建立和使用查询。表 3-13 列出了这些按钮的基本功能。

建立运行查询之后,用户可以运行查询从而获得查询的相应结果。运行查询的操作步骤如下。

① 在数据库窗口中,单击"查询"对象。

② 选取即将要运行的查询,然后单击"打开"按钮，或者直接双击要运行的查询。

3.2.2 创建带条件的查询

在日常工作中，用户的查询并非只是简单的查询，往往会带有一定的条件，需要按一定的要求去建立查询。例如，查找 1992 年参加工作的男教师。这种查询需要通过"设计"视图来建立，在"设计"视图的相应"准则"行输入要查询的条件，这样 Access 在运行查询时，就会从指定的表中筛选出符合条件的记录。由此可见，使用条件查询可以快速地获得所需的数据。

【实例 3-4】 查找 2003 年参加工作的男教师，并显示"姓名"、"性别"、"学历"、"职称"及"课程代码"字段。具体操作步骤如下。

① 在"教学管理"数据库窗口中，单击"查询"对象，然后双击"在设计视图中创建查询"选项，这时显示如图 3-17 所示的查询"设计"视图，同时在此视图上面还显示了一个"显示表"对话框。

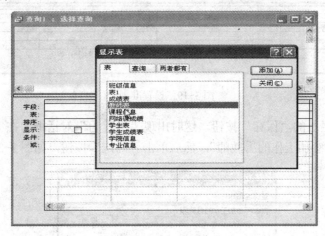

图 3-17 查询"设计"视图

② 在"显示表"对话框中单击"表"选项卡，单击"教师表"，然后单击"添加"按钮，这时"教师表"被添加到查询"设计"视图上半部分的窗口中。

③ 查询结果没有要求显示"工作日期"这个字段，但由于查询条件需要使用这个字段，因此，在确定查询所需的字段时必须选择该字段。分别双击"姓名"、"性别"、"学历"、"职称"及"课程代码"等字段，这样几个所要显示的字段就显示在"设计"视图的下半部分，结果如图 3-18 所示。

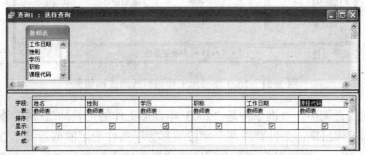

图 3-18 设置查询所涉及的字段

④ 按照此例的查询和显示要求，工作日期字段只作为查询的一个条件，并不要求显示，因此，应当取消"工作日期"这个字段的显示设置。单击"工作日期"字段"显示"行上的复选框，这时复选框内变为空白。

⑤ 在"性别"字段列的"准则"单元格输入条件"男"，在"工作日期"字段列的"准则"单元格中输入条件"between#2003-01-01#and#2003-12-31#"，结果如图 3-19 所示。也可以将"工作日期"字段列的"准则"单元格中的查询准则写为"Year([工作日期])=2003"。

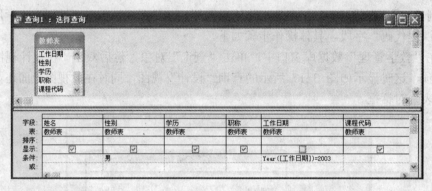

图 3-19　设置准则

⑥ 单击工具栏上的"保存"按钮，这时出现"另存为"对话框，在"查询名称"文本框中输入"2003 年参加工作的男教师"，然后单击"确定"按钮，如图 3-20 所示。

图 3-20　"另存为"对话框

⑦ 单击工具栏上的"视图"按钮 ，或单击工具栏上的"运行"按钮 切换到"数据表"视图。这时可以看到"2003 年参加工作的男教师"查询的执行结果，如图 3-21 所示。

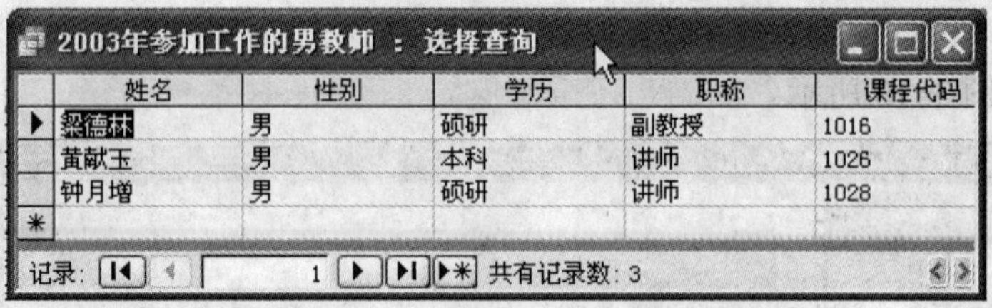

图 3-21　2003 年参加工作的男教师查询结果

在上面所建的查询中，查询条件是"2003 年参加工作的男教师"，这个查询条件涉及两个字段：性别和工作日期，条件要求两个字段值都等于条件给定的值。为了查找出符合条件的记录，Access 规定，要将限定这两个字段值的准则均需写在准则行上。这样，在建立查询时，才能将两个字段值都等于条件给定值的记录查找出来。如果用户希望查找 2003 年参加工作的教师或者男教师，只需要将其中一个条件写在"或"行。下面将简单介绍如何使用"或"行。

【实例 3-5】 查找并显示 2003 年参加工作的教师或者男教师的"姓名"、"性别"、"学历"、"职称"及"课程代码"。

在本实例中，注①~④的操作步骤与实例 3-4 操作步骤①~④相同。

⑤ 在"性别"字段列的"准则"单元格输入条件："男"，在"工作日期"字段列的"或"行单元格中输入条件"year([])=2003"，结果如图 3-22 所示。

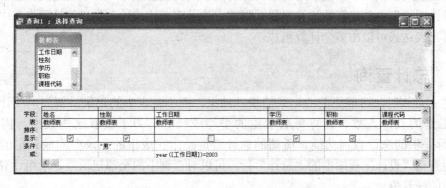

图 3-22 使用"或"行设置准则

⑥ 单击工具栏上的"保存"按钮，这时出现"另存为"对话框，在"查询名称"文本框中输入"教师查询"。

⑦ 单击工具栏上的"视图"按钮，或单击工具栏上的"运行"按钮 切换到"数据表"视图。这时可以看到"教师查询"查询的执行结果，如图 3-23 所示。

姓名	性别	学历	职称	课程代码
李一	男		讲师	1001
林良	男	本科	教授	1002
石士勇	男	硕研	讲师	1003
李进	男	博研	教授	1004
卢飞	男	本科	教授	1005
江国业	男	本科	教授	1006
毛清	男	本科	教授	1007
吴伟林	男	本科	教授	1008
李隐巷	男	本科	副教授	1009
何玉伟	男	本科	讲师	1010
宾海	男	本科	副教授	1011
吴锡民	男	博研	教授	1012
彭云帆	男	本科	副教授	1013
宋丽	男	本科	讲师	1014
陈列海	男	大学	副教授	1015
梁德林	男	硕研	副教授	1016
李朝浞	男		讲师	1017

记录：1 共有记录数：505

图 3-23 使用"或"行的查询结果

3.3 在查询中进行计算

在实际应用中，常常需要对查询的结果进行计算。如求和、计数、求最大值、求最小值、求平均值等。本节将主要介绍如何在建立查询的同时实现计算。

3.3.1　查询计算功能

在 Access 查询中，可以执行许多类型的计算。例如，可以预定义计算，也可以由用户自定义计算。所谓的预定义计算即所谓的"总计"计算，是系统提供的用于对查询中的记录组或全部记录进行的计算，它主要包括总和、平均值、计数、最大值、最小值、标准偏差或方差等。用户自定义计算可以用一个或多个字段的值进行数值、日期和文本计算。例如，用某一个字段值乘以某一个数值、用两个日期时间字段的值相减等。对于自定义计算，必须直接在"设计网格"中创建新的计算字段。创建方法是将表达式输入到"设计网格"中的空字段单元格，表达式可以由多个计算组成。

3.3.2　总计查询

在建立查询时，可能更关心记录的统计结果，而不是表中的记录。例如，统计某一年份参加工作的教师人数、计算每名学生的平均成绩等。为了获取这些数据，需用使用 Access 所提供的总计查询功能。所谓的总计查询是指在成组的记录中完成一定的计算查询。使用查询"设计"视图中的"总计"行，可以对查询中的全部记录或记录组计算一个或多个字段的统计值。

若要建立汇总查询，首先应在打开的选择查询设计视图中单击工具栏上的"合计"按钮，Access 会在设计网格中增加"总计"行。

"总计"行用于为参与汇总计算的所有字段设置汇总选项。

"总计"行共有以下 12 个选项。

Group By（分组）选项：用以指定分组汇总字段。

Sum（总计）选项：为每一组中指定的字段进行求和运算。

Avg（平均值）选项：为每一组中指定的字段进行求平均值运算。

Min（最小值）选项：为每一组中指定的字段进行求最小值运算。

Max（最大值）选项：为每一组中指定的字段进行求最大值运算。

Count（计数）选项：根据指定的字段计算每一组中记录的个数。

StDev（标准差）选项：根据指定的字段计算每一组的统计标准差。

Var（方差）选项：根据指定的字段计算每一组的统计方差。

First（第一条记录）选项：根据指定的字段获取每一组中首条记录该字段的值。

Last（最后一条记录）选项：根据指定字段获取每一组中最后一条记录该字段的值。

Expression（表达式）选项：用以在 QBE 设计网格的"字段"行中建立计算表达式。

Where（条件）选项：限定表中的哪些记录可以参加分组汇总。

【实例 3-6】　统计教师人数，具体操作步骤如下。

① 在"教学管理"数据库窗口中，单击"查询"对象，然后双击"在设计视图中创建查询"选项，这时，屏幕上显示查询"设计"视图，同时在此视图上还显示了一个"显示表"对话框。

② 在"显示表"对话框中依次单击"表"选项卡、"教师表"、"添加"按钮，这时

"教师表"被添加到查询"设计"视图上半部分的窗口中，然后单击"关闭"按钮。

③ 双击"教师表"字段列表中的"教师代码"字段，将其添加到字段行的第 1 列中。

④ 单击"视图"菜单中的"合计"命令，或单击工具栏上的"合计"按钮，这时Access 在"设计网格"中插入一个"总计"行，并自动将"教师代码"字段"总计"单元格上设置成 Group By。

⑤ 单击"教师代码"字段的"总计"行单元格，并单击其右侧的向下箭头按钮，然后从下拉列表中选择计数函数，如图 3-24 所示。

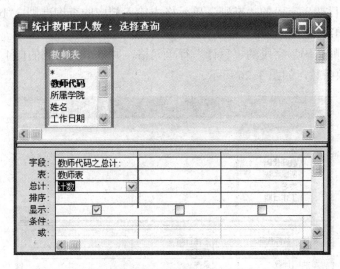

图 3-24　设置总计项

⑥ 单击工具栏上的"保存"按钮，这时出现"另存为"对话框，在"查询名称"文本框中输入"统计教职工人数"，然后单击"确定"按钮。

⑦ 单击工具栏上的"视图"按钮，或单击工具栏上的"运行"按钮切换到"数据表"视图。这时可以看到"统计教职工人数"查询的结果，如图 3-25 所示。

图 3-25　总计查询结果

【实例 3-7】 统计 2003 年参加工作的教师人数，其操作步骤如下。

① 在"教学管理"数据库窗口中，单击"查询"对象，然后双击"在设计视图中创建查询"选项，这时，屏幕上显示查询"设计"视图，同时在此视图上面还显示了一个"显示表"对话框。

② 在"显示表"对话框中依次单击"表"选项卡、"教师表"、"添加"按钮，这时"教师表"被添加到查询"设计"视图上半部分的窗口中，然后单击"关闭"按钮。

③ 双击"教师表"字段列表中的"工作日期"字段和"教工代码"字段,将它们添加到字段行的第 1 列和第 2 列中。

④ 单击"视图"菜单中的"合计"命令,或单击工具栏上的"合计"按钮,这时 Access 在"设计网格"中插入一个"总计"行,并自动将"工作日期"字段和"教师代码"字段的"总计"单元格设置成 Group By。

⑤ 由于所需要进行的查询为 2003 年参加工作的教师人数,因此,不能对"工作日期"进行分组操作,而是将其相应的"总计"行设置为"where(条件)"。

⑥ 在"工作日期"字段的"准则"单元格中输入相应的查询准则:"between#2003-01-01#and#2003-12-31#"。

⑦ 单击"教师代码"字段的"总计"行单元格,并单击其右侧的向下箭头,然后从下拉列表中选择计数函数,如图 3-26 所示。

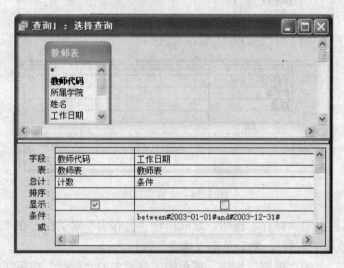

图 3-26　设置查询准则及总计项

⑧ 单击工具栏上的"保存"按钮,这时出现"另存为"对话框,在"查询名称"文本框中输入"统计 2003 年教职工人数",然后单击"确定"按钮。

⑨ 单击工具栏上的"视图"按钮,或单击工具栏上的"运行"按钮切换到"数据表"视图。此时可以看到"统计教职工人数"查询的结果,如图 3-27 所示。

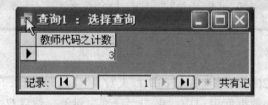

图 3-27　带条件的总计查询结果

从显示的查询结果可以看出,2003 年参加工作的教师人数为 3 人。由于只需要知道总共有多少条记录符合条件,所以工作日期字段只作为一个参与计算的字段而已,并不将其显示出来,所以在设计网格中将其显示取消。

3.3.3　分组总计查询

在实际应用中，用户可能不仅要统计某个字段中的所有值，还需要把记录进行分组，并对每个组中的值进行相应的统计操作。在设计视图中，将用于分组的字段的总计行设置为 Group By，就可以对记录进行分组统计。

【实例 3-8】 统计各类职称的教师人数，具体操作步骤如下所示。

① 在"教学管理"数据库窗口中，单击"查询"对象，然后双击"在设计视图中创建查询"选项，这时屏幕上显示查询"设计"视图，并显示一个"显示表"对话框，如图 3-14 所示。

② 在"显示表"对话框中，单击"表"选项卡，然后双击"教师表"将其添加到查询的"设计"视图的上半部分窗口中，最后单击"关闭"按钮。

③ 依次双击"教师表"中的"职称"、"姓名"字段，将它们添加到字段行的第 1 列到第 2 列中，结果如图 3-28 所示。

图 3-28　设置统计字段

④ 单击工具栏上的"合计"按钮，这时在"设计网格"中插入一个"总计"行，并将"职称"字段和"姓名"字段自动设置成 Group By（分组）。

⑤ 单击"姓名"字段的"总计"行，单击其右侧的向下箭头按钮，然后从下拉列表中选择计数函数，最终的设计结果如图 3-29 所示。

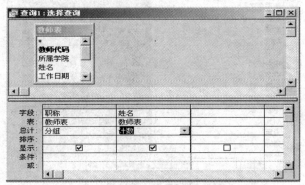

图 3-29　设置分组总计项

⑥ 最后单击工具栏上的"保存"按钮，在弹出的"另存为"对话框中的"查询名称"文本框中输入"各职称教师人数统计"，保存所建的查询，运行该查询，其结果如图 3-30 所示。

图 3-30　查询结果

3.3.4　添加计算字段

前面介绍了利用 Access 提供的统计函数进行统计计算，但当需要统计的数据在源数据表中并没有相应的字段时，或者用于计算的数据值来源于多个字段时，就应在"设计网格"中相应地添加一个计算字段。计算字段是指根据一个或多个表中的一个或多个字段并使用表达式而建立的新字段。

例如，在上例中，查询是通过"姓名"字段来统计人数的，因此，在如图 3-30 所示的查询结果中统计字段则显示为"姓名之计数"。显然，这样的显示方式可读性较差，另外与前面的字段相比较，也不是很规整，因此应该重新调整。调整的方法之一就是再建立一个新的查询，并在其中增加一个新的字段，使其同样能显示"姓名之计数"的值。

【实例 3-9】 将实例 3-8 所建查询结果显示为图 3-31 所示的形式。

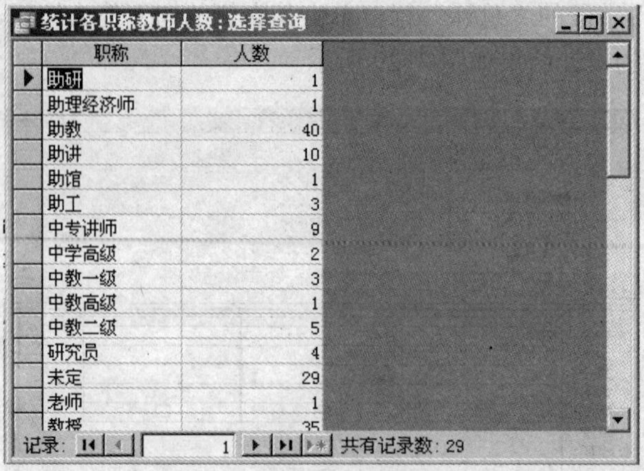

图 3-31　查询结果显示形式

实现上述显示结果的具体操作步骤如下。

① 在"教学管理"数据库窗口中，单击"查询"对象，然后双击"在设计视图中创建查询"选项，这时屏幕上显示查询"设计"视图，并显示一个"显示表"对话框。

② 在"显示表"对话框中，单击"查询"选项卡，然后双击"各职称教师人数统计"查询将其添加到查询的"设计"视图的上半部分窗口中，最后单击"关闭"按钮。

③ 双击"各职称教师人数统计"中的"职称"字段，将其添加到字段行的第 1 列，在第 2 列"字段"行中输入"人数：[各职称教师人数统计]！[姓名之计数]"，设计过程如图 3-32 所示。

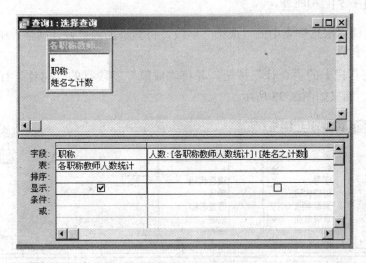

图 3-32　添加新增字段的设计

如图 3-32 所示，"人数"为新增加的字段，它的值引自"各职称教师人数统计"查询中的"姓名之计数"字段值。注意，对于新增字段所引用的字段应注明其所在数据源，且数据源和引用字段必须要用方括号括起来，并且要保证数据源名称及引用字段的名称高度一致性，中间的"！"只作为一个分隔符。

④ 单击工具栏上的"保存"按钮，在出现的"另存为"对话框中的"查询名称"文本框中输入"统计各职称教师人数"，保存所建的查询，运行该查询可以看到如图 3-31 所示的结果。

【实例 3-10】　查找平均分低于所在班的平均成绩的学生，并显示其相应的班级号、姓名及平均成绩。现在假设每位学生相应的学号的前 4 位代表他所在的班级。

经分析不难发现，在该查询中将主要涉及两个数据源，一是"学生表"，二是"课程信息"表，但要找出题中所要求的符合条件的记录，需要完成以下三项工作，前提是这两张表相应的关系已经建立。第一是以上述两张表作为数据源计算每个班的平均成绩，并建立相应的一个查询；第二是计算班中每位同学各自的平均成绩，并相应建立一个查询；第三是将以上两个相应查询作为数据源，找出所有低于班平均成绩的学生，具体的操作步骤如下所示。

① 双击"查询"对象中的"在设计视图中创建查询"选项，屏幕上显示出查询"设计"视图窗口，并显示"显示表"对话框。

② 在“显示表”对话框中，单击“表”选项卡，然后双击“学生表”和“课程信息”表将其添加到查询“设计”视图窗口的上半部分，单击“关闭”按钮。

③ 由于要计算每班的平均成绩，因此首先要将班级号从“学号”字段中分离出来。在字段行的第 1 列单元格输入“班级：left([学生表]![学号]，4)”。其中的函数表示将“学生表”中的“学号”字段的值的前 4 位取出来；其中班级字段则是作为一个新命名的字段。

提示： 有关 left()函数的功能说明请参考前面的介绍，同时其中的参数，[学生表]![学号]表示选用“学生表”中的“学号”字段，如果在此设计过程中，只选取单个数据源，那么可以改写为 Left([学号]，4)即可。

④ 双击“课程信息”表中的“成绩”字段，将其添加到“设计网格”中字段行的第 2 列中。

⑤ 单击工具栏上的“合计”按钮，并将“成绩”字段行的“总计”行中的函数改为 Avg（平均值），结果如图 3-33 所示。

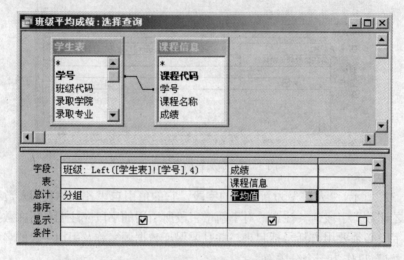

图 3-33 统计每班的平均成绩

⑥ 保存查询，并将其命名为“各班平均成绩”，查询结果如图 3-34 所示。

班级	成绩之平均值
0301	87
0303	86.25
0304	84
0306	83
2005	84.73333333333

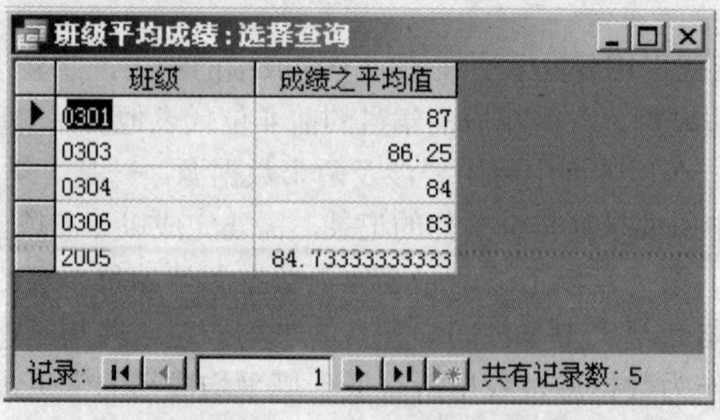

图 3-34 统计每班平均成绩查询的结果

创建了“各班平均成绩”查询之后，再创建“每名学生的平均成绩”的查询。

⑦ 同理，可以统计每名学生的平均成绩，设计结果如图 3-35 所示。

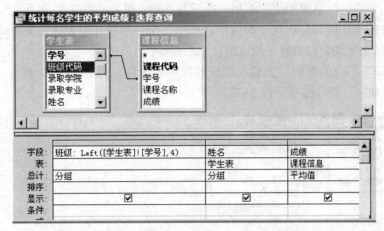

图 3-35 统计每名学生的平均成绩

⑧ 保存查询，并将其命名"每名学生的平均成绩"，查询结果如图 3-36 所示。

班级	姓名	成绩之平均值
0301	陆芬	89.5
0301	覃勤豪	83.5
0301	周天宇	88
0303	韩雪梅	83.5
0303	马恩冠	89
0304	闭彩叶	85.5
0304	杨颖	82.5
0306	周永治	83
2005	陈英凤	84
2005	韩锦艳	90.5
2005	韩可英	85
2005	韩丽花	84.5
2005	何梅	86
2005	黎寒冰	86.5
2005	黎俐	74
2005	李云	83.5
2005	梁珍妹	79
2005	卢海英	85
2005	莫帆	80

记录：14 ◀ 1 ▶ ▶I ▶* 共有记录数：23

图 3-36 统计每名学生平均成绩查询结果

创建以上两个查询后，利用这两个查询可以创建"低于所在班平均分的学生"的查询。

⑨ 现将上面创建"班级平均成绩"和"每名学生的平均成绩"两个查询作为基础数据源，用同样的方式将它们添加到"设计"视图上半部分窗口中。

⑩ 建立两个查询之间的关系。选定"每名学生的平均成绩"查询中的"班级"字段，然后按鼠标左键拖到"班级平均成绩"查询中的"班级"字段上，再松开鼠标，至此两个查询之间的关系创建成功。

⑪ 双击"每名学生的平均成绩"中的"班级"字段和"姓名"字段，添加到"设计网格"下半部分窗口中的"设计网格"中。

⑫ 添加一个新字段，其名为“平均成绩”，使其显示取代“每名学生的平均成绩“查询中的“成绩之平均值”字段的值；添加一个计算字段，其相应字段名为“差”，使其可以计算出每名学生的平均成绩与班级平均成绩之差值，所使用的计算表达式为“[每名学生的平均成绩]！[成绩之平均值]-[班级平均成绩]！[成绩之平均值]”。

⑬ 在“差”字段的准则行上输入相应的准则（条件）为“<0”，并使显示行上的复选框处于未选中状态，设计结果如图 3-37 所示。

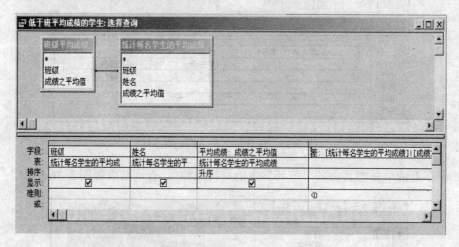

图 3-37　计算平均成绩差值设计

⑭ 保存该查询，并将其命名为“低于班级平均成绩的学生”，查询结果如图 3-38 所示。

低于班平均成绩的学生：选择查询

班级	姓名	平均成绩
2005	黎俐	74
2005	梁珍妹	79
2005	莫帆	80
0304	杨颖	82.5
2005	李云	83.5
0303	韩雪梅	83.5
0301	覃勤豪	83.5
2005	陈英凤	84
2005	韩丽花	84.5

记录：1　共有记录数：9

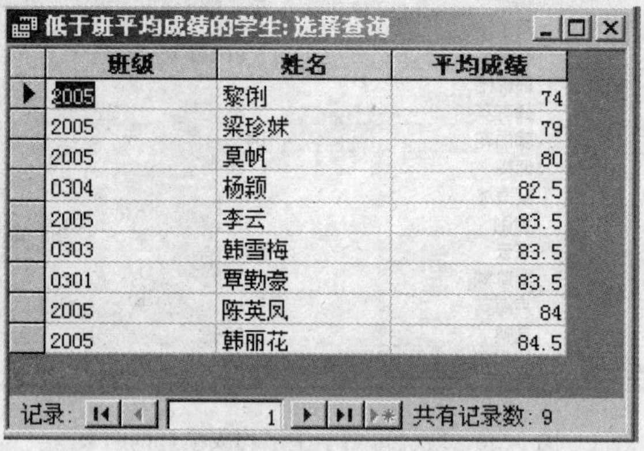

图 3-38　查询低于班级平均成绩的学生的结果

添加新字段的方式为：“新字段名：原显示的旧字段名称”。使用这种方式可以更改字段的名称。

3.4　创建交叉表查询

利用 Access 所提供的查询，可以根据需要检索出符合条件的所有记录，也可以在查询中执行一些计算。但是，这两方面的功能并不能很好地满足用户在数据管理过程中遇到的所有问题。例如,在前面介绍了如何建立一个"学生选课成绩"的查询,这个查询给出了每名学生所选修的课程的成绩。由于每名学生选修了多门课,因此在"课程名称"字段列中出现了重复的课程名称。为了使查询的最终结果可以满足用户的实际需要,使查询后生成的数据显示得更加清晰、准确、结构紧凑、合理,Access 提供了一个很好的查询方式,即交叉表查询。　交叉表查询以一种独特的概括形式返回一个表内的总计数字,这种概括形式是其他的查询所不能完成的。

3.4.1　认识交叉表查询

交叉表查询是将来源于某个表中字段进行分组,一组列在数据表的左侧,一组列在数据表的上部,然后在数据表行与列的交叉处显示表中某个字段的统计值。交叉表查询就是利用了表中的行和列来统计数据的。图 3-39 所示的就是一个交叉表查询,该表中的第 1 行显示的是性别,第 1 列显示的是班级,行与列交叉处显示每班的所统计的男女生人数。

在创建过程中,用户需要指定 3 种字段:一是放在数据表最左端的行标题,它把某一字段或相关的数据放入指定的一行中;二是放在数据表最上面的列标题,它对每一列指定的字段或表进行统计,并将统计结果放入该列中;三是放在数据表行与列的交叉位置上的字段,用户需要为该字段指定一个总计项,例如,Sum(求和)、Avg(平均值)、Count(计数)等。

3.4.2　创建交叉表查询

创建交叉表查询有查询向导和查询设计视图两种方法。下面将分别介绍使用这两种方法如何创建交叉表查询。

1．使用查询向导

【实例 3-11】 在教学管理数据库中创建一个用于统计每班男女生人数的交叉表查询。查询结果如图 3-39 所示。

班级	男	女
0301	2	1
0303		2
0304		2
0306	1	
2005	343	511
2006		1
2007	4	6
9004	1	
9011	2	
9012		1
9041		1
9042		1
9061	1	

记录: ⑭ ◂ 　1　 ▸ ▸⑭ ▸* 共有记录数: 22

图 3-39　交叉表查询示例

由于交叉表查询中显示了包含的班级，但是此字段并不是一个单独的字段，而是包含在“学号”的字段中，因此需要事先建立一个查询，将此字段的值提取出来。假定所建立的一个新的查询为“学生情况查询”，其内容如图 3-40 所示。

学生情况查询：选择查询

班级	姓名	性别	团员否	出生日期
0301	覃勤豪	男	☑	1977-10-26
0301	周天宇	男	☐	1973-10-25
0301	陆芬	女	☑	1983-7-11
0303	马恩冠	女	☑	1979-12-1
0303	韩雪梅	女	☑	1978-2-5
0304	闭彩叶	女	☐	1974-11-29
0304	杨颖	女	☐	1977-9-8
0306	周永治	男	☑	1980-12-10
2005	韩可英	女	☑	1980-10-15
2005	梁珍妹	女	☐	1979-11-12
2005	李云	女	☑	1978-2-1
2005	黎俐	女	☑	1979-4-21
2005	何梅	女	☐	1983-1-6
2005	周永芳	女	☑	1982-6-30
2005	韩锦艳	女	☑	1978-3-5
2005	周群玲	女	☐	1980-5-15
2005	黎寒冰	女	☐	1981-12-20
2005	陈英凤	女	☑	1977-10-12
2005	卢海英	女	☑	1981-8-1

记录：1 共有记录数：1851

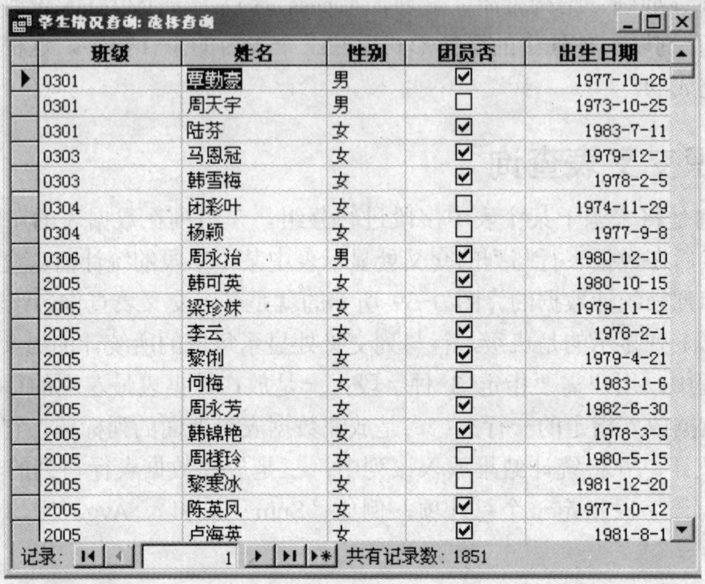

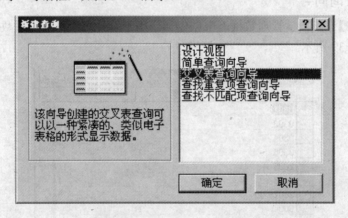

图 3-40 “学生情况查询”显示结果

以此查询为数据源，建立交叉表查询，其操作步骤如下所示。

① 在教学管理数据库窗口中，单击“查询”对象，然后单击“新建”按钮，这时屏幕上显示“新建查询”对话框，如图 3-41 所示。

图 3-41 “新建查询”对话框

② 在此对话框中，双击“交叉表查询向导”，这时屏幕上显示“交叉表查询向导”的第 1 个对话框，如图 3-42 所示。

③ 交叉表查询的数据源可以是表，也可以是查询。此例所需的数据源为查询，因此单击“视图”选项组中的“查询”选项按钮，这时上面将显示出所有“教学管理”数据库中所创建的查询的名称，移动列表框右侧的滚动条，选择“学生情况查询”，如图 3-43 所示。

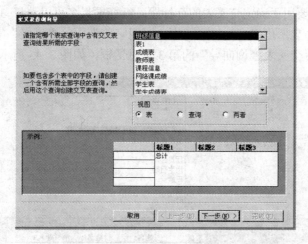

图 3-42 "交叉表查询向导"的第 1 个对话框

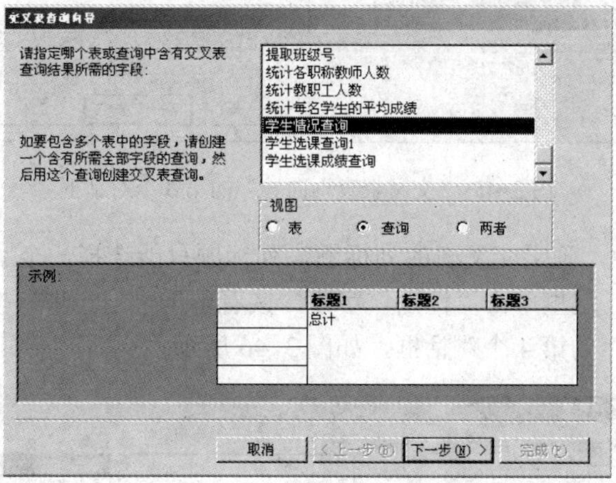

图 3-43 选择查询作为数据源

④ 单击"下一步"按钮,这时屏幕上显示"交叉表查询向导"的第 2 个对话框,如图 3-44 所示。

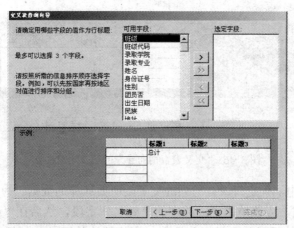

图 3-44 "交叉表查询向导"的第 2 个对话框

⑤ 此对话框主要用于确定交叉表的行标题。行标题最多可以选择 3 个字段，为了在交叉表的每一行的前面显示班级，这里应双击"可用字段"中的"班级"字段，然后单击"下一步"按钮，弹出"交叉表查询向导"的第 3 个对话框，如图 3-45 所示。

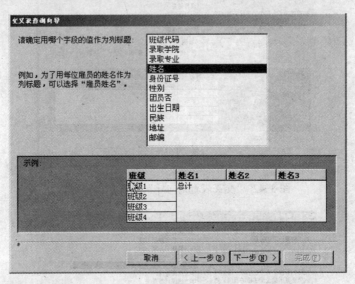

图 3-45　"交叉表查询向导"的第 3 个对话框

⑥ 在此对话框中，确定交叉表的列标题，列标题只能选择一个字段。为了在交叉表的每一列上面显示性别，这里单击"性别"字段，接着单击"下一步"按钮，这时屏幕上显示出"交叉表查询向导"的第 4 个对话框，如图 3-46 所示。

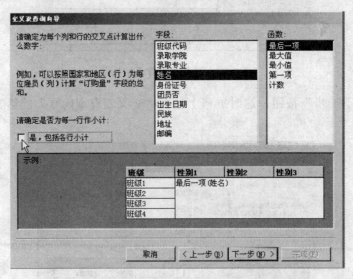

图 3-46　"交叉表查询向导"的第 4 个对话框

⑦ 在此对话框中，确定每一行与列的交叉处所要计算的数据。为了让交叉表能够统计出各班男女生的人数，应该单击字段框中的"姓名"字段，然后在"函数"框中选择"计数"。若不在交叉表的每行前面显示总计数，应将默认的"是，包括各行小计"取消，如

图 3-46 所示。然后单击"下一步"按钮，这时屏幕上显示出"交叉表查询向导"的最后一个对话框，如图 3-47 所示。

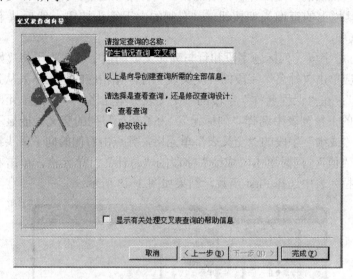

图 3-47 "交叉表查询向导"的最后一个对话框

⑧ 在此对话框中，给出一个系统默认的查询名称"学生情况查询_交叉表"，这里可以采用此默认值，也可以在"请指定查询的名称"文本框中输入"各班男女生人数统计交叉表"，单击"查看查询"选项按钮，然后单击"完成"按钮。

这时，"交叉表查询向导"开始建立交叉表查询，最后以"数据表"视图的方式显示如图 3-39 所示的查询结果。

提示： 创建交叉表查询的数据源必须来自于一个表或查询。如果数据源来自于多个表，可以先建立一个基于多张表的查询，然后再以此查询作为新的数据源来建立所要求的交叉表查询。

2. 使用"设计"视图

【实例 3-12】 在教学管理数据库中创建一个交叉表查询，使其可以显示出每名学生的各门选课成绩。

为了实现最终所需要的查询，需要将"学生表"及"课程信息"表作为基本的数据源，利用此种方式可以实现基于多张数据源的查询，这较前面所使用的"查询向导"功能要强大些。具体的操作步骤如下。

① 在"数据库"窗口中，单击"查询"对象，之后双击"在设计视图中创建查询"选项，这时屏幕上将显示出查询"设计"视图，并将显示"显示表"对话框。如果此对话框已关闭，可以选择工具栏上的显示表按钮 弹出"显示表"对话框。

② 在"显示表"对话框中，单击"表"选项卡，然后分别单击"学生表"和"课程信息"表，将它们添加到查询的"设计"视图的上半部分的窗口中，作为此查询的基本数据源，单击"关闭"按钮。

③ 双击"学生表"列表中的"姓名"字段，将它们放到"设计"视图的下半部分窗口

中的第 1 列和第 2 列中，然后再双击"课程信息"表中的"课程名称"和"成绩"字段，将它们放到"设计"视图的下半部分窗口中的第 3 列和第 4 列中。

④ 单击工具栏上的查询类型按钮 　 右侧的向下箭头按钮，然后从下拉列表中选取"交叉表查询"选项。

⑤ 确定行标题字段、列标题字段和行与列交叉处的值字段。为了将"姓名"字段放在每一行的左边，应单击"姓名"字段的"交叉表"行，在相应的单元格处从弹出的下拉列表中选择"行标题"；在"课程名称"字段的"交叉表"单元格，单击此单元格右侧的向下箭头按钮，从弹出的下拉列表中选择"列标题"；为了在行与列的交叉处能显示出具体每门课的成绩值，单击"成绩"字段的"交叉表"单元格，并点击右侧的向下箭头按钮，在弹出的下拉列表中选择"值"，同时单击"成绩"字段的"总计"行单元格，单击右侧的向下箭头按钮，然后从下拉列表中选择 First 函数，结果如图 3-48 所示。

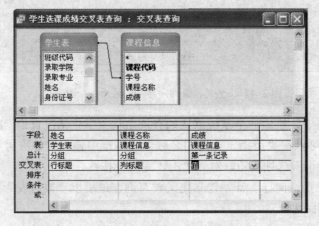

图 3-48　设置交叉表中的字段

⑥ 单击工具栏上的"保存"按钮，并将查询命名为"学生选课成绩交叉表"，然后单击"确定"按钮。

⑦ 单击工具栏上的"视图"按钮，切换到"数据表"视图，或直接单击工具栏上的"运行"按钮查看查询结果，如图 3-49 所示。

图 3-49　学生选课成绩交叉表查询结果

提示：利用"交叉表查询向导"创建交叉表查询时，其所用到的字段必须要来源于同一个表或同一个查询中。如果所要建立的查询所涉及的字段不是来源于同一个表或查询中的话，可以使用在"设计"视图中，由用户自由地选择一个或多个表、一个表或多个查询。因此，如果所用的数据源是来自于一个表或一个查询时，创建"交叉表查询向导"的方法就相对简单些；但如果所用的数据源来自于几个表或几个查询时，使用"设计"视图则更方便。另外，如果"行标题"或"列标题"需要通过建立新字段得到，那么最好还是要使用"设计"视图来创建查询。

3.5 创建参数查询

前面已经介绍了建立查询的几种基本方法，利用这些方法建立起来的查询，无论是内容，还是条件都是固定的，如果用户希望根据某个或某些字段不同的值来查找记录，就使用 Access 提供的参数查询。

参数查询是利用对话框，提示用户输入相关参数，并检索出符合所输入参数的记录或值。用户可以建立基于一个参数的单参数查询，也可以建立多个参数提示的多参数查询，参数查询在某种角度讲，它能够起到一种数据保护的作用，它只是按用户输入参数来显示相关的记录，其他则不会显示出来。

3.5.1 单参数查询

创建单参数查询，就是在字段中选择其中一个作为参数，在执行参数查询时，用户输入一个参数值。

【实例 3-13】 以学生选课查询为数据源来建立一个单参数查询，使其查询并显示某学生所选课程的成绩，具体操作步骤如下。

① 在"数据库"窗口的"查询"对象中，单击"学生选课查询"，然后单击"设计"按钮，切换到"设计"视图中。

② 在"姓名"字段的"准则"单元格输入"[请输入学生姓名：]"，结果如图 3-50 所示。

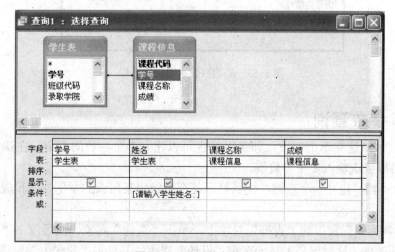

图 3-50 设置单参数查询

在设计网格中输入条件时，方括号内的内容即在查询运行时出现的参数对话框中的提示性文本，虽然提示文本中可以包含查询字段的名称名，但是不能与字段名称完全一样。

③ 单击工具栏上的"视图"按钮，或单击工具拦上的"运行"按钮，这时屏幕将显示"输入参数值"对话框，如图 3-51 所示。

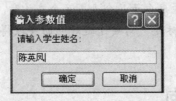

图 3-51　"输入参数值"对话框

④ 在"请输入学生姓名："文本框中输入姓名"陈英凤"，然后单击"确定"按钮，这时就可以看到基于"陈英凤"同学的课程成绩结果，如图 3-52 所示。

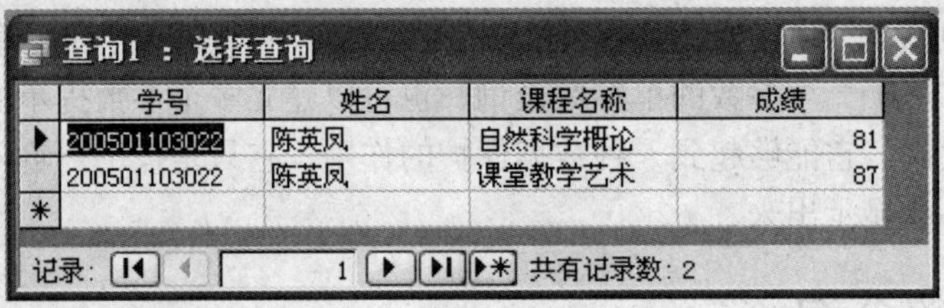

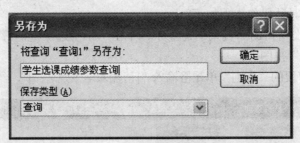

图 3-52　单参数查询的查询结果

⑤ 若希望将所建立的参数查询保存起来，应选择"文件"菜单中的"另存为"对话框命令，然后在对话框中，重新命名为"学生选课成绩参数查询"，如图 3-53 所示。

图 3-53　确定参数查询文件名称

3.5.2　多参数查询

用户不仅可以建立单个参数，如果需要也可以建立多个参数的查询。在执行多参数查询时，用户可以依次输入多个参数值。

【实例 3-14】 建立一个查询，使其显示某个班级中某门课的学生姓名和成绩。具体操作步骤如下。

① 在"数据库"窗口的"查询"对象中，单击"查询"对象，然后双击"在设计视图中创建查询"选项，这时屏幕上显示查询"设计"视图，并显示"显示表"对话框。

② 单击"表"选项卡，然后分别双击"学生表"和"课程信息"表。

③ 在字段行的第 1 列单元格中输入"班级：left([学生表]！[学号],4)"，双击"学生表"中的"姓名"字段，将其添加到"设计网格"字段行的第 2 列。

④ 分别双击"课程信息"表中的"课程名称"字段和"成绩"字段，将其添加到"设计网格"中字段行的第 3 列和第 4 列。

⑤ 在第 1 列字段的"条件"单元格输放"[请输入班级：]"，在"课程名称"字段的"条件"单元格内输入"[请输入课程名称：]"。

⑥ 由于第 1 列"班级"字段和第 3 列"课程名称"字段只作为参数输入，并不需要显示，因此可以清除这列相应的"显示"行上的复选框，设计结果如图 3-54 所示。

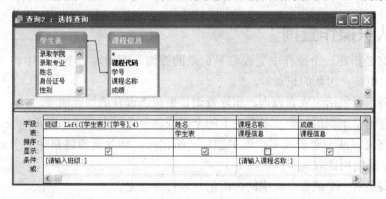

图 3-54　设置多参数查询

⑦ 单击工具栏上的"视图"按钮，或单击工具拦上的"运行"按钮，这时屏幕上将显示"输入参数值"对话框，如图 3-55 所示。

⑧ 在"请输入班级："文本框中输入班级"0304"，然后单击"确定"按钮，这时屏幕上又会弹出第 2 个"输入参数值"对话框，如图 3-56 所示。

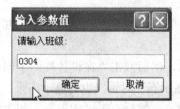 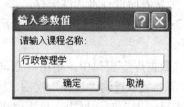

图 3-55　输入第 1 个参数值　　　　　图 3-56　输入第 2 个参数值

⑨ 在"请输入课程名称："文本框中输入课程名称中输入"行政管理学"，然后单击"确定"按钮，这时就可以看到相应的查询结果，如图 3-57 所示。

图 3-57　查询结果

3.6　创建操作查询

在对数据库进行维护时，经常需要大量的修改数据。例如，将学生选课成绩低于 60 分的记录删除，将 1988 年以前参加工作的教师的职称改为副教授，将选课成绩高于 90 分的记录放在一张新的表中等。这样的操作既要检索记录，又要更新记录。Access 提供的操作查询，可以很轻松地实现这样的操作。

操作查询是 Access 提供的 5 种查询中的一个很重要的查询，它使用户在利用查询检索数据、计算数据、显示数据的同时更新数据，而且还可以生成新的数据表。

3.6.1　认识操作查询

操作查询是指在一个操作中更改许多记录的查询。例如，一个操作中将一些无用或错误记录删除，更新一组新的记录等。

操作查询主要包括生成表查询、删除查询、更新查询及追加查询等。

生成表查询是指利用一个或多个表上的全部或部分数据来创建一张新的表。

删除查询可以从一个表或多个表中删除一组记录，删除查询将删除整个记录，而不是仅仅是删除记录中所选取的字段。

更新查询是对一个或多个表中的一组记录进行全部更新。

追加查询是从一个或多个表中将一组记录添加到另一个表或多个表的末尾。

3.6.2　生成表查询

在 Access 中，从表中访问数据要比在查询中访问数据进行快得多，如果经常要从几个表中提取数据，最好的方法是利用 Access 提供的生成表查询，即从多个表中提取数据组合起来生成一个新表而进行永久性保存。

【实例 3-15】　将学生选修课成绩大于 90 分的同学存储到一张新的表中，其具体操作操作步骤如下。

① 在"数据库"窗口中，单击"查询"对象，然后双击"在设计视图中创建查询"选项，这时屏幕上显示查询"设计"视图，同时"显示表"对话框也将显示出来。

② 在"显示表"对话框中，单击"表"选项卡，然后双击"学生表"和"课程信息"表，将它们添加到查询"设计"视图上半部分的窗口中，单击"关闭"按钮。

③ 双击"学生表"中的"学号"、"姓名"等字段，将它们添加到"设计"视图的下半部分的第 1 列和第 2 列中，之后再双击"课程信息"表中的"课程名称"和"成绩"字段，也将它们添加到"设计"视图的下半部分的第 3 列和第 4 列中。

④ 在"成绩"字段的"条件"单元格中输入相应的条件，此题为">=90"。

⑤ 单击工具栏上的查询类型按钮 右侧的向下箭头按钮，然后从下拉列表中选择生成表查询选项，这时，屏幕上显示"生成表"对话框，如图 3-58 所示。

⑥ 在此对话框中的"表名称"文本框中输入要创建的新表的名称"90 分以上学生情况"，然后单击"当前数据库"选项，将新建的表存放在当前打开的数据库中。而"另一数

据库"选项，则是将创建的新表存储在另一个数据库中，可以实现跨数据库的表的创建和存储。完成相应的设置后，单击"确定"按钮。

图 3-58　"生成表"对话框

⑦　单击工具栏上的"视图"按钮，切换到"数据表"视图来预览刚才由"生成表查询"所创建的新表，如图 3-59 所示。如果对设计不满意，可以再次单击工具栏上的"视图"按钮，返回到"设计"视图中，再次对查询进行必要的修改，直到满意为止。

学号	姓名	课程名称	成绩
200501103016	周永芳	英语国家国情	97
03011030582	周天宇	中国旅游地理	91
03012050332	陆芬	环境教育	92
03031040020	马恩冠	食品与健康	93
200501103017	韩锦艳	学习与教学心理学	96
200501103019	周桂玲	学校管理	92
200501103020	黎寒冰	教育科研方法	90
200501103031	谢凡	校本课程开发的理论与实践	98
200501103035	周兰青	新课程的理念与创新	96
200501103036	韩丽花	基础教育课程资源开发与利用研究	93

记录：◀ ◀　　　　　1　▶ ▶◀ ▶＊ 共有记录数：10

图 3-59　预览生成表查询结果

⑧　在"设计"视图中，单击工具栏上的"运行"按钮，这时屏幕上将显示一个提示框，如图 3-60 所示。

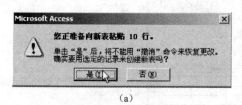

（a）

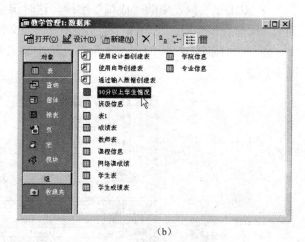

（b）

图 3-60　生成表提示框及生成表结果

⑨　单击"是"按钮，Access 即开始建立"90 分以上学生情况"表，生成新表后不能撤

销所做的更改；单击"否"放弃建立新表操作，这里单击"是"按钮。

此时，按 F11 键切换到"数据库"窗口，然后单击"表"对象，可以看到新建立的表，双击"90 分以上学生情况"表，可以看到它和图 3-59 所得的结果完全一样。

3.6.3　删除查询

随着时间的推移，数据库中的数据量会变得越来越多，但是有一些数据却是随着时间的变更而变得无用或无效。对于类似这些没用的数据应该及时地从数据库中清除掉（如果可以的话，在删除前可以做好相关数据的备份工作）。如果要将同一类的一组记录删除，可以使用 Access 提供的删除查询，利用该查询一次可以删除一组同类的记录。

删除查询可以是从单个表中删除记录，也可以从多个相互关联的表中删除记录。如果要从多个表中删除相关记录必须满足如下几个条件。

　　↷ 在"关系"窗口中定义相关表之间的关系；
　　↷ 在"关系"对话框中选中"实施参照完整性"复选框；
　　↷ 在"关系"对话框中选中"级联删除相关记录"复选项。

【实例 3-16】 将网络课成绩低于 75 分的记录全部删除，具体操作步骤如下。

① 在"数据库"窗口中，单击"查询"对象，然后双击"在设计视图中创建查询"选项，这时屏幕上显示查询"设计"视图，同时"显示表"对话框也将显示出来。

②"显示表"对话框中，单击"表"选项卡，然后双击"网络课成绩"表，将它们添加到查询"设计"视图上半部分的窗口中，单击"关闭"按钮。

③ 单击工具栏上的"查询类型"按钮 ⚏ 右侧的向下箭头按钮，然后从下拉列表中选择删除查询选项 ，这时查询"设计网格"中显示一个"删除"行。

④ 单击"网络成绩"字段列表中的"*"号，并将其拖到"设计网格"中"字段"行的第 1 列上，这时第 1 列显示"网络课成绩.*"，表示已经将该表中的所有字段都放到"设计网格"中。同时字段"删除"单元格中显示"From"，它表示从何处删除记录。

⑤ 双击字段列表中的"成绩"字段，这时该字段会自动被添加到"设计网格"的第 2 列中。同时在该字段的"删除"单元格中显示"Where"，它表示要删除哪些记录。

⑥ 在"成绩"字段的"准则"单元格中输入要删除记录的准则"<=75"，具体设置如图 3-61 所示。

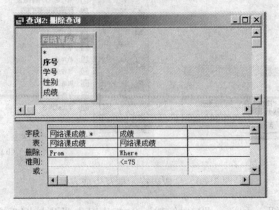

图 3-61　设置删除查询

⑦ 单击工具栏上的"视图"按钮，能够预览"删除查询"检索到的一组即将要被删除的记录，如图 3-62 所示。如果发现预览到的一些记录是不希望删除的，可以再次切换到"设计"视图中，对查询的条件再次进行修改，直到满意为止。

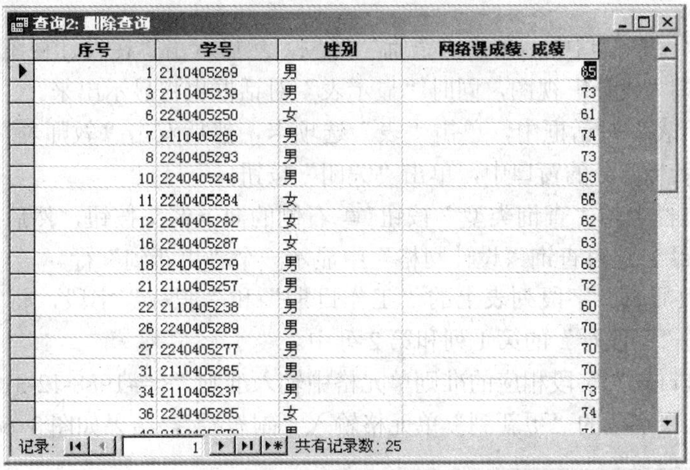

图 3-62　浏览将要删除的记录

⑧ 在"设计"视图中，单击工具栏上的"运行"按钮，这时屏幕上将显示一个提示框，如图 3-63 所示。

图 3-63　确认删除提示框

⑨ 单击"是"按钮，Access 会删除属于同一组的所有记录；单击"否"按钮，不删除记录，这里单击"是"按钮。

此时，按 F11 键切换到"数据库"窗口，然后单击"表"对象，双击"网格课成绩"表，就可以发现其中成绩低于 75 分的所有记录均已不存在。

提示：删除查询是永久性地将表中的记录删除，并且删除的记录不能用"撤消"命令来恢复。因此，用户在执行此项操作时一定要十分慎重，最好对要删除的记录做好备份工作，这样以防由于某一次误操作而引起数据彻底丢失，删除查询每次删除的是整个记录，而不是指定的字段中的记录；如果要删除指定字段中的数据，可以使用更新查询将该值设置为空值。

3.6.4　更新查询

在建立和维护数据库的过程中，常常需要对表中的记录进行定期更新和修改。如果用户通过"数据表"视图来更新表中的记录，那么当要更新的记录很多时，或更新的记录符合一定的条件时，最简单有效的方法就是使用 Access 提供的更新查询。

【实例 3-17】　将所有 1988 年以前参加工作的教师的职称均改为副教授。具体操作步骤如下。

① 在"数据库"窗口中，单击"查询"对象，然后双击"在设计视图中创建查询"选项，这时显示查询"设计"视图，同时"显示表"对话框也将显示出来。

② 在"显示表"对话框中，单击"表"选项卡，然后双击"教师表"，将它添加到查询"设计"视图上半部分的窗口中，单击"关闭"按钮。

③ 单击工具栏上的"查询类型"按钮 右侧的向下箭头按钮，然后从下拉列表中选择更新查询选项 ，这时查询"设计网格"中显示一个"更新到"行。

④ 双击"教师表"字段列表上的"工作日期"和"职称"字段，将它们分别添加到"设计网格"中的"字段行"的第 1 列和第 2 列中。

⑤ 在"工作日期"字段相应的准则单元格中输入准则"<=#1988-12-31#"。

⑥ 在"职称"字段的"更新到"单元格输入"副教授"，结果如图 3-64 所示。

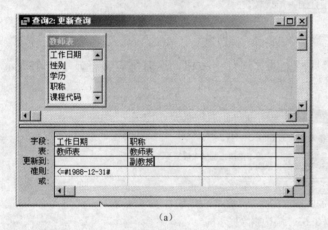
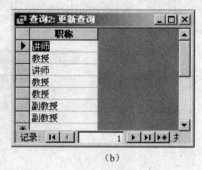

(a)　　　　　　　　　　　　　　　(b)

图 3-64　更新查询

单击工具栏上的"视图"按钮，能够预览"更新查询"检索到的一组即将要被更新的记录，如果发现预览到的一些记录是不符合要求，可以再次切换到"设计"视图中，对查询的条件再次进行修改，直到满意为止。

⑦ "设计"视图中，单击工具栏上的"运行"按钮，这时屏幕上将显示一个提示框，如图 3-65 所示。

图 3-65　更新提示框

⑧ 单击"是"按钮，Access 会更新属于同一组的所有记录；单击"否"按钮，不更新记录，这里单击"是"按钮。

此时，按 F11 键切换到"数据库"窗口，然后单击"表"对象，双击"教师表"，就可以发现其中 1988 年以前参加工作的教师相应的职称全部更新为"副教授"。Access 不仅可以更新一个字段的值，而且还可以更新多个字段的值，只要在查询"设计网格"中同时为几个字段输入修改的内容即可。

3.6.5　追加查询

维护数据库时，常常需要将某个表中符合一定条件的记录添加到另一个表中。Access 提供的追加查询能够很容易地实现一组记录的添加。

【实例 3-18】　建立一个追加查询将选课成绩在 80～90 分之间的学生成绩重新添加到已经建立好的"90 分以上学生情况"表中。具体的操作步骤如下。

① 在"数据库"窗口中，单击"查询"对象，然后双击"在设计视图中创建查询"选项，这时屏幕上将显示出查询"设计"视图，并显示"显示表"对话框，在此对话框中单击"表"选项，从中选择"学生表"和"课程信息"表，将它们添加到查询"设计"视图上半部分窗口中，单击"关闭"按钮，这样关闭了"显示表"对话框。

② 单击工具栏上的"查询类型"的下拉列表中选择"追加查询"选项 ，这时屏幕上显示"追加"对话框，如图 3-66 所示。

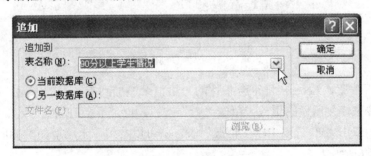

图 3-66　"追加"对话框

③ 在"表名称"文本框中输入"90 分以上学生情况"或直接从下拉列表中选择"90 分以上学生情况"表，将所得到的查询记录追加到"90 分以上学生情况"表的末尾；选中"当前数据库"选项，然后单击"确定"按钮。这时在查询的"设计网格"中显示出一个"追加到"行。

提示：如果采用手工输入表的名称，一定要与前面已经存在表的名称，保持完全一致，否则会出现提示错误。

④ 双击"学生表"中的"学号"和"姓名"字段；再双击"课程信息"表中的"课程名称"和"成绩"字段，将它们添加到"设地网格"中的"字段"行的第 1 列到第 4 列。并且在"追加到"行中自动填写上"学号"、"姓名"、"课程名称"及"成绩"字段。

⑤ 在"成绩"字段的"准则"单元格中输入新的准则">=80 and <90"，以便将 80 分以上的学生情况添加到"90 分以上学生情况"表中，结果如图 3-67 所示。

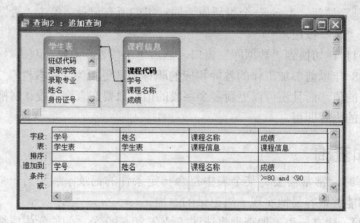

图 3-67 设置追加查询

⑥ 单击工具栏上的“视图”按钮，切换到“数据表”视图中，将可以预览符合条件的一组新记录，然后单击工具栏上的“运行”按钮，同时如果对所显示的结果不满意，可以再次切换到“设计”视图中，对查询的相关准则进行修改，如图 3-68 所示。

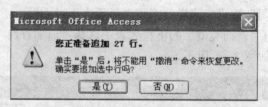

图 3-68 追加查询提示框

单击“是”按钮，Access 将符合条件的一组记录追加到指定表的末尾，同时也不能使用“撤消”命令来恢复所做的更改；单击“否”按钮，记录不会追加到指定的表中。这里单击“表”对象，双击“90 分以上学生情况”表，就可以看到在末尾增加了 80～90 分学生的情况，如图 3-69 所示。

90分以上学生情况 : 表

学号	姓名	课程名称	成绩
200501103016	周永芳	英语国家国情	97
03011030582	周天宇	中国旅游地理	91
03012050332	陆芬	环境教育	92
03031040020	马恩冠	食品与健康	93
200501103017	韩锦艳	学习与教学心理学	96
200501103019	周桂玲	学校管理	92
200501103020	黎寒冰	教育科研方法	90
200501103031	谢凡	校本课程开发的	98
200501103035	周兰青	新课程的理念与	96
200501103036	韩丽花	基础教育课程资	93
03011030216	覃勤豪	人文社会科学概	89
03011030582	周天宇	哲学通论	85
03012050332	陆芬	中国文化概论	87
03031040020	马恩冠	东西方文化比较	85
03032100002	韩雪梅	应用写作	82
03041050165	闭彩叶	行政管理学	89
03042080037	杨颖	青少年社会工作	83
03061140032	周永治	领导决策方法论	86
200501103001	韩可英	中外名著鉴赏	84

记录: 1 共有记录数: 37

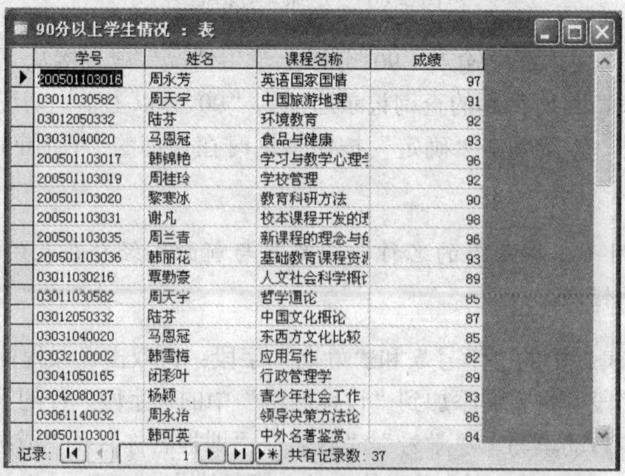

图 3-69 追加结果

3.7　创建 SQL 查询

在 Access 中，创建和修改查询最便利的方法是使用查询"设计"视图。但是，在创建查询时并不是所有的查询都可以在系统提供的查询"设计"视图中进行，有的查询只能通过 SQL 语句来实现。例如，同时显示"90 分以上学生情况"，表中所有记录和"学生成绩查询"中 80 分以下的所有记录，显示内容为"学号"、"姓名"、"成绩" 3 个字段。

SQL 查询是用户使用 SQL 语句直接创建的一种查询。实际上，Access 的所有查询都可以认为是一个 SQL 查询，因为 Access 查询就是以 SQL 语句为基础来实现查询功能的。如果用户对 SQL 语句比较熟悉的话，那么用它建立查询、修改查询的准则将比较方便。下面将分别介绍使用 SQL 修改查询中的准则及创建 SQL 查询。

3.7.1　使用 SQL 修改查询中的准则

使用 SQL 语句，可以直接在 SQL 视图中修改已建查询中的准则。

【实例 3-19】 将已建立的"2003 年参加工作的男教师"查询中的准则改为"2002 年参加工作的男教师"，操作步骤如下。

① 在"设计"视图中打开已建查询"2003 年参加工作的男教师"，结果如图 3-70 所示。

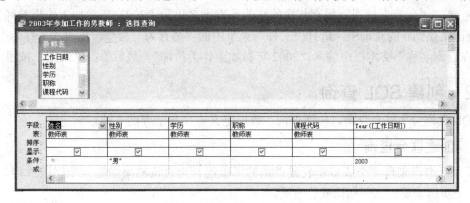

图 3-70　查询"设计"视图

② 单击"视图"菜单的"SQL 视图"命令，或单击工具栏上的"视图"按钮右侧的向下箭头按钮，从下拉列表中选择"SQL 视图"选项 SQL，这时屏幕上显示如图 3-71 所示的窗口。

图 3-71　SQL 视图

③ 在该窗口中选中要进行修改的部分，如图 3-71 所示，然后输入修改后的准则，如

图 3-72 所示。

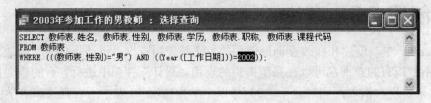

图 3-72　修改结果

④ 单击工具栏上的"视图"按钮 ，预览查询的结果，如图 3-73 所示。

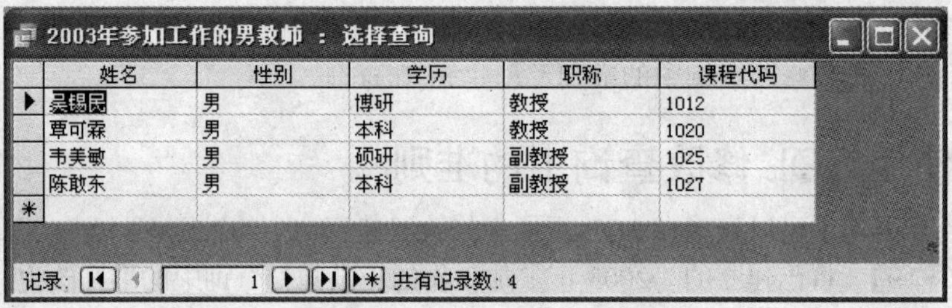

姓名	性别	学历	职称	课程代码
晏锡民	男	博研	教授	1012
覃可霖	男	本科	教授	1020
韦美敏	男	硕研	副教授	1025
陈敢东	男	本科	副教授	1027

图 3-73　修改查询准则后的结果

⑤ 单击"保存"按钮，保存此次的修改，查询名仍为"2003 年参加工作男教师"。如果希查询保存到新的查询中，选择"文件"菜单中的"另存为"命令，出现"另存为"对话框，"在查询名称"文本框中输入"2002 年参加工作男教师"，最后单击"确定"按钮。

3.7.2　创建 SQL 查询

SQL 查询分为联合查询、传递查询、数据定义查询和子查询 4 种。

1．创建联合查询

联合查询将来自一个或多个表或查询的字段组合为查询结果中的一个字段或列。下面通过一个实例来说明如何创建联合查询。

【实例 3-20】 显示"90 分以上学生情况"表中所有记录和"学生选课查询"中 80 分以下的记录，显示内容为学号、姓名、成绩 3 个字段。具体操作步骤如下。

① 在"数据库"窗口中，单击"查询"对象，然后双击"在设计视图中创建查询"这时屏幕上显示查询的"设计"视图，并显示"显示表"对话框。单击"关闭"按钮，关闭"显示"对话框。

② 执行"查询"菜单中的"SQL 特定查询"项下的联合命令 ，屏幕显示如图 3-74 所示的窗口。

图 3-74　联合查询设置窗口

③ 在窗口中输入 SQL 语句，如图 3-75 所示。

图 3-75 输入 SQL 语句

④ 单击工具栏上的"保存"按钮，并将查询命名为"合并显示成绩"，然后单击"确定"按钮。

⑤ 单击工具栏上的"视图"按钮，或单击工具栏上的"运行"按钮，切换到"数据表"视图，可以看到图 3-76 所示的查询结果。

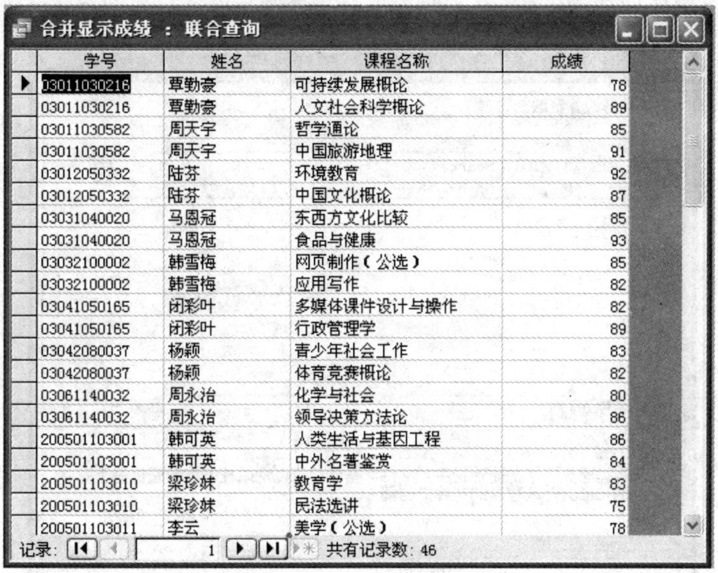

学号	姓名	课程名称	成绩
03011030216	覃勤豪	可持续发展概论	78
03011030216	覃勤豪	人文社会科学概论	89
03011030582	周天宇	哲学通论	85
03011030582	周天宇	中国旅游地理	91
03012050332	陆芬	环境教育	92
03012050332	陆芬	中国文化概论	87
03031040020	马恩冠	东西方文化比较	85
03031040020	马恩冠	食品与健康	93
03032100002	韩雪梅	网页制作（公选）	85
03032100002	韩雪梅	应用写作	82
03041050165	闭彩叶	多媒体课件设计与操作	82
03041050165	闭彩叶	行政管理学	89
03042080037	杨颖	青少年社会工作	83
03042080037	杨颖	体育竞赛概论	82
03061140032	周永治	化学与社会	80
03061140032	周永治	领导决策方法论	86
200501103001	韩可英	人类生活与基因工程	86
200501103001	韩可英	中外名著鉴赏	84
200501103010	梁珍妹	教育学	83
200501103010	梁珍妹	民法选讲	75
200501103011	李云	美学（公选）	78

记录：I◄ ◄ 1 ► ►I ►* 共有记录数：46

图 3-76 联合查询结果

2. 创建传递查询

传递查询是 SQL 特定查询之一，Access 传递查询是自己并不执行而传递给另一个数据库来执行的查询，传递查询可直接将命令发送到 ODBC 数据库服务器中，例如 SQL Server。使用传递查询时，不必与服务器上的表链接就可以直接使用相应的表。应用传递查询的主要目的是为了减少网络负荷。

一般创建传递查询时，需要完成两项工作，一是设置要连接的数据库；二是在 SQL 窗口中输入 SQL 语句。下面将以一个实例来说明传递查询的创建操作步骤和方法。

【实例 3-21】 查询并显示 SQL Server 数据库 IMC_EXAM 中 EXAM 表的 EXAM_ID、SQ_ID、EXAM_DATE、EXAM_CLASS 等字段的值。具体操作步骤如下。

① 在"数据库"窗口中，单击"查询"对象，然后双击"在设计视图中创建查询"选项，这时屏幕上显示查询"设计"视图，并显示"显示表"对话框。单击"关闭"按钮，关闭"显示"对话框。执行"查询"菜单中的"SQL 特定查询"项下的"传递"命令，屏幕

显示如图 3-77 所示的窗口。

图 3-77　传递查询设置窗口

② 单击工具栏上的属性按钮，屏幕显示出"查询属性"对话框。

③ 在"查询属性"对话框中，设置"ODBC 连接字符串"属性来指定要连接的数据库信息。可以输入连接信息，或单击"生成器"按钮。这里单击生成器按钮，屏幕显示"选择数据源"对话框，如图 3-78 所示。

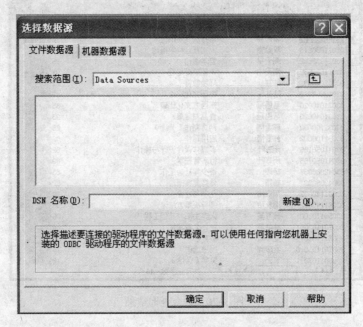

图 3-78　"选择数据源"对话框

④ 单击"机器数据源"选项卡。如果已经建立了要选择的数据源，可以在列表中直接选择；如果需要新建，单击"新建"按钮。

下面是新建数据源的操作步骤。

① 单击"新建"按钮，显示"创建新数据源"的第 1 个对话框，通过该对话框过类型。选择"用户数据源"只有用户自己能够使用；选择"系统数据源"登录到该台计算机上的任何用户都可以使用。这里选择"系统数据源"。

② 单击"下一步"按钮，显示"创建新数据源"的第 2 个对话框，通过该对话框选择为其安装数据源的驱动程序。在列表框中选择"SQL Server"。

③ 单击"下一步"按钮，显示"创建新数据源"的第 3 个对话框，该对话框显示了上两步的设置结果和信息。单击"完成"按钮，这时显示"创建到 SQL Server 的新数据源"的第 1 个对话框，如图 3-79 所示。需要指定与 SQL Server 相连的数据库。

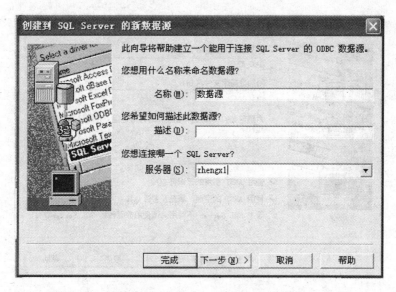

图 3-79　"创建到 SQL Server 的新数据源"的第 1 个对话框

④ 在该对话框中确定数据源的名称和要连接的服务器名。在"名称"文本框中输入"数据源"，在"服务器"文本框中输入数据库服务器名或 IP 地址，此处输入服务器名"zhengxl"。"zhengxl"为本机服务器名。单击"下一步"按钮，显示"创建到 SQL Server 的新数据源"的第 2 个对话框，如图 3-80 所示。

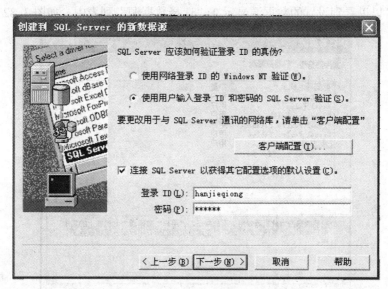

图 3-80　"创建到 SQL Server 的新数据源"的第 2 个对话框

⑤ 在该对话框中选择"使用用户输入登录 ID 和密码的 SQL Server 验证"选项，使用户输入登录 ID 和密码后才可以使用。在"登录 ID"文本框中输入登录时的名称，在"密码"框中输入密码。单击"下一步"按钮，显示"创建到 SQL Server 的新数据源"的第 3 个对话框，如图 3-81 所示。

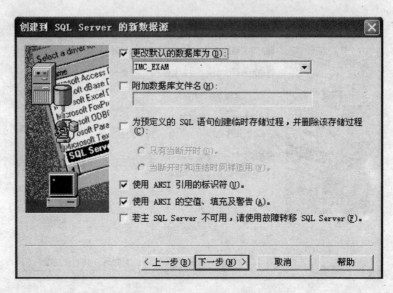

图 3-81　"创建到 SQL Server 的新数据源"的第 3 个对话框

⑥ 在该对话框中选中"更改默认的数据库为"复选框，然后从下拉列表中选择要连接的数据库，这时选择"IMC_E XAM"。单击"下一步"按钮，显示"创建到 SQL Server 的新数据源"的最后一个对话框。

⑦ 单击"完成"按钮，显示"ODBC Microsoft SQL Server 安装"信息。单击"确定"按钮，这时可以以看到设置的数据源显示在"选择数据源"列表中，如图 3-82 所示。

图 3-82　"选择数据源"设置结果

到此完成了新建数据源的操作。下面是连接数据源并建立传递查询的操作步骤。

① 单击"确定"按钮，在弹出的"SQL Server 登录"对话框中输入登录 ID 和密码。单击"确定"按钮，并在弹出的"连接字符生成器"提示框中单击"是"按钮，完成登录。

设置后的"ODBC 连接字符串"属性如图 3-83 所示。

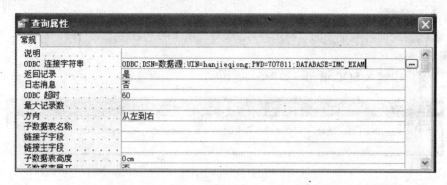

图 3-83   "ODBC 连接字符串"属性设置结果

② 在 SQL 传递查询窗口中输入相应的 SQL 查询命令,结果如图 3-84 所示。

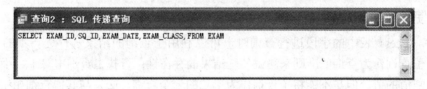

图 3-84   设置结果

③ 单击工具栏上的"视图"按钮,或单击工具栏上的"运行"按钮,切换到"数据表"视图。这时就可以看到查询结果。

提示: 如果将传递查询转换为另一种类型的查询,如选择查询,输入的 SQL 语句将丢失。"ODBC 连接字符串"属性中没有指定连接串,或者删除了已有字符串,Access 将使用默认字符串"ODBC",并且在每次运行查询时,Access 提示连接信息。

3. 建立数据定义查询

数据定义查询与其他查询不同,利用它可以直接创建、删除或更改表,或者在当前数据库中创建索引。在数据定义查询中要输入 SQL 语句,每个数据定义查询只能由一个数据定义语句组成。Access 支持的数据定义语句如表 3-14 所示。

表 3-14   SQL 语句及用途

SQL 语句	用 途
CREAT TABLE	创建表
ALTER TABLE	在已有表中添加新字段或约束
DROP	从数据库中删除表,或者从字段或字段组中删除索引
CREATE INDEX	为字段或字段组创建索引

下面以实例说明数据定义查询的创建方法。

【实例 3-22】 使用 CREATE TABLE 语句创建"学生情况"表。操作步骤如下。

① 在"数据库"窗口中,单击"查询"对象,然后双击"在设计视图中创建查询"选

项，这时屏幕上显示查询“设计”视图，并显示“显示表”对话框。单击“关闭”按钮，关闭“显示”对话框。

② 选择“查询”菜单中的“SQL 特定查询”项下的“数据定义”命令。显示 SQL 语句定义窗口。

③ 在窗口中输入 SQL 语句，如图 3-85 所示。

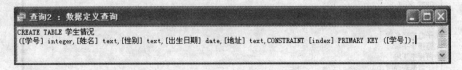

查询2 : 数据定义查询
CREATE TABLE 学生情况
([学号] integer,[姓名] text,[性别] text,[出生日期] date,[地址] text,CONSTRAINT [index] PRIMARY KEY ([学号]);

图 3-85　设置结果

④ 单击工具栏上的“运行”按钮来执行此查询。

⑤ 单击“表”对象，这时可以看到新建的“学生情况”表。

4．使用子查询

在对 Access 表中的字段进行查询时，可以利用子查询的结果进行进一步的查询，例如，通过子查询作为查询的准则来测试某些结果的存在性；查找主查询中等于、小于或大于子查询返回值的值。但是不能将子查询作为单独的一个查询，必须与其他查询相结合。

【实例 3-23】 查询并显示“学生”表中高于平均年龄的学生记录。

① 在“数据库”窗口中，单击“查询”对象，然后双击“在设计视图中创建查询”选项，这时屏幕显示查询“设计”视图，并显示“显示表”对话框。在“显示表”对话框中，单击“表”选项卡，然后双击“学生表”，将其添加到查询“设计”视图上半部分的窗口中，单击“关闭”按钮，关闭“显示”对话框。

② 单击“学生”字段列表中的“*”，将其拖到字段行的第 1 列中，双击“学生表”中“出生日期”字段，将其添加到“设计网格”中字段行的第 2 列中。

③ 单击第 2 列“显示”行上的复选框，使其变为空白。

④ 在第 2 列字段的“准则”单元格内输入“> (SELECT AVG（[年龄]）FROM[学生表])”结果如图 3-86 所示。

查询2 : 选择查询
学生表
录取专业
姓名
身份证号
年龄
性别
字段:
表:
排序:
显示:
条件:
学生表.*
学生表
年龄
学生表
>(SELECT AVG([年龄])FROM[学生表]

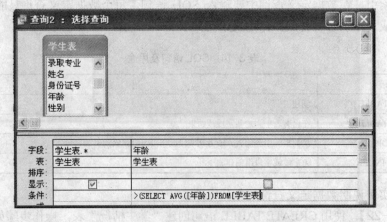

图 3-86　设置子查询

⑤ 单击工具栏上的"视图"按钮，或单击工具栏上的"运行"按钮，切换到数据表视图。这时就可以看到图 3-87 所示的查询结果。

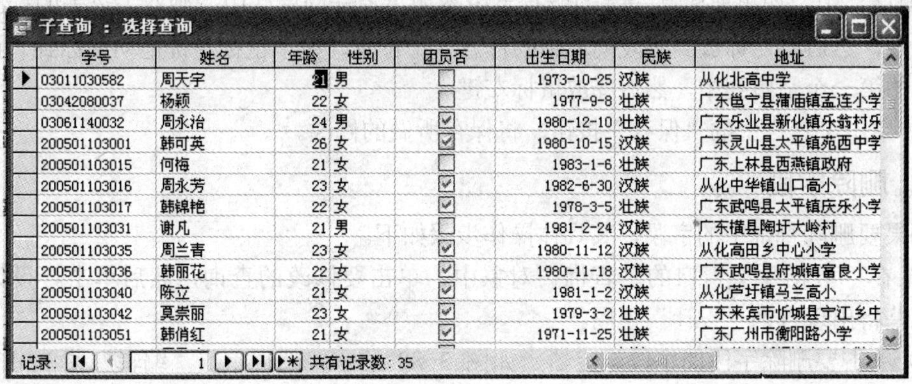

图 3-87 子查询的结果

提示：子查询的 SELECT 语句不能定义联合查询或交叉表查询。

3.8 操作已经创建的查询

创建了查询之后，如果对设计不满，或因一些情况发生了变化，使得所建查询不能满足所需要求，可以在"设计"视图中对其进行修改。例如，可以添加、删除、移动或更改字段，也可以添加、删除表。如果需要也可以对查询进行一些相关操作，例如，通过运行查询得到查询的结果，依据某个字段对所有记录进行排序操作等。

3.8.1 运行已创建的查询

在创建查询时，用户可以通过工具栏上的"运行"按钮来查看相关的查询结果。创建查询后，如果想查询的结果，也可以通过以下两种方法实现。

① 在"数据库"窗口中，单击"查询"对象，选择要运行的查询，然后单击"打开"按钮。

② 在"数据库"窗口中，单击"查询"对象，然后双击要运行的查询。无论将使用哪种方法，操作完成后，屏幕上都会显示所需查询的结果。

3.8.2 编辑查询中的字段

编辑查询中的字段主要包括添加、删除字段，移动字段或更改字段名称。

1．添加字段

如果需要为查询添加字段，具体操作步骤如下。

① 在"数据库"窗口的"查询"对象中，单击要修改的查询，然后单击"设计"按钮，屏幕上出现查询"设计"视图。

② 双击要添加的字段，则该字段将添加到"设计网格"中的第一个空白列中；如果要

在某一字段前插入字段，则单击要添加的字段，并按住鼠标左键，将它拖到此字段的位置上；如果要一次添加多个字段，则按住 Ctrl 键并单击要添加的字段，然后将它们拖放到"设计网格"中；如果要将某一表的所有字段添加"设计网格"中，则双击该表的标题栏，选中字段，然后将光标放到字段列表中的任意一个位置，按下鼠标左键拖动鼠标到"设计网格"中的第一个空白列中，然后释放鼠标左键。

③ 单击工具栏上的"保存"按钮，将保存所做的修改。

2．删除字段

如果要删除查询中的字段，其具体操作步骤如下。

① 在"数据库"窗口的"查询"对象中，单击要修改的查询，然后单击"设计"按钮，屏幕将出现查询"设计"视图。

② 单击要删除字段的字段选定器，如图 3-88 所示，然后单击"编辑"菜单中的"删除"命令或直接按 Del 键，也可以单击要删除字段所在的列，然后单击"编辑"菜单中"删除列"命令。

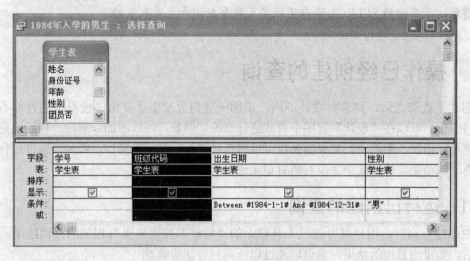

图 3-88　选定要删除的字段列

3．移动字段

在设计查询时，字段的排列顺序非常重要，它将影响到数据的排序和分组。Access 排序查询结果时，首先按照"设计网格"中排列最靠前的字段进行排序，然后再按下一个字段排序。用户可以根据排序和分组的需要，通过移动字段来改变字段的顺序。具体操作步骤如下。

① 在"数据库"窗口的"查询"对象中，单击要修改的查询，然后单击"设计"按钮，屏幕上显示查询"设计"视图。

② 单击要移动的字段对应的字段选择器，并按住鼠标左键，拖动鼠标至新的位置。如字段移到某一字段的左边，则将鼠标拖到该列。当释放鼠标时，Access 将把被移动的字段移到光标所在列的左边。

③ 单击工具栏上的"保存"按钮，保存所做的修改。

3.8.3　调整查询中的列宽

在设计网格中，有时由于在某单元格中输入了过多的内容而影响了查看内容。为了不影响最终的显示效果，可以通过调整相应的列宽来解决。具体调整列宽的操作步骤如下。

① 在"数据库"窗口的"查询"对象中，单击将要修改的查询，然后单击"设计"按钮，这时屏幕上显示查询"设计"视图。

② 将鼠标指针移到要更改列的字段选择器的右边界，使鼠标指针变成双向箭头 ✛。

③ 如果使列变宽，向右拖动鼠标；如果使列变窄，则向左拖动鼠标，当达到所需的宽度时放开鼠标；双击鼠标可将其调整为"设计网格"中可见输入内容的最大宽度。

④ 单击工具栏上的"保存"按钮，保存修改。

3.8.4　排序查询的结果

前面介绍了可以通过移动字段，对所有记录进行排序。现在也可以通过在"设计网格"中，不需要改变字段的显示次序，同样可以对无规律的数据进行排序。对于一些前面已经建好的查询，如果能够对查询的结果进行排序，就可方便用户查看，下面将举例说明排序查询结果的操作方法。

【实例 3-24】 对实例 3-10 的查询结果按成绩从低到高的顺序显示。操作步骤如下。

① 在"数据库"窗口中，单击"查询"对象。选择前面已经建好的"低于班平均成绩的学生"的查询，然后单击"设计"按钮，屏幕上显示查询"设计"视图。

② 单击"平均成绩：成绩之平均值"字段的"排序"单元格，并单击单元格内右侧的向下箭头按钮，从下拉列表中选择一种需要的排序方式。Access 中提供的排序方式分别为：升序、降序和不排序。这里根据实际需要选择"升序"，结果如图 3-89 所示。

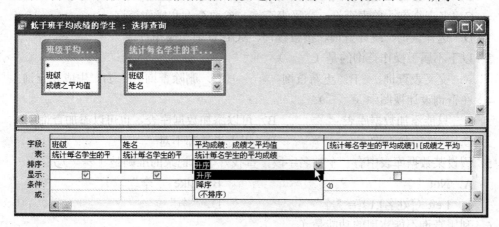

图 3-89　设置排序方式

③ 单击工具栏的"视图"按钮，切换到"数据表"视图，或直接单击工具栏上的运行按钮 ⧉。这时就可以看到如图 3-90 所示的结果。

通过运行，查询中的记录会按照升序排列来显示，这样，也便于程序设计人员和用户查看数据。

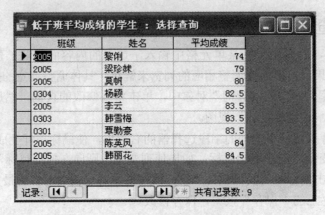

图 3-90　排序后的结果

习题 3

一、选择题

1. 以下关于查询的叙述正确的是（　　　）。

　　A. 只能根据数据库表创建查询　　　　　　B. 只能根据已建查询创建查询

　　C. 可以根据数据库表和已建查询创建查询　　D. 不能根据已建查询创建查询

2. Access 支持的查询类型有（　　　）。

　　A. 选择查询、交叉表查询、参数查询、SQL 查询和操作查询

　　B. 基本查询、选择查询、参数查询、SQL 查询和操作查询

　　C. 多表查询、单表查询、交叉表查询、参数查询和操作查询

　　D. 选择查询、统计查询、参数查询、SQL 查询和操作查询

3. 以下不属于操作查询的是（　　　）。

　　A. 交叉表查询　　　B. 更新查询　　　　C. 删除查询　　　　D. 生成表查询

4. 在查询设计视图中（　　　）。

　　A. 只能添加数据库表　　　　　　B. 可以添加数据库表，也可以添加查询

　　C. 只能添加查询　　　　　　　　D. 以上说法都不对

5. 假设某数据库表中有一个姓名字段，查找姓李的记录的准则是（　　　）。

　　A. Not "李*"　　　　　　　　　　B. Like "李"

　　C. Left（[姓名],1）= "李"　　　　D. "李"

6. 利用查询不能实现的功能是（　　　）。

　　A. 创建基于查询的窗体　　　　　　B. 创建基于查询的新表

　　C. 创建基于查询的报表　　　　　　D. 创建基于查询的数据库

7. 下列不属于 Access 提供的特殊运算符的是（　　　）。

　　A. In　　　　　　B. Between　　　　　C. IsNull　　　　　D. NotNull

二、填空题

1. 创建分组统计查询时，总计项应选择_____。

2. 根据对数据源操作方式和结果的不同，查询可以分为_____、交叉表查询、_____、操作查询和 SQL 查询五类。

3. 查询设计视图窗口分为上下两部分，上半部分为_____区；下半部分为_____。

4. 书写查询准则时，日期值应该用_____括起来。

5. SQL 查询就是用户使用 SQL 语句来创建的一种查询。SQL 查询主要包括_____、传递查询、_____和子查询 4 种。

6. 如果要从"成绩"表中查询成绩在 90 分以上的记录，并将找出来的结果放在一个新表中，应采取_____查询。

7. 若要获得当前的日期时间，可使用_____函数。

8. 执行_____查询后，字段的旧值将被新值替换。

第4章 窗 体

窗体是 Access 数据库中的另一种对象，用户通过窗体可以方便地输入数据、编辑数据、显示和查询表中的相应数据；利用窗体也可以将整个应用程序组织起来，从而形成一个完整的应用系统。同时对于任何一种形式的窗体，其数据源都是前面所建立的表及查询。本章将介绍窗体的基本知识，包括窗体的概念和作用、窗体的组成和结构、窗体创建及相关设置等。

4.1 认识窗体

窗体作为 Access 数据库应用中一个非常重要的工具，是用户和 Access 应用程序之间的主要接口，窗体可以用于显示表和查询中的数据，输入数据、编辑数据和修改数据。与数据表不同的是，窗体本身并没有存储数据，也不像表那样只能以行和列的形式显示数据，其显示形式具有多样性。

4.1.1 窗体的概念和作用

窗体具有多种显示形式，不同的窗体能够完成不同的功能。窗体中的信息主要有两类：一类是设计者在设计窗体时附加的一些提示信息，如一些说明性的文字或一些图形元素，如线条、矩形框等，目的是使窗体比较美观，这些信息对数据表中的每一条记录都是相同的，不会随着记录而变化，也可以称为"静态信息"；另一类是所处理的表或查询的记录，这些信息往往与所要处理记录的数据密切相关，当记录发生变化时，这些信息也随之变化，相应地也可以称为"动态信息"。利用窗体工具箱中所提供的控件，可以在窗体的信息和窗体的数据来源之间建立链接。

在如图 4-1 所示的学生表窗体中，姓名、学号、性别及入校日期等就是上面所提到的说明性文字，不随记录而变化；而陈英、"2110405252"等具体字段值是随着记录的不同而动态发生变化的，当记录不同时，其各字段相应的字段属性值也是不同的。

窗体的主要作用是接收用户输入的数据或命令、编辑、显示数据库中的数据，构造方便，美观的输入/输出界面。

4.1.2 窗体的组成和结构

窗体由多个部分组成，每个部分称为一个"节"。大部分的窗体在初次打开时，默认只有主体节，根据用户实际设计需要，也可以在窗体中包含窗体页眉、页面页眉、页面页脚及窗体页脚等部分，如图 4-2 所示。

当选择在"设计视图中创建窗体"时，默认只具有"主体"节，还可以根据设计需要，通过选中"视图"菜单下的"页面页眉/页脚"和"窗体页眉/页脚"，使其在"设计视图"显示出来。

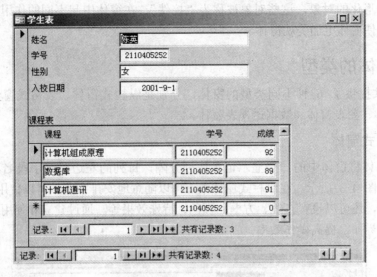

图 4-1　"学生表"窗体

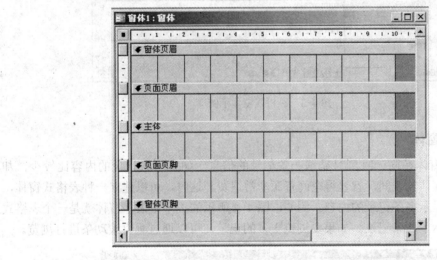

图 4-2　设计视图中窗体的组成部分

↳ 窗体页眉位于窗体顶部位置，一般主要用于设置窗体的标题、窗体使用说明或打开相关窗体及执行其他任务的命令按钮等。

↳ 窗体页脚位于窗体底部，一般用于显示对所有记录都要显示的内容、使用命令的操作说明等信息。也可以设置命令按钮，以便执行必要的控制操作。

↳ 页面页眉一般用来设置打印时的页头信息。例如，标题、用户要在每一页上方显示的内容。页面页脚一般用来设置窗体在打印时的页脚信息。例如，日期、页码或用户要在每一页下方显示的内容。注意，在"数据表"视图下是看不到任何设计效果的，只能在"打印预览"时，相关设置才是可见的。

↳ 主体节通常用来显示记录的数据，可以在屏幕或页面上只显示一条记录，也可以显示多条记录。

另外窗体中还可以包含标签、文本框、复选框、列表框、组合框、选项组、命令按钮、图像等图形化的对象，这些对象被称为"控件"，在窗体中起不同的作用，通过使用这些控件也可以使窗体更加美观得体。

4.1.3　窗体的类型

Access 共提供了 6 种不同类型的窗体，分别是纵栏式窗体、表格式窗体、数据表窗体、主/子窗体、图表窗体和数据透视表窗体。

1．纵栏式窗体

纵栏式窗体将窗体中的一个显示记录按列分隔，每列的左边显示字段名，右边则显示字段内容，如图 4-3 所示。在纵栏式窗体中，可以随意地安排字段，可以使用 Windows 的多种控制操作，还可以设置直线、方框、颜色、特殊效果等。通过建立和使用纵栏式窗体，可以美化操作界面，提高操作效率。

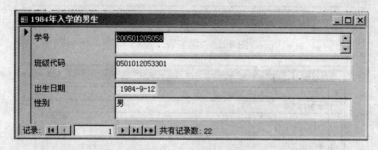

图 4-3　纵栏式窗体示例

2．表格式窗体

通常，一个窗体在同一时刻只显示一条记录的信息。如果一条记录的内容比较少，却要单独占用一个窗体的空间，就显得空间资源非常浪费。这时，可以建立一种表格式窗体，即在一个窗体中显示多条记录的内容。例如，图 4-4 所示的"学生表"窗体就是一个表格式窗体，窗体上显示了两条记录。如果要浏览更多的记录，可以通过垂直滚动条进行浏览。

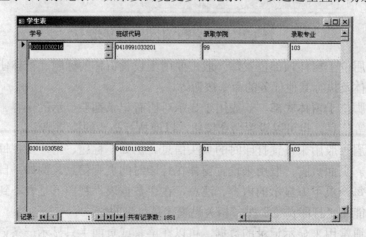

图 4-4　表格式窗体示例

3.　数据表窗体

数据表窗体从外观上看与数据表和查询显示数据的界面相同，如图 4-5 所示。数据表窗体的主要作用是作为一个窗体的子窗体。

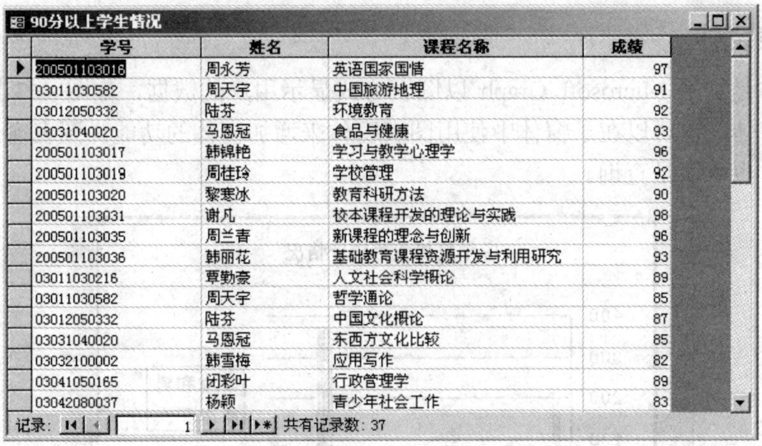

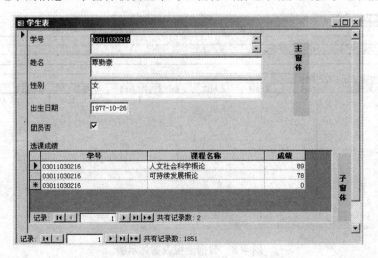

图 4-5　数据表窗体示例

4.　主/子窗体

窗体中的窗体称为子窗体，包含子窗体的基本窗体称为主窗体。主窗体和子窗体通常用于显示多个数据源，如表或查询中的数据，这些表或查询中的数据具有一对多关系。例如，在教学管理数据库中，每名学生可以选择多门课程，这样学生表和课程信息表之间就存在一种一对多的关系，学生表中的每一条记与课程信息表中的多条记录相对应。这时，就可以创建一个带有子窗体的主窗体，用于显示学生表和课程信息表中的数据。如图 4-6 所示，"学生表"中的数据是一对多关系中的"一"端，位于主窗体中显示。"课程信息"表中的数据是此一对多关系中的"多"端，在子窗体中显示。在这种窗体中主窗体和子窗体彼此链接，主窗体显示某一条记录的信息，子窗体就会显示与主窗体当前记录相关的多条记录信息。

图 4-6　主/子窗体

　　主窗体只能显示为纵栏式窗体，而子窗体可以显示为数据表窗体，也可以显示为表格式窗体。当在主窗体中输入数据或添加记录时，Access 数据库会自动保存每一条记录到子窗体对应的表中。在子窗体中，也可以继续创建二级子窗体，即在主窗体内可以包含子窗体，子窗体内又可以含有子窗体。

5. 图表窗体

　　图表窗体是利用 Microsoft Graph 以图表方式显示用户的数据，如图 4-7 所示。可以单独使用图表窗体，也可以在子窗体中使用图表窗体来增加窗体的功能。图表窗体的数据源可以是数据表，也可以是查询。

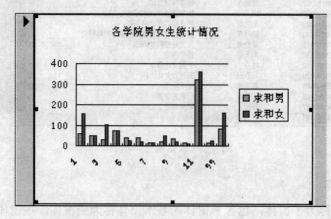

图 4-7　图表窗体示例

6. 数据透视表窗体

　　数据透视表窗体是 Access 为了以指定的数据表或查询为数据源产生一个 Excel 的分析表而建立的一种窗体形式，如图 4-8 所示。数据透视表窗体允许用户对表格内的数据进行操作；用户也可以改变透视表的布局，以满足不同的数据分析方式和要求。数据透视表窗体对数据进行的处理是 Access 其他工具无法完成的。

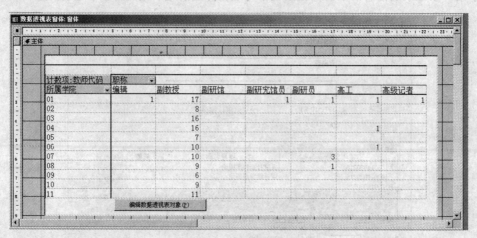

图 4-8　数据透视表窗体示例

4.1.4 窗体视图

表和查询有两种视图：数据表视图和设计视图；而窗体具有三种视图：即设计视图、窗体视图和数据表视图。

- ↳ 窗体的"设计"视图是用于创建或修改窗体的窗口。
- ↳ 窗体的"窗体"视图是显示记录数据的窗口，主要用于添加或修改表中的数据。
- ↳ 窗体的"数据"视图是以行列式显示表、查询或窗体数据的窗口。在数据表视图中可以编辑、添加、修改、查找或删除数据。

创建窗体的工作主要是在"设计"视图中进行的，它可以更改窗体的设计，如添加、移动、删除或移动控件等。在"设计"视图中创建了窗体之后，就可以在"窗体"视图中或"数据表"视图中查看结果。

4.2 创建窗体

创建窗体有人工方式或使用"向导"两种方法。

使用人工方式创建窗体，需要创建窗体的每一个控件，并建立控件和数据源之间的联系。而使用"向导"可以简单、快捷地创建窗体。用户可以按照向导的提示输入有关信息，一步一步地完成窗体的创建工作。在设计 Access 应用程序时，一般情况下是先使用向导建立窗体的基本轮廓，然后再切换到设计视图，使用人工方式进行布局调整或美化。为了方便用户创建窗体，Access 提供 6 种制作窗体的向导，包括："窗体向导"；"自动创建窗体：纵栏表"；"自动创建窗体：表格"；"自动创建窗体：数据表"；"图表向导"与"数据透视表向导"。

4.2.1 利用"自动创建窗体"

这是一种创建窗体最基本也是最简单的一种方法，用户只需要做出简单的选择操作即可，之后系统自动来创建相关的窗体。如果使用"自动创建窗体"创建一个显示选定表或查询中所有字段及记录的窗体，在建成后的窗体中，每一个字段都显示在一个独立的行上，并且左边带有一个标签。"自动创建窗体：纵栏表"、"自动创建窗体：表格"、"自动创建窗体：数据表"的创建过程完全相同。

【实例 4-1】 在教学管理数据库中，使用"自动创建窗体：纵栏表"创建"学生信息"窗体。具体操作步骤如下。

① 在"数据库"窗口中，单击"新建"按钮，弹出图 4-9 所示的对话框，首先选择"自动创建窗体：纵栏式"。

② 在显示的"新建窗体"对话框中，从"请选择该对象数据的来源表或查询"下拉列表中选择所需的基础数据源，其来源可以是表也可以是查询。这里选择"学生表"，如图 4-9 所示。

③ 选择好后，单击"确定"按钮，这时屏幕上将会显示出新建的窗体，如图 4-10 所示。

④ 单击工具栏上的"保存"按钮，屏幕上显示出"另存为"对话框，在"窗体名称"

文本框中输入窗体的名称，这里输入"学生信息窗体"，单击"确定"按钮，这样就建立了纵栏式窗体。

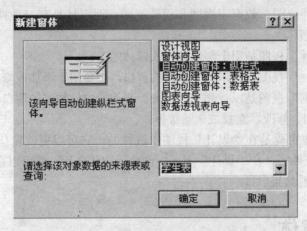

图 4-9 "新建窗体"对话框

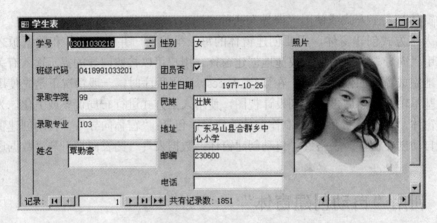

图 4-10 "学生表"窗体

提示：采用此种方式，操作简单快捷，但是所使用的数据源只能有一个，表或者查询。另外此种方式供用户发挥的空间比较少，将表中所有的字段全部导入，如果有些字段不需要，用户只能在完成后切换到"设计"视图，对个别字段进行删除操作，改变各空间布局，必要时需要重新调整布局。

4.2.2 使用"窗体向导"创建窗体

使用"自动创建窗体"可以快速地创建窗体，但所有窗体的布局已经确定，如果要加入用户对各个字段的选择，可以利用"窗体向导"来完成对窗体的创建。

1. 基于单一数据源的窗体

使用"窗体向导"创建窗体时，其数据源可以是来自于一张表或一个查询，也可以来自于多个表或查询。下面将通过具体的实例详细介绍基于一个表或一个查询的窗体创建过程。

【**实例 4-2**】 在"教学管理"数据库中创建"输入教师信息"窗体。具体操作步骤如下。

① 在"窗体"对象中双击"使用向导创建窗体"选项,屏幕显示"窗体向导"的第 1 个对话框,如图 4-11 所示。

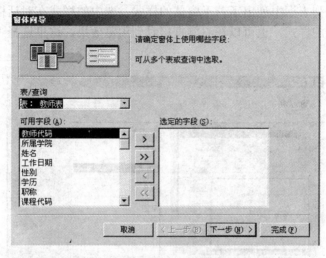

图 4-11 "窗体向导"的第 1 个对话框

② 单击"表/查询"下拉列表框右侧的向下箭头按钮,选择"表:教师"。这时在左侧"可用字段"列表框中列出了所有可用的字段。

③ 在"可用字段"列表框中选择需要在新建窗体中显示的字段,单击 ＞ 按钮,将所选字段移到"选定的字段"列表框中。如果需要将所有的可用字段全部移到"选定的字段"列表框中,可以单击 ＞＞ 。如不希望"选定的字段"列表中的某个字段出现在窗体中,在"选定的字段"列表框中选择该字段,然后单击 ＜ 将其重新移回"可用字段"列表框中,单击 ＜＜ 则将全部"选定的字段"一次性移回"可用字段"列表框中。这里单击 ＞＞ 按钮选择所有字段。

单击"下一步"按钮,屏幕显示如图 4-12 所示的"窗体向导"的第 2 个对话框。

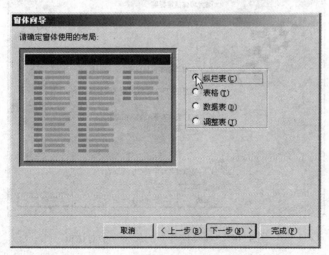

图 4-12 "窗体向导"的第 2 个对话框

　　在此对话框中，选择"纵栏表"选项按钮，这时在左边可以看到所建窗体的布局预览效果。

　　④ 单击"下一步"按钮，屏幕显示如图 4-13 所示的"窗体向导"的第 3 个对话框。在此对话框右侧的列表框中列出了若干窗体的样式，选中的样式在对话框的左侧显示，用户可选择自己喜欢的样式，也可以在右侧直接看到预览效果。这里选择"标准"为系统默认样式。

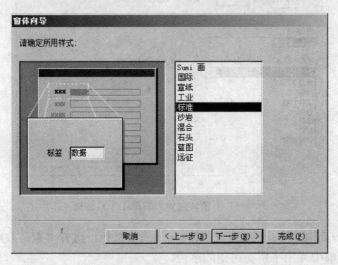

图 4-13　"窗体向导"的第 3 个对话框

　　⑤ 单击"下一步"按钮，屏幕显示如图 4-14 所示的"窗体向导"的最后一个对话框，在"请为窗体指定标题"框中输入"教师信息"。若要在完成窗体的创建后，打开窗体并查看或输入数据，选中"打开窗体查看或输入信息"；若要调整窗体的设计，则选中"修改窗体设计"，这里选择"打查窗体查看或输入信息"。

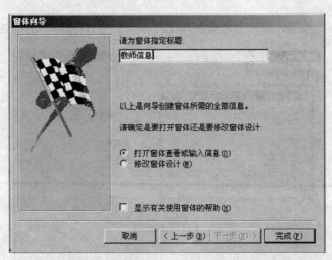

图 4-14　"窗体向导"的最后一个对话框

　　⑥ 单击"完成"按钮，创建的窗体显示在屏幕上，最后创建的窗体如图 4-15 所示。

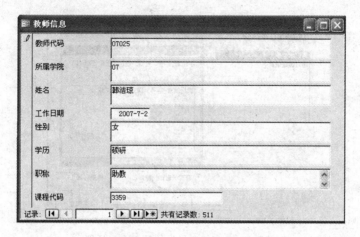

图 4-15 "教师信息"窗体

如果对于由向导创建而成的窗体不理想，设计人员可以切换到"设计"视图中进行相关的修改操作。

2. 创建基于多数据源的主/子窗体

创建基于多个表或查询的主/子窗体最简单的方法是使用"窗体向导"。在创建窗体之前，首先要确定作为主窗体的数据源与作为子窗体的数据源之间存在着"一对多"的关系。在 Access 中，提供了两种方法来创建主/子窗体：一是同时创建主窗体与子窗体，二是将已有的窗体作为子窗体添加到另一个已有的窗体中。对于子窗体，可以创建固定的显示在主窗体之中的样式，也可以创建弹出式子窗体。

【实例 4-3】 以教学管理数据库中的学生表和课程信息为数据源，同时创建主窗体和子窗体，创建的窗体如图 4-6 所示。具体操作步骤如下。

① 在"数据库"窗口中单击"窗体"对象。双击"使用向导创建窗体"选项，屏幕将显示"窗体向导"的第 1 个对话框，如图 4-11 所示。

② 单击"表/查询"框右侧的向下箭头按钮，从下拉列表中选择"表：学生表"，从可用字段中选择"学号"、"姓名"、"性别"、"出生日期"及"团员否"等字段，再单击"表/查询"框右侧的向下箭头按钮，从下拉列表中选择"表：课程信息"表，同样从可用字段中选择"学号"、"课程名称"及"成绩"字段。

③ 单击"下一步"按钮，显示如图 4-16 所示的"窗体向导"的第 2 个对话框。该对话框要求确定窗体的查看数据的方式，即主要是确定主窗体、子窗体。由于数据来源于两个不同的表，所以有两个可选项："通过学生表"查看或"通过课程信息"查看，这里单击"通过学生表"，并选择"带有子窗体的窗体"单选项。

④ 单击"下一步"按钮，屏幕显示如图 4-17 所示"窗体向导"的第 3 个对话框。该对话框要求确定窗体所采用的布局。提供了两个可选项：表格和数据表。选中的选项，其布局在对话框的左侧显示，这里选择"数据表"单选项。

⑤ 单击"下一步"按钮，屏幕显示"窗体向导"的第 4 个对话框。该对话框要求确定窗体所采用的样式。在对话框右侧的列表框中列出了若干种窗体的样式，用户可以结合自身的爱好和需要进行选择。这里选择"标准"样式。

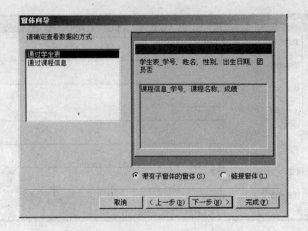

图 4-16　"窗体向导"的第 2 个对话框

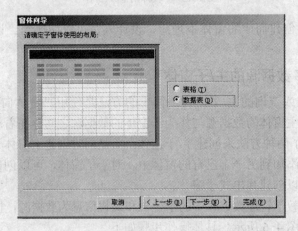

图 4-17　"窗体向导"的第 3 个对话框

⑥ 单击"下一步"按钮，屏幕显示"窗体向导"的最后一个对话框，如图 4-18 所示。在该对话框的"窗体"文本框中输入主窗体标题"学生表"；在"子窗体"文本框中输入子窗体标题"选课成绩"。

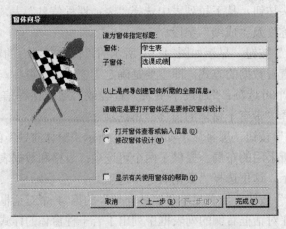

图 4-18　"窗体向导"的最后一个对话框

⑦ 单击"完成"按钮，所创建的主窗体和子窗体同时显示在屏幕上，如图 4-6 所示。创建弹出式子窗体的方法与同时创建主窗体与子窗体的方法基本相同，只是在弹出的如图 4-16 所示的对话框中选择"链接窗体"选项即可。将上述示例创建为弹出式窗体的结果如图 4-19 所示。

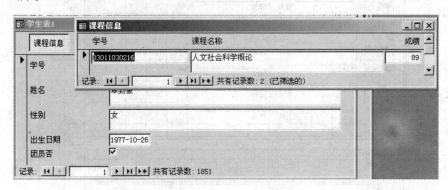

图 4-19　弹出式窗体

【实例 4-4】　使用鼠标拖动法，使"课程信息"窗体成为"学生表"窗体的子窗体。具体操作步骤如下。

① 在"数据库"窗口中，单击"窗体"对象。

② 单击"学生信息窗体"，然后通过"设计"视图打开，并且要确保工具箱中的控件向导工具 处于按下状态，如图 4-20 所示。

图 4-20　"学生信息窗体"的设计视图

③ 在图 4-20 所示的高"设计"视图中，调整布局，同时要确保有足够的空余位置备用。然后按下 F11 键切换到"数据库"窗口，从数据库中将"课程信息"窗体直接通过鼠标拖动到主窗体的适当位置上后松开。Access 将会在主窗体中添加一个子窗体控件，如

图 4-21 所示。

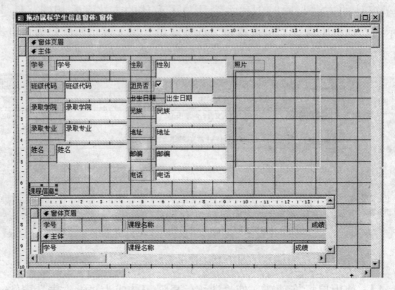

图 4-21　将子窗体"课程信息"拖到主窗体"学生信息窗体"的适当位置上

　④　单击工具栏上的"保存"按钮，屏幕上显示"另存为"对话框，在"窗体名称"文本框内输入窗体的名称，单击"确定"按钮，这样就通过鼠标拖动的方法建立了主/子窗体，切换到"窗体"视图，可以看到如图 4-22 所示的窗体。

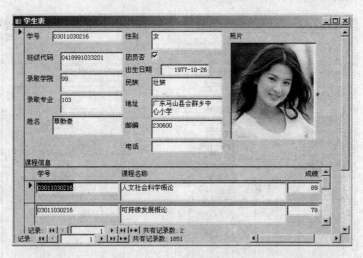

图 4-22　"学生信息窗体"与"课程信息"构成的主/子窗体

　　提示：通过"窗体"视图可以看到结果，如果发现子窗体不能很好显示，可以切换到"设计"视图中进行相关修改，这里主要涉及显示空间的问题。记录比较多时，系统会自动添加滚动条，另外也可以在"设计"视图中拉大"主体"节与"窗体页脚"之间的距离。

4.2.3　使用"数据透视表向导"

　　数据透视表是一种交互式的表，它可以实现用户选定的计算，所进行的计数与数据在数据透视表中的排列有关。例如，数据透视表可以水平或者垂直显示字段值，然后计算每一行或列的合计。数据透视表也可以将字段值作为列或行标题在每个行列交叉处计算出各自的数值，然后计算小计和总计，如计算各学院不同职称的人数。可以将"职称"字段作为列标题放在数据透视表的顶端，而将"所属学院"字段作为行标题放在数据透视表的左列，将统计出来的不同职称的职工总人数放在行与列的交叉处。一般情况下，可以使用"数据透视表向导"创建数据透视表窗体。

【实例 4-5】 创建计算各学院不同职称人数的窗体。具体操作步骤如下。

① 在"数据库"窗口中的"窗体"对象中，单击"新建"按钮，屏幕上将显示"新建窗体"对话框。在该对话框中选择"数据透视表向导"，并在"请选择该对象数据的来源或查询"下拉列表中选择"教师表"。

② 单击"确定"按钮，屏幕上显示如图 4-23 所示的"数据透视表向导"的第 1 个对话框。

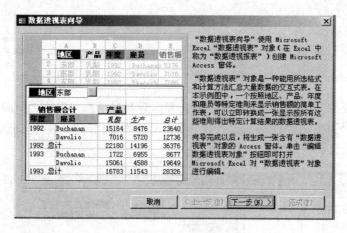

图 4-23 "数据透视表向导"的第 1 个对话框

③ 单击"下一步"按钮，屏幕显示"数据透视表向导"的第 2 个对话框，如图 4-24 所示。在此对话框中显示出了"教师表"中所有可用的字段名称，根据实际设计需要选择"教师代码"、"职称"和"所属学院" 3 个字段。

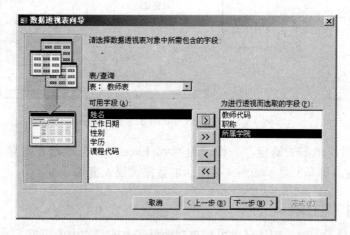

图 4-24 "数据透视表向导"的第 2 个对话框

④ 单击 "下一步" 按钮后，系统将打开 Excel "数据透视表向导" 对话框，如图 4-25 所示。

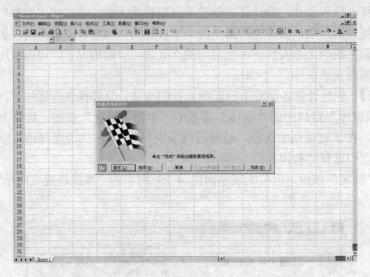

图 4-25　Excel 中的 "数据透视表向导" 对话框

⑤ 单击 "版式" 按钮，显示 "数据透视表向导" 对话框，现将 "所属学院" 字段拖动到 "行" 处，将 "职称" 字段拖动到 "列" 处，将 "教师代码" 字段拖动到 "数据" 处，结果如图 4-26 所示。

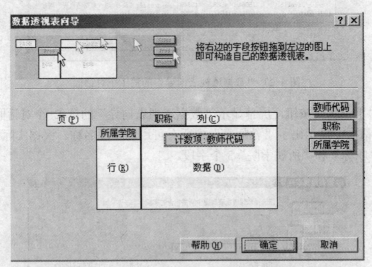

图 4-26　"数据透视表向导" 设置结果

⑥ 布局以后，单击 "确定" 按钮，返回到 Excel "数据透视表向导" 对话框，单击 "完成" 按钮。这时屏幕上显示如图 4-8 所示的数据透视表窗体。

4.2.4　使用 "图表向导"

使用图表向导所创建的窗体可以更加直观地显示表或查询中的数据。

【实例 4-6】 以前面已经建立好的"各学院男女生统计人数"查询为数据源,使用"图表向导"创建"图表窗体"来显示统计的结果。两者虽然所要反映的数据信息在本质上是一样的,但是从最终的显示效果来讲,图表窗体显示的更加直观形象些。具体操作步骤如下。

① 在"数据库"窗口中的"窗体"对象中,单击"新建"按钮,屏幕上将显示"新建窗体"对话框。在此对话框中选择"图表向导",并在"请选择该对象数据的来源表或查询:"下拉列表中选择"各学院男女生统计人数"查询,如图 4-27 所示。

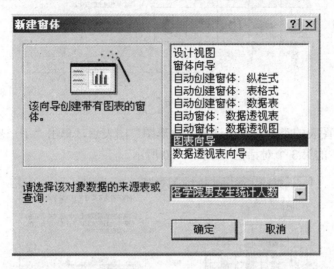

图 4-27 选取基础数据源

② 单击"确定"按钮,屏幕上显示如图 4-28 所示的"图表向导"的第 1 个对话框。

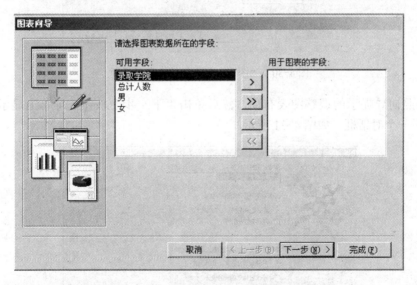

图 4-28 "图表向导"的第 1 个对话框

③ 在所列出来的"可用字段"列表框中选择需要在新建窗体中显示的字段,双击选择"录取学院"、"男"和"女"字段,添加到用于图表的字段中。单击"下一步"按钮,屏幕上显示"图表向导"的第 2 个对话框,如图 4-29 所示。

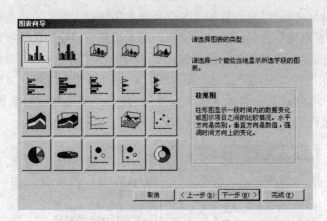

图 4-29　"图表向导"的第 2 个对话框

④ 选中所需图表的类型，这里选择"柱形图"图表后，单击"下一步"按钮，屏幕上显示"图表向导"的第 3 个对话框，如图 4-30 所示。

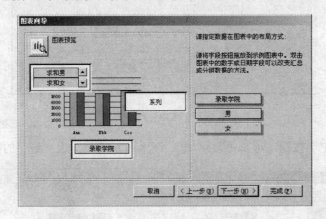

图 4-30　"图表向导"的第 3 个对话框

⑤ 按照向导提示的调整图表布局，然后单击"下一步"按钮，屏幕上显示"图表向导"的最后一个对话框，如图 4-31 所示。

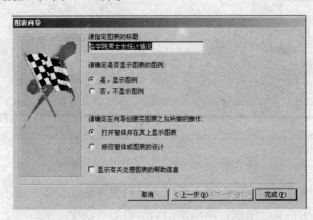

图 4-31　"图表向导"的最后一个对话框

⑥ 在"请指定图表的标题"文本框中输入图表的名称"各学院男女生统计情况"后，单击"完成"按钮，设计后的结果如图 4-7 所示。

4.3 自定义窗体

使用前面所介绍的窗体"向导"可以方便地创建窗体，但这只能满足一般显示的需求。对于用户的一些特殊要求，如在窗体的适当位置中增加一些说明性信息、增加各种功能的按钮、实现检索、浏览表中数据、打开、关闭窗体等功能，这时就需要通过 Access 提供的窗体设计工具箱中的各个控件来完成。本节将介绍控件的概念和相关控件的使用方法。

4.3.1 工具箱的使用

Access 提供了一个可视化的窗体设计工具——窗体设计工具箱。利用窗体设计工具箱用户可以创建自定义窗体。窗体设计工具箱的功能强大，它提供了一些常用控件，能够结合控件和对象构造一个窗体设计的可视化模型。

1．打开和关闭工具箱

当在窗体的"设计"视图下，工具箱在默认状态下会显示出来，如果屏幕上没有显示出此工具箱或前面操作中将此工具箱已经关闭，这时可以单击"窗体设计"工具栏上的工具箱按钮 ，或者单击"视图"菜单下的"工具栏"中的"工具箱"命令，将工具箱显示在屏幕上，如图 4-32 所示。

图 4-32 工具箱

如果要关闭工具箱，只要再次单击工具栏上的工具箱按钮 即可，或者直接单击工具箱上的关闭按钮 即可。工具箱是进行窗体设计的重要工具，工具箱中各个按钮的具体功能如表 4-1 所示。

表 4-1 工具箱中各个按钮的名称及功能介绍

按 钮	名 称	功 能
	选择对象	用于选取控件、节或窗体，单击该按钮可以释放以前锁定的工具栏按钮
	控件向导	用于打开或关闭控件"向导"，使用控件向导可以创建列表框、组合框、选项组、命令按钮、图表、子窗体或子报表，要使用向导来创建这些控件，必须按下"控件向导"按钮
Aa	标签	用于显示说明文本的控件，如窗体上的标题或指示文字，Access 会自动为创建的控件附加标签
ab|	文本框	用于显示、输入或编辑窗体的基础记录源数据，显示计算结果，或接收用户输入的数据
	选项组	与复选框、选项按钮或切换按钮搭配使用，可以显示一组可选值
	切换按钮	作为结合到"是 / 否"字段的独立控件，或用来接收用户在自定义对话框中输入数据的非结合控件，或者选项组的一部分
	选项按钮	可以作为结合到"是/否"字段的独立控件，也可以用于接收用户在自定义对话框中输入数据的非结合控件，或者选项组的一部分
	复选框	可以作为结合到"是/否"字段的独立控件，也可以用于接收用户在自定义对话框中输入数据的非结合控件，或者选项组的一部分
	组合框	该控件组合了列表框和文本框的特性，即可以在文本框中键入文字或在列表框中选择输入项，然后将值添加到基础字段中

续表

按　钮	名　　称	功　　能
	列表框	显示可滚动的数值列表，在"窗体"视图中，可以从列表中选择值输入到新记录中，或者更改现有记录中的值
	命令按钮	用于完成各种操作，如查找记录、添加记录、打印记录或应用窗体筛选等
	图像	用于在窗体是显示静态图片，由于静态图片并非 OLE 对象，所以一旦将图片添加到窗体或报表中，便不能在 Access 内进行图片编辑
	非绑定对象框	用于在窗体中显示非结合 OLE 对象，如 Excel 电子表格，该对象将保持不变
	绑定对象框	用于在窗体或报表上显示 OLE 对象，如一系列的图片。该控件针对的是保存在窗体或报表基础上记录源字段中的对象；当在记录中移动时，不同的对象将显示在窗体或报表上
	分页符	用于在窗体上开始一个新的屏幕，或在打印窗体上开始一个新页
	选项卡控件	用于创建一个多页的选项卡窗体或选项卡对话框，可以在选项卡控件上复制或添加其他控件
	子窗体/子报表	用于创建一个多页的选项卡窗体或选项卡对话框，可以在选项卡控件上复制或添加其他控件
	直线	用于突出相关的或特别重要的信息
	矩形	显示图形效果，如在窗体中将一组相关的控件组织在一起
	其他控件	单击将弹出一个列表，可以从中选择所需要的控件源加到当前窗体内

2．工具箱的移动和锁定

如果工具箱覆盖在设计视图的某些区域上，可以用鼠标指向工具箱的标题栏，单击鼠标左键拖动，将其移动到目标位置后，再松开鼠标即可。

在实际设计过程中，有时要频繁地用到某个按钮，如需要在设计过程中添加多个标签到窗体中，就可以将此按钮锁定。工具按钮被锁定后，就不必在每次执行前单击此按钮。具体锁定工具箱的操作步骤为：直接双击要锁定的按钮；如果要取消锁定，即执行解锁操作，即只要按 Esc 键即可。

4.3.2　窗体中的控件

控件是窗体上用于显示数据、执行操作、装饰窗体的对象。在窗体中添加的每一个对象都是控件。例如，可以在窗体中使用文本框来显示数据，使用命令按钮打开另一个窗体，使用线条或矩形来分隔与组织控件，从而可以大大增强它们的可读性等。

控件的类型可以分为结合型、非结合型与计算型。结合型控件主要是用于显示、输入、更新数据库中的字段；非结合型控件是没有数据来源的，可以用来显示信息、线条、矩形或图像；计算型控件用表达式作为数据源，表达式可以利用窗体或报表中所引用的表可查询字段中的数据，也可以是窗体或报表上的其他控件中的数据。

在窗体的设计视图中，用户可以直接将一个或多个字段拖放到主体节的适当位置上，Access 可以自动地为该字段结合适当的控件或结合用户指定的控件。

结合适当的控件的操作方法是：单击窗体设计工具栏上的字段列表按钮　，Access则显示窗体数据源中的相应的字段列表，然后用户可以从字段列表中有选择地拖放某一个字段或者将多个字段到设计区域的主体节区域中。此时，Access 会自动地为每个字段分配好一个标签控件和一个文本框控件。创建控件的方式主要取决于是创建结合型控件、非结合型控件还是计算型控件。下面将结合具体的实例操作来给大家介绍如何创建各种控件。

1．创建结合型文本框控件

文本框控件主要是用来输入或编辑字段数据，它是一种交互式的控件。文本框可以分为结合型、非结合型与计算型 3 种类型。

结合型文本框是能够从表、查询或 SQL 语言中获取所需要的内容，如图 4-33 所示；非结合型文本框并没有链接到具体的某一个字段，一般用来显示提示性信息或接收用户输入数据等；在计算型文本框中，可以显示出相关表达式的结果。当表达式发生变化时，数值就会被重新计算。

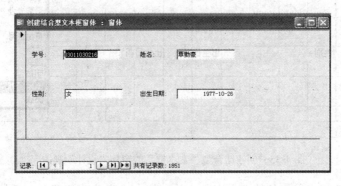

图 4-33　结合型文本框显示结果

【实例 4-7】 在窗体设计视图中创建名为"输入学生基本信息"窗体，具体操作步骤如下。

① 在"教学管理"数据库窗口中，选择"窗体"对象，单击"新建"按钮，屏幕上将显示出"新建窗体"对话框。

② 在"新建"对话框中，选择"设计视图"选项，并在"请选择该对象数据的来源表或查询"列表框中选择"学生表"，作为此窗体的基础数据源。

③ 在窗体的"设计"视图下，自动弹出一个"字段列表"，如果没有显示出来，则只需要单击工具栏上的"字段列表"按钮![图标]即可，弹出"学生表"的字段列表，结果如图 4-34 所示。

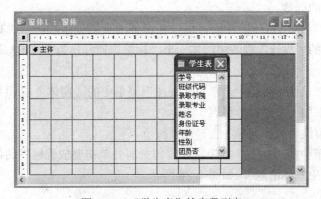

图 4-34　"学生表"的字段列表

④ 将"学号"、"姓名"、"性别"及"出生日期"等字段依次拖放到窗体的适当位置上，即可在此窗体中创建结合型文本框。Access 会根据字段的数据类型和默认的属性设置，为字段创建相应的控件并设置特定的属性，如图 4-35 所示。

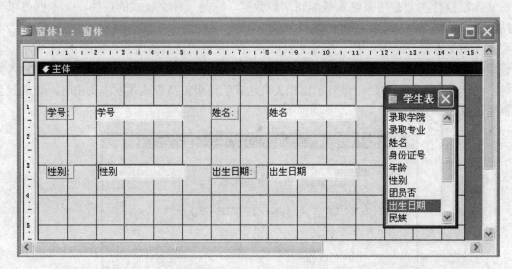

图 4-35　创建结合型"文本框"的窗体"设计"视图

如果要同时选择多个相邻的多个字段，单击其中的第 1 个字段，之后按 Shift 键，然后单击最后一个字段；如果要隔项选择字段，按 Ctrl 键，然后分别单击要包含的每个字段名称；若要一次性将所有的字段全部拖放到设计区域中，只要双击字段列表中的标题栏。选择所需的字段后，只要单击鼠标左键将它们放在适当的位置即可。最后设计的结果如图 4-33 所示。

2．建标签控件

标签控件主要是用来在窗体或报表中显示一些提示性或说明性文本。标签不能显示字段或表达式的数值，它没有数据源。当从一条记录移到另一条记录时，标签的值是不会发生变化的，也可以称为"静态文本"。在实际设计过程中，可以将标签附加到其他的控件上，也可以创建独立的标签，但独立创建的标签在"数据表"视图中并不显示，使用标签工具创建的标签就是单独的标签。

若要在窗体中显示出窗体的标题，可以在窗体的页眉处添加一个"标签"控件，下面将在图 4-35 所示的"设计"视图中添加一个"标签"控件作为窗体的标题。具体的操作步骤如下。

① 在窗体的"设计"视图中，单击"视图"菜单中的"窗体页眉/页脚"命令，这时在"设计"视图中将添加一个"窗体页眉"节。

② 确保工具箱的"控件向导"工具已经按下。

③ 单击工具箱中的"标签"按钮，在窗体页眉处单击要放置标签的位置，然后输入标签内容为"输入学生基体信息"，如图 4-36 所示。

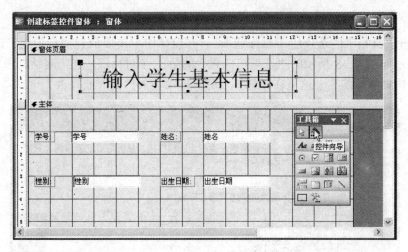

图 4-36 创建"标签"的窗体"设计"视图

3. 建选项组控件

选项组控件是由一个组框和一组复选框、选项按钮或切换按钮组成,具体请参照图 4-37。当选中复选框或选项按钮时,设置为"是",如果不选则表示为"否"。对于切换按钮来说,如果按下切换按钮,其值为"是",反之为"否"。选项组可以用户便于选择某一组确定的值。因为,只要单击选项组中所需的值,就可以为字段选定数据值,这样就可以省去频繁手工输入,但在选项组中每次只能选择一个选项。

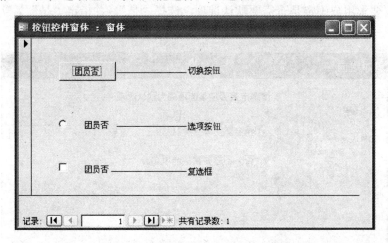

图 4-37 "按钮控件窗体:窗体"窗口

如果选项组结合到某个字段,则只有组框架本身结合到此字段,而不是组框架内的复选框、选项按钮或切换按钮。选项组可以设置为表达式或非结合选项组,也可以在自定义对话框中使用非结合选项组来接受用户的输入,然后根据输入的内容来执行相应的操作。

"选项组"控件可以用来给用户提供必要的选择选项,用户只需要进行简单的选取即可完成参数的设计。用户可以利用向导来创建"选项组",也可以在窗体的"设计"视图中直接创建,下面将介绍如何使用向导来创建"选项组"控件。在图 4-36 所示的"设计"视图中,继续创建"团员否"选项组,具体的操作步骤如下。

① 确保工具箱中的"控件向导"工具已按下。

② 单击工具箱中的选项组工具按钮 。在窗体中单击要放置"选项组"的位置。此时屏幕上显示如图 4-38 所示的"选项组向导"的第 1 个对话框，在该对话框中要求输入选项组中每个选项的标签名。这里在"标签名称"框中输入"是"或"否"。

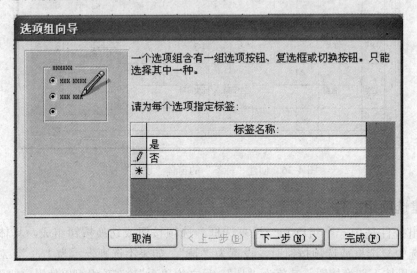

图 4-38　"选项组向导"的第 1 个对话框

③ 单击"下一步"按钮，屏幕显示"选项组向导"的第 2 个对话框，如图 4-39 所示。该对话框要求用户确定是否需要默认选项，选择"是"，并指定"是"为默认项。

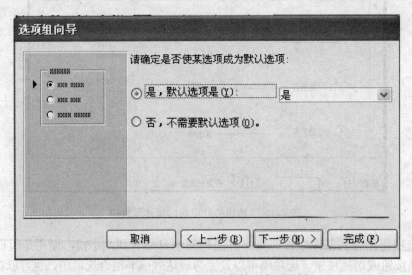

图 4-39　"选项组向导"的第 2 个对话框

④ 单击"下一步"按钮，显示如图 4-40 所示的"选项组向导"的第 3 个对话框。这里为"是"的选项赋值 0，为"否"的选项赋值 1。

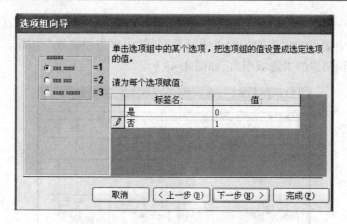

图 4-40　"选项组向导"的第 3 个对话框

⑤ 单击"下一步"按钮，显示如图 4-41 所示的"选项组向导"的第 4 个对话框，选中"在此字段中保存该值"，并在右边的组合框中选择"团员否"字段。

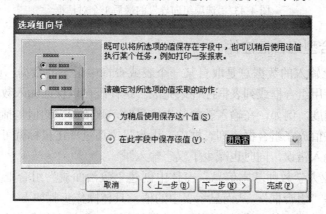

图 4-41　"选项组向导"的第 4 个对话框

⑥ 单击"下一步"按钮，显示如图 4-42 所示的"选项组向导"的第 5 个对话框，选项组可选用的控件为："选项按钮"、"复选框"和"切换按钮"。这里选择"选项按钮"及"蚀刻"按钮样式。

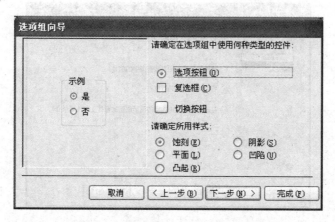

图 4-42　"选项组向导"的第 5 个对话框

⑦ 单击"下一步"按钮，显示"选项组向导"的最后一个对话框，在"请为选项组指定标题"文本框中输入选项组的标题"团员否"，然后单击"完成"按钮。此时在"设计"视图中就可以看到创建的"选项组"，如图 4-43 所示。

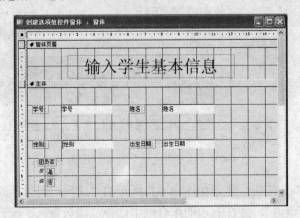

图 4-43 "选项组向导"的最后 1 个对话框

4. 创建结合型组合框控件

如果在窗体上输入的数据总是取自某一个表或查询中记录的数据，或者取自某固定内容的数据，可以使用组合框或列表框控件来完成。这样既可以保证输入数据的正确，也可以提高数据的输入速度。例如，在输入教师基本信息时，政治面貌的值包括群众、团员、党员和其他，若将这些值放在组合框或列表框中，用户只需通过单击鼠标就可完成数据输入，这样不仅可以避免输入错误，同时也减少了汉字输入量。

以在广东工业大学教师基本信息"窗体中创建"政治面貌"组合框为例，说明使用向导如何创建结合型"组合框"，从而显示表中的值，具体操作步骤如下。

① 在如图 4-43 所示的"设计"视图中，继续创建"政治面貌"组合框。

② 确保工具箱中的"控件向导"工具处下按下状态。

③ 单击工具箱中的组合框工具按钮 ▦，在窗体的适当位置处单击。屏幕上显示"组合框向导"的第 1 个对话框，如图 4-44 所示。

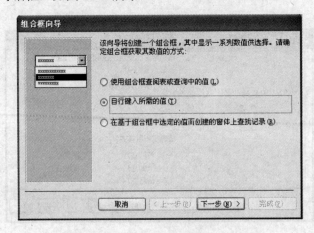

图 4-44 "组合框向导"的第 1 个对话框

④ 单击"下一步"按钮，屏幕上弹出"组合框向导"的第 2 个对话框，如图 4-45 所示，在"第 1 列"列表框中依次输入"党员"、"团员"、"群众"和"其他"等值，每输入完一行可以直接按 Tab 键，也可以直接按"向下"方向键。

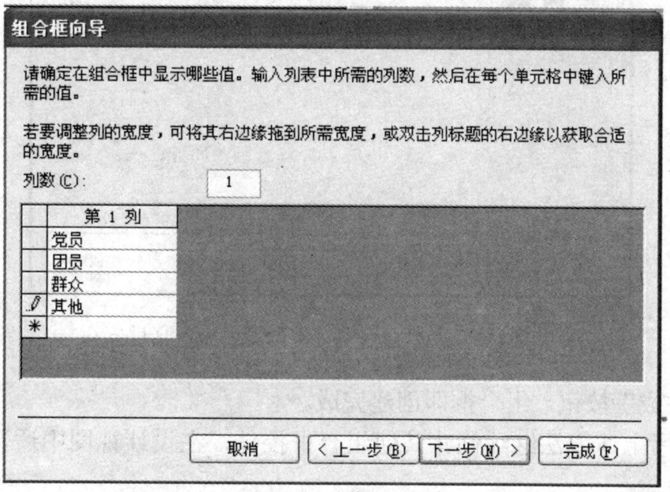

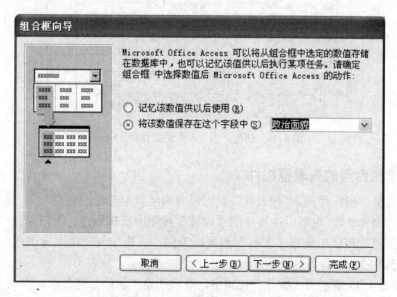

图 4-45 "组合框向导"的第 2 个对话框

⑤ 单击"下一步"按钮，屏幕上将显示如图 4-46"组合框向导"的第 3 个对话框，选择"将该数保存在这个字段中"单选按钮，并单击右侧向下箭头按钮，从中选择"政治面貌"字段。

图 4-46 "组合框向导"的第 3 个对话框

⑥ 单击"下一步"按钮，在屏幕上显示的对话框的"请为组合框指定标签："文本框中输入"政治面貌"，作为该组合框的标签，如图 4-47 所示。

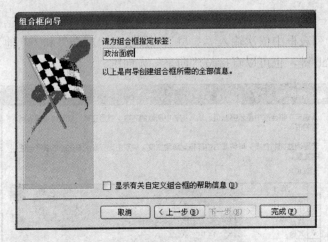

图 4-47　"组合框向导"的第 4 个对话框

⑦ 单击"完成"按钮，组合框即创建完成。

用户可以参考上述方法继续创建其他组合框控件，在设计视图中适当调整即可得到如图 4-48 所示的窗体。

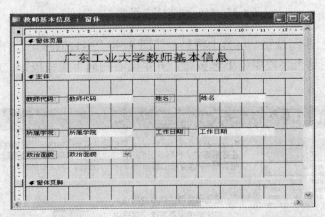

图 4-48　创建"组合框"的窗体设计视图

5. 创建结合型的列表框控件

与"组合框"控件相似，"列表框"也可以分为结合型与非结合型两种。用户可以利用向导来创建"列表框"，也可以在窗体的"设计"视图中直接创建。下面以在"广东工业大学教师基本信息"窗体中创建"职称"列表框为例，说明如何使用向导创建结合型"列表框"以显示表中的值，具体的操作步骤如下。

① 在如图 4-48 所示的"设计"视图中，继续创建"职称"列表框。

② 单击工具箱中的列表框工具按钮 。在窗体上，单击将要放置"列表框"的位置。屏幕显示"列表框向导"的第 1 个对话框，如图 4-49 所示。若选择"使用列表框查阅表或查询中的值"选项，弹出图 4-50 所示界面，此时不必手工输入，而是直接提取已存在表中的数据，便于创建。但由于任一个数据库数据量都比较多，这样很可能存在大量的重复属性值，造成的可读性相对较差，针对此种情况，选择"自行键入所需的值"会更好一些。

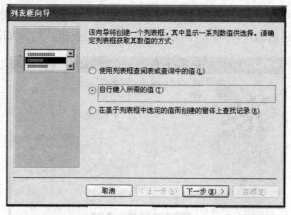

图 4-49 "列表框向导"的第 1 个对话框

③ 单击"下一步"按钮，屏幕上显示出"列表框向导"的第 2 个对话框，如图 4-50 所示，在第 1 列中依次输入"教授"、"副教授"、"讲师"、"助教"和"教务员"等字段。

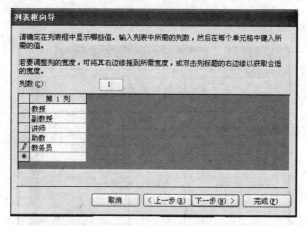

图 4-50 "列表框向导"的第 2 个对话框

④ 单击"下一步"按钮，显示"列表框向导"的第 3 个对话框，选择"记忆该数值供以后使用"或者"将该数值保存在这个字段中"选项，这里选择前者，如图 4-51 所示。

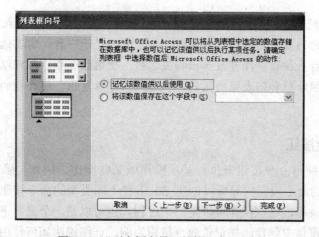

图 4-51 "列表框向导"的第 3 个对话框

⑤ 单击"下一步"按钮，在显示的"列表框向导"的最后一个对话框，在显示的对话框中输入列表框的标题名为"职称"，然后单击"完成"按钮，结果如图 4-52 所示。

图 4-52   "列表框向导"的最后一个对话框

创建成功后的列表框在设计视图中的显示效果如图 4-53 所示。

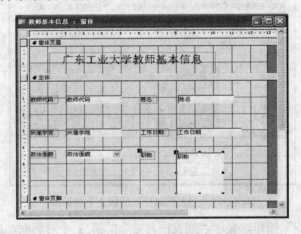

图 4-53   "设计"视图中列表框控件的显示效果

提示： 窗体中的列表框可以包含一列或几列数据，用户只能从列表中选择值，而不能输入新值。组合框的列表是由多行数据组成，但平时只显示一行，需要选择其他数据时，可以单击右侧的向下箭头按钮，即可显示出相关选项。使用组合框，既可以进行选择，也可以输入文本，这也是组合框和列表框的区别，从这点上可以看出，组合框的应用比列表框的应用广泛。

6. 创建命令按钮

在窗体中可以使用命令按钮来执行某项操作或某些操作。例如，确定、取消、关闭。使用 Access 提供的命令按钮向导可以创建 30 多种不同类型的命令按钮。例如添加记录、保存记录、删除记录等，这些操作可以是一个过程，也可以是一个宏。下面将以在广东工业大学教师基本信息窗体中创建添加记录命令按钮为例，详细说明如何使用命令按钮向导创建命令按钮的方法，具体的操作步骤如下。

① 在图 4-54 所示的"设计"视图，继续创建"添加记录"命令按钮。

② 单击工具箱中的"命令按钮" ▭ 。在窗体上，单击要放置"命令按钮"的位置，屏幕上将显示出"命令按钮向导"的第 1 个对话框，如图 4-54 所示。

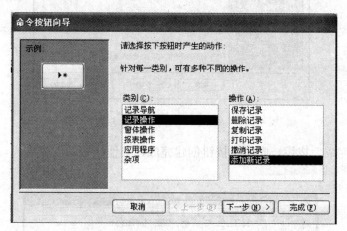

图 4-54　"命令按钮向导"的第 1 个对话框

③ 在图 4-54 所示的对话框的"类别"列表框中，列出了可供选择的操作类别，每个类别在"操作"列表框中都相应地包含了多种不同的操作。首先在"类别"框内选择"记录操作"，然后在对应的"操作"框中选择"添加新记录"。

④ 单击"下一步"按钮，屏幕上将显示如图 4-55 所示的"命令按钮向导"的第 2 个对话框。可以选择让按钮显示文本，也可以使用图片。若要使用图片，可以单击"浏览"按钮选择恰当的图片。这里选择"文本"选项，在文本框内输入"添加记录"。

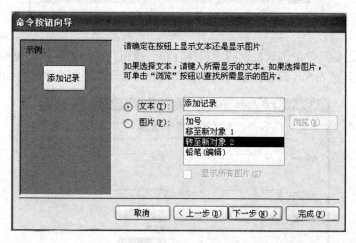

图 4-55　"命令按钮向导"的第 2 个对话框

⑤ 单击"下一步"按钮，屏幕上显示如图 4-56 所示的"命令按钮向导"的第 3 个对话框。在此对话框中，可以为创建的命令按钮起一个名字，以便引用，一般情况下使用系统默认。

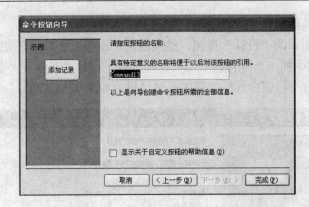

图 4-56 "命令按钮向导"的第 3 个对话框

⑥ 单击"完成"按钮。此命令按钮创建完成，其他按钮的创建方式与此相同，结果如图 4-57 所示。

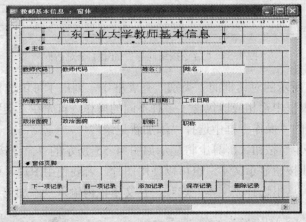

图 4-57 "命令按钮向导"的第 4 个对话框

⑦ 设计好之后，单击工具栏上的"窗体视图"按钮切换到"窗体"视图中预览所创建的窗体，如果对设计或布局不满意，则可以重新切换到"设计"视图中修改，如图 4-58 所示。

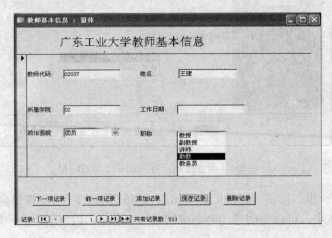

图 4-58 设计后的窗体

7．创建选项卡控件

若要在一个窗体中显示较多内容且无法在一页中全部显示出来时，可以使用选项卡来进行分页，用户只需要单击选项卡上相应的标签，就可以进行页面切换。

【实例 4-8】　创建一个学生统计信息窗体，本窗体中包括学生信息统计和学生成绩统计。使用选项卡分别显示这两部分的相关信息，具体的操作步骤如下。

① 在"教学管理"数据库窗口的"窗体"对象中，双击"在设计视图中创建窗体"选项，屏幕上显示窗体"设计"视图。

② 确保工具箱中的"控件向导"工具已按下。

③ 单击工具箱中的"选项卡控件"按钮 🔲，在窗体的适当位置中单击将要放置"选项卡"的位置，并调整其大小，如图 4-59 所示。

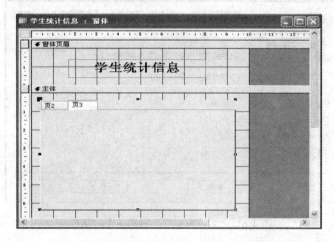

图 4-59　放置选项卡

④ 右键单击"设计"视图中的选项卡的各页，在弹出的选项中选择"属性"，在此对话框中的"格式"选项卡的"标题"属性行中输入"学生成绩统计"，具体设计结果如图 4-60 所示。

图 4-60　选项卡中"页"格式属性设置

　　如果还需要添加新的一页，可以直接右键单击选项卡，选择"插入页"选项；另外，如果需要将其他的控件添加到"选项卡"控件上，可先选择相应的页，然后按上面介绍的方法直接在"选项卡"控件上创建即可。

　　现在需要在选项卡上添加一个"列表框"控件，用来显示学生统计和信息内容，具体的操作步骤如下。

　　① 在如图 4-60 所示的"设计"视图中，继续创建"列表框"控件。

　　② 单击工具箱上的"列表框"控件按钮，在窗体中单击要放置"列表框"的位置，屏幕上显示出"列表框向导"的第 1 个对话框，如图 4-61 所示，选择"使用列表框查阅表或查询中的值"。

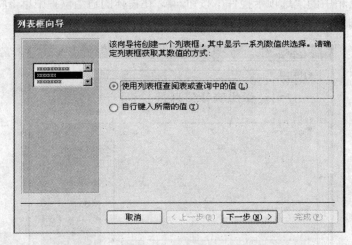

图 4-61　"列表框向导"的第 1 个对话框

　　③ 单击"下一步"按钮，屏幕上显示如图 4-62 所示的"列表框向导"的第 2 个对话框。由于列表框中要显示的数据来源于"学生表"，因此选择"视图"选项组中的"表"，然后选择"表：学生表"。

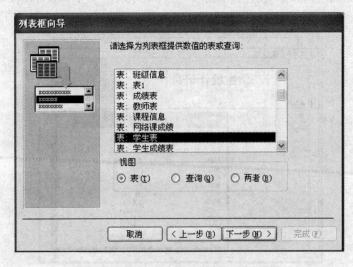

图 4-62　"列表框向导"的第 2 个对话框

④ 单击"下一步"按钮，屏幕上显示"列表框向导"的第 3 个对话框，在此选择需要显示的字段列表，单击"下一步"按钮，弹出如图 4-63 所示的"列表框向导"的第 4 个对话框，其中列出了相关字段的列表，此时，可以拖动各列右边框改变列表框的宽度。

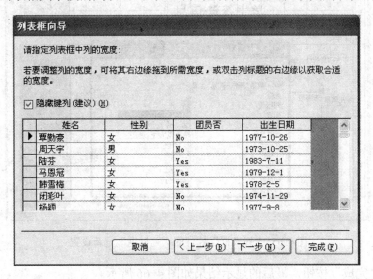

图 4-63 "列表框向导"的第 4 个对话框

提示：在使用向导创建"列表框"控件的过程中，在"窗体"视图中列标题名称不显示出来，如图 4-64 所示。这样可读性相对差一些，在这种情况下，可以返回到"设计"视图下，单击"列表框"控件的"属性"选项，参照图 4-65 具体设置。

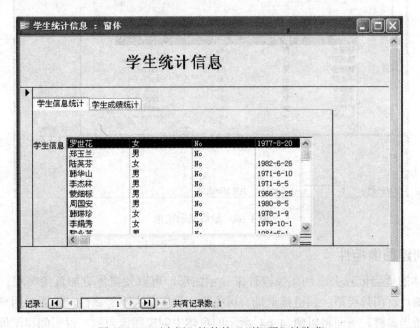

图 4-64 "列表框"控件的"列标题"被隐藏

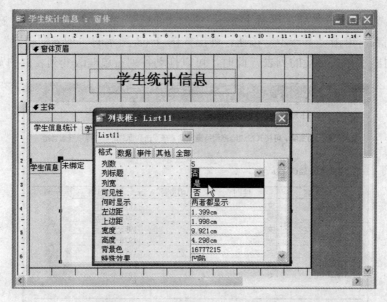

图 4-65　"列表框"控件的"列标题"重新设置

⑤ 单击"完成"按钮，最后的显示结果如图 4-66 所示。

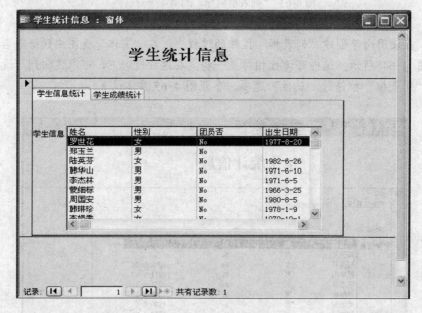

图 4-66　最终显示结果

8．创建图像控件

在窗体的适当位置上添加图像控件来显示图形，可以使窗体更加直接美观。其中图像控件包括图片、图片类型、超链接地址、可见性、位置及大小等属性，设置时用户可以根据需要进行适当调整。下面将以图 4-64 所示的窗体中创建图像为例，说明创建图像控件的方法，具体操作步骤如下。

① 在如图 4-64 所示的"设计"视图中，继续创建"图像"控件。

② 单击工具箱中的图像控件按钮![图标]，在窗体上单击要放置图片的位置，屏幕上显示如图 4-67 所示的"插入图片"对话框。

图 4-67 "插入图片"对话框

③ 在对话框中找到并选中要使用的图片，单击"确定"按钮，设置结果如图 4-68 所示。

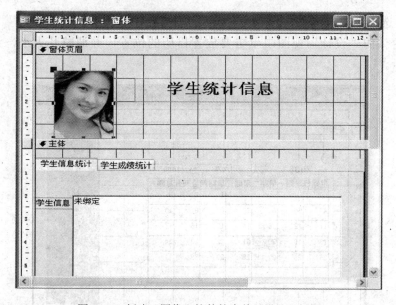

图 4-68 创建"图像"控件的窗体"设计"视图

9. 添加 ActiveX 控件

Access 提供了功能强大的 ActiveX 控件。利用 ActiveX 控件，可以直接在窗体中添加并显示一些具有某一功能的组件，如利用日历控件显示日期等。添加 ActiveX 控件的操作十分简单，具体操作步骤如下。

① 在窗体的"设计"视图中，单击工具箱中的其他控件按钮![图标]，屏幕上显示如图 4-69 所示的列表。

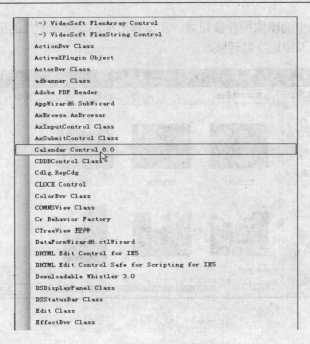

图 4-69   ActiveX 控件列表

② 从中选择 "Calendar Control 8.0" 或者 "日历控件"。

③ 在窗体的 "设计" 视图中单击要放置日历的位置，并调整其大小，设计结果如图 4-70 所示。

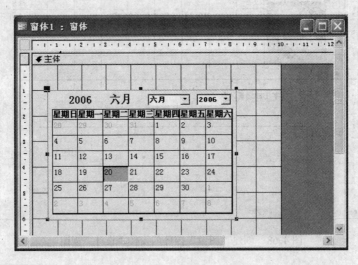

图 4-70   在设计视图下的 "日历控件"

4.3.3   窗体和控件的属性设置

在 Access 中属性用于决定表、查询、字段、窗体及报表的特性。对于窗体中的每一个控件，它们本身也具有各自的属性，同时对于窗体来说也有相应的属性。属性决定了控件及窗体的外观和结构，包括文本或数据的特性。在选定窗体、节或控件后，单击工具栏上的属性按钮，可以打开属性表，如图 4-71 所示。

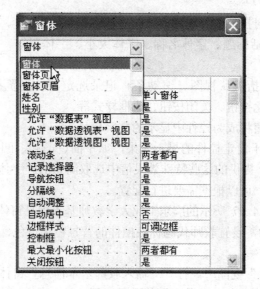

图 4-71 属性表

在图 4-71 中，可以看到在下拉列表中可以选择窗体的各组部分（即"节"），还有各个字段及窗体中所包含的各个控件。针对不同的选择，相应的各属性值也会发生变化。另外，在具体设计过程中，若要对某一个控件修改属性，也可以直接双击相应的"控件"或者右键单击"控件"，在弹出的选项中选取"属性"项。

在弹出的属性表中，单击要设置的属性，在属性框中输入一个设置值或表达式就可以设置该属性。如果属性框显示有箭头，也可以单击此箭头，从下拉列表中选择一个数值。如果属性框旁边显示"生成器"，单击该按钮可以显示一个生成器或显示一个用以选择生成器的对话框，如图 4-72 所示，通过该生成器可以设置其属性。在表达式生成器中共有 4 个区域，最上面的是表达式区域，用以存放当前表达式的编辑结果。

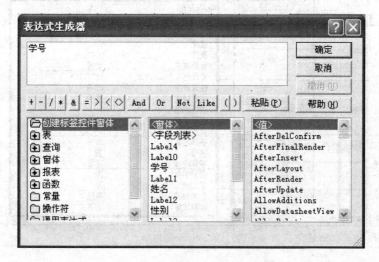

图 4-72 "表达式生成器"对话框

1．常用的格式属性

格式属性主要是针对控件的外观或窗体的显示格式而设置的。

控件的格式属性包括标题、字体名称、字体大小、字体粗细、前景颜色、背景颜色、特殊效果等。

窗体的格式属性包括默认视图、滚动条、记录选定器、浏览按钮、分隔线、自动居中、控制框、最大最小化按钮、关闭按钮、边框样式等。

控件中的标题属性值将成为控件中显示的文字信息。

特殊效果属性值用于设定控件的显示效果，如平面、凸起、凹陷、蚀刻、阴影、凿痕等，用户可以从 Access 提供的这些特殊效果值中选取满意的。字体名称、字体大小、字体粗细、倾斜字体等属性，可以根据需要进行配置。

【实例 4-9】　将图 4-57 所示的广东工业大学教师基本信息窗体中标题的字体名称设为隶书，字体大小设为 12，设置教师代码标签控件的背景色为蓝色，前景色为红色。具体的操作步骤如下。

① 在窗体的"设计"视图中，打开"输入教师基本信息"窗体。直接双击"广东工业大学教师基本信息"标签，弹出"属性"对话框。

② 单击"属性"对话框中的"格式"选项卡，并在"字体名称"框中选择"隶书"；在"字体大小"下拉列表中选择 12。

提示：在设置字体时，有些字体前面多了个@符号，带有这样符号的字体，在显示过程中都会变为倒立形式；不加@的字体，则正常显示。设置结果如图 4-73 所示。

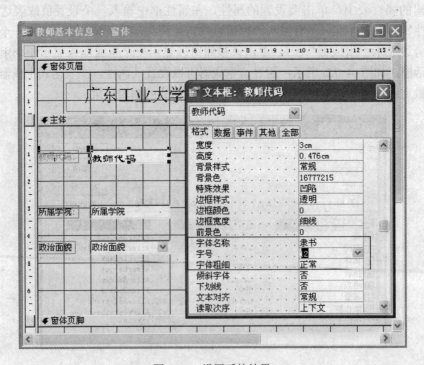

图 4-73　设置后的结果

③ 选择要设置前景色和背景色的"教师代码"标签控件。

④ 双击"教师代码"控件，在弹出的"属性"对话框中，单击"前景色"右侧的"生成器"按钮，选择红色，使用同样的方法在"背景色"选择"蓝色"，设置结果如图 4-74 所示。

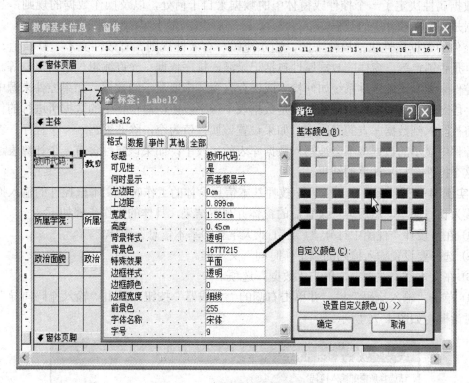

图 4-74 前景色和背景色的设置

从图 4-74 中可以看到背景颜色和前景颜色的属性值是一串数字，代表了所设置的颜色。

窗体中的标题属性值将成为窗体标题栏上显示的字符串。

"默认视图"属性决定了窗体的显示形式，需在连续窗体、单一窗体和数据表三个选项中选取。

"滚动条"属性值决定了窗体显示时是否具有窗体滚动条，该属性值有"两者均无"、"水平"、"垂直"和"水平和垂直"四个选项，可以选择其一。

"记录选定器"属性值需在"是"和"否"两个选项中选取，它决定窗体显示时是否有记录选定器，即数据表最左端是否有标志块。

"浏览按钮"属性值需在是和否两个选项中选取，它决定窗体运行时是否有浏览按钮，即数据表最下端是否有浏览按钮组。一般如果不需要浏览数据或在窗体本身用户自己设置了数据浏览时，该属性值应设为"否"，这样可以增加窗体的可读性。

"分隔线"属性值需在是和否两个选项中选取，它决定窗体显示时是否显示窗体各节间的分隔线。

"自动居中"属性值需在是和否两个选项中选取，它决定窗体显示时是否自动居于桌面中间。

"最大最小化按钮"属性决定是否使用 Windows 标准的最大化和最小化按钮。

2. 常用的数据属性

数据属性决定了一个控件或窗体中的数据来自于何处,以及操作数据的规则,当然这些数据是绑定在控件上的数据。

控件的数据属性包括控件来源、输入掩码、有效性规则、有效性文本、默认值、是否有效、是否锁定等;窗体的数据属性包括记录源、排序依据、允许编辑、数据入口等。控件的"控件来源"属性告诉系统如何检索或保存在窗体中要显示的数据,如果控件来源中包含一个字段名,那么在控件中显示的就是数据表中该字段值,对窗体中的数据所进行的任何修改都将被写入到数据库表的字段中;如果设置该属性值为空,除非编写了一个程序,否则在窗体控件中显示的数据将不会被写入数据库表的字段中;如果该属性含有一个计算表达式,那么这个控件会显示计算的结果。

【实例 4-10】 将广东工业大学教师基本信息窗体的工作时间文本框控件的输入掩码属性设置为长日期型,然后运行设置后的窗体并观察结果,具体的操作步骤如下。

① 在"设计"视图中打开"广东工业大学教师基本信息"窗体。

② 选择要设置输入掩码的"工作时间"文本框。

③ 在文本框属性表中,单击"数据"选项卡。

④ 单击"输入掩码"栏,并单击右侧的"生成器"按钮,弹出"输入掩码向导"的第一个对话框,如图 4-75 所示。

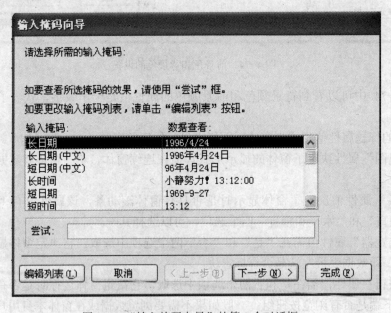

图 4-75 "输入掩码向导"的第 1 个对话框。

⑤ 在该对话框的"输入掩码"列表中选择"长日期"选项,然后单击"下一步"按钮,这时屏幕上显示"输入掩码向导"的第 2 个对话框,如图 4-76 所示。

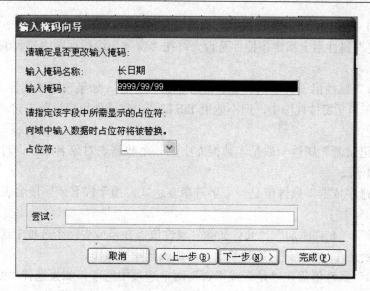

图 4-76 "输入掩码向导"的第 2 个对话框。

⑥ 在该对话框中，确定输入的掩码方式和分隔符。

⑦ 单击"下一步"按钮，在屏幕显示的"输入掩码向导"的最后一个对话框中单击"完成"按钮，设置结果如图 4-77 所示。

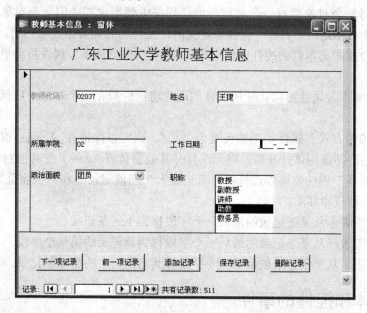

图 4-77 "输入掩码"的显示结果

"默认值"属性用于设定一个计算型控件或非结合型控件的初始值，可以使用表达式生成器向导来定默认值。

"有效性规则"属性用于设定在控件中输入数据的合法性检查表达式，可以使用表达式生成器向导建立合法性检查表达式。在窗体运行期间，当在该控件中输入的数据违背了有效性规则时，为了给出明确提示，可以显示"有效性文本"中填写的文字信息，所以"有效性文本"主要用于指定违背了有效性规则，给用户显示提示信息。

"是否锁定"属性用于指定该控件是否允许在"窗体"运行视图中接收编辑控件中显示数据的操作。

"是否有效"属性用于决定鼠标是否能够单击该控件。如果设置该属性为"否"，这个控件虽然一直在显示窗体视图中，但不能用 Tab 键选中它或使用鼠标单击它，同时在窗体中控件显示为灰色。

窗体的"记录源"属性一般是本数据库中的一个数据表对象名或查询对象名，它指明了该窗体的数据源。

窗体的"排序依据"属性值是一个字符串表达式，由字段名或字段名表达式组成，指定排序的规则。

"允许编辑"、"允许添加"、"允许删除"属性值需在是或否两个选项中选取，它决定了窗体运行时是否允许对数据进行编辑修改、添加或删除等操作。

"数据入口"属性值需在"是"或"否"两个选项中选取，如果选择"是"，则在窗体打开时，只显示一个空记录，否则显示已有记录。

3．常用的其他属性

其他属性表示了控件的附加特征。控件的其他属性包括名称、状态栏文字、自动 Tab 键、控件提示文本等。窗体的其他属性包括独占方式、弹出方式、循环等。

窗体中的每一个对象都有一个名称，当在程序中要指定或使用一个对象时，可以使用这个名称，这个名称是由"名称"属性来定义的，控件的名称必须是唯一的。

如果在组合框和文本框的控件中使用自动校正，"自动校正"属性将会更正控件中的拼写错误。

"控件提示文本"属性可以让使用窗体的用户将鼠标放在一个对象上后就会显示提示文本。

窗体的"独占方式"属性如果被设置为"是"，则可以保证在 Access 窗口中仅有该窗体处于打开状态，即该窗体打开后，将无法打开其他窗体或 Access 的其他对象。

窗体的"循环"属性值可以选择"所有记录"、"当前记录"和"当前页"，表示当移动控制点时按照何种规律移动。

"所有记录"表示从某条记录的最后一个字段移到下一条记录。

"当前记录"表示从某条记录的最后一个字段移到该记录的第一个字段。

"当前页"表示从某条记录的最后一个字段移到当前页中的第一条记录。

4.3.4　窗体和控件的事件

在 Access 中，不同的对象可触发的事件不同。但总体来说， Access 中的事件主要有键盘事件、鼠标事件、对象事件、窗口事件和操作事件等。下面将介绍窗体及控件的一些事件。

1．键盘事件

键盘事件是操作键盘所引发的事件。键盘事件主要有"键按下"、"键释放"和"击键"等。

"键按下"是在控件或窗体具有焦点时,在键盘上按任何键所发生的事件。

"键释放"是在控件或窗体具有焦点时,释放一个按下的键所发生的事件。

"击键"是在控件或窗体具有焦点时,当按下并释放一个键或键组合时发生的事件。

2. 鼠标事件

鼠标事件即操作鼠标所引发的事件。鼠标事件应用较广,特别是"单击"事件。

"单击"事件表示当鼠标在该控件上单击时发生的事件。

"双击"事件表示当鼠标在该控件上双击左键时发生的事件;对于窗体来说,此事件在双击空白域或窗体上的记录选定器时发生。

"鼠标按下"事件表示当鼠标在该控件上按下左键时发生的事件。

"鼠标移动"事件表示当鼠标在窗体、窗体选择内容或控件上来回移动时发生的事件。

"鼠标释放"事件表示当鼠标指针位于窗体或控件上时,释放一个按下的鼠标键时发生的事件。

3. 对象事件

常用的对象事件有"获得焦点"、"失去焦点"、"更新前"、"更新后"和"更改"等。

"获得焦点"事件是当窗体或控件接收焦点时发生的事件。

"失去焦点"事件是当窗体或控件失去焦点时发生的事件。当"获得焦点"事件或"失去焦点"事件发生后,窗体只能在窗体上的所有可见控件都失效、或窗体上没有控件时,才能重新获得焦点。

"更新前"事件是在控件或记录用户更改的数据更新之前发生的事件;此事件还可能在控件或记录失去焦点,或单击"记录"菜单中的"保存记录"命令时发生;此事件也可能在新记录或已存在记录上发生。

"更新后"事件是在控件或记录用更改过的数据更新之后发生的事件;此事件在控件或记录失去焦点时,或单击"记录"菜单中的"保存记录"命令时发生;此事件也可能在新记录或已有的记录上发生。

"更改"事件是在当文本框或组合框的部分内容更改时发生的事件。

4. 窗口事件

窗口事件是指操作窗口时所引发的事件。常用的窗口事件有"打开"、"关闭"和"加载"等。

"打开"事件是在窗体打开,但第一条记录显示之前发生的事件。

"关闭"事件是在关闭窗体,并从屏幕上移除窗体时发生的事件。

"加载"事件是在打开窗体,并且显示了它的记录时发生的事件,此事件发生在"打开"事件之后。

5. 操作事件

操作事件是指与操作数据有关的事件。常用的操作事件有"删除"、"插入前"、"插入后"、"成为当前"、"不在列表中"、"确认删除前"和"确认删除后"等。具体功能见表 4-2。

表 4-2　事件的种类与含义

操 作 事 件	含　　　义
"删除"事件	当删除一条记录时，但在确认删除和实际执行删除之前发生的事件
"插入前"事件	在新记录中输入第一个字符，但还未将记录添加到数据库之前发生的事件
"插入后"事件	在一条新记录添加到数据库中之后发生的事件
"成为当前"事件	当焦点移动到一条记录，使它成为当前记录，或当重新查询窗体的数据源时发生的事件
"不在列表中"事件	当输入一个不在组合框列表中的值时发生的事件
"确认删除前"事件	在删除一条或多条记录后，但在 Access 显示一个对话框提示确认或取消删除之前发生的事件，此事件在"删除"事件之后发生
"确认删除后"事件	在确认删除记录并且记录实际上已经删除或在取消删除之后发生的事件

4.4　美化窗体

上面创建的窗体都很实用，但要使窗体更加美观、漂亮，还要经过进一步的编辑处理。本节将简单介绍几种美化窗体的方法。

4.4.1　使用自动套用格式

在使用向导创建窗体时，用户可以从系统提供的固定样式中选择所需的窗体格式，这些样式就是窗体的自动套用格式。如果对向导创建的窗体不满意时，可以选取自动套用格式进行更改，具体的操作步骤如下。

① 在"数据库"窗口，单击"窗体"对象。

② 单击要选择的窗体，然后单击"设计"按钮。

③ 单击"格式"菜单中的"自动套用格式"命令，或者直接单击工具栏上的自动套用格式按钮，屏幕上将显示如图 4-78 所示对话框。

④ 在"窗体自动套用格式"列表框内单击所需要的样式，同时可以在预览框内查看样式效果。

⑤ 单击"选项"按钮，将在对话框的下端增加 3 个选项："字体"、"颜色"和"边框"，可以全选或者只选择其中的某几项。

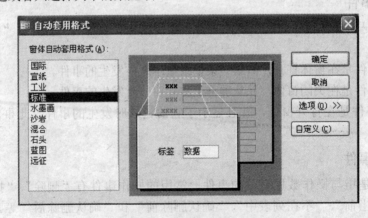

图 4-78　"自动套用格式"对话框

⑥ 单击"自定义"按钮，屏幕显示"自定义自动套用格式"对话框，如图 4-79 所示。

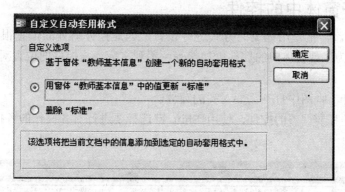

图 4-79 "自定义自动套用格式"对话框

⑦ 在该对话框的"自定义选项"组中选择一个选项。如果不选择则单击"取消"按钮。

⑧ 单击"确定"按钮，可以将当前窗体中的样式添加到自动套用格式。

4.4.2　添加当前日期与时间

添加当前日期与时间的具体操作步骤如下。

① 在"数据库"窗口中单击"窗体"对象。

② 单击要选择的窗体，单击"设计"按钮。

③ 单击"插入"菜单中的"日期和时间"命令，显示"日期和时间"对话框，如图 4-80 所示。

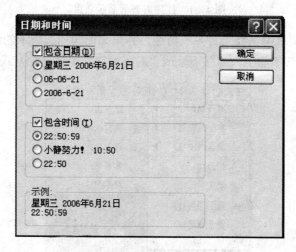

图 4-80 "日期和时间"对话框

④ 若要插入日期和时间，则在对话框中同时选择"包含日期"和"包含时间"复选框；若只是插入其一，则选择其中一项，单击"确定"按钮。

如果当前窗体中含有页眉，则将当前日期和时间插入到窗体页眉中，否则插入到主体节中。若要删除日期和时间，可以先选中它们，然后再按 Del 键。

4.4.3　对齐窗体中的控件

创建控件时，常常使用拖曳的方式进行设置，因此控件所处的位置很容易与其他控件的位置不协调，为了使窗体中的控件更加整齐、美观，应当将控件的位置对齐。具体的操作步骤如下。

① 在"设计"视图中打开需要对齐的窗体。

② 用鼠标选择要调整的控件，使用 Shift 键选择要进行对齐操作的各控件，如图 4-81 所示。

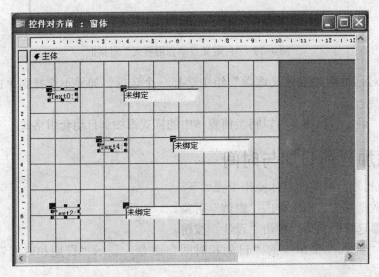

图 4-81　控件对齐前显示效果

③ 在"格式"菜单中选择"对齐"命令，弹出如图 4-82 所示的级联菜单。在菜单中选择"靠左"、"靠右"、"靠上"、"靠下"或"对齐网格"中的一种方式即可。

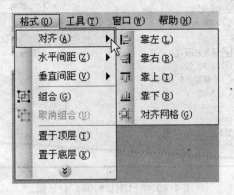

图 4-82　"格式"菜单的级联菜单

④ 根据实际需用，选取其中的一种，这里选择"靠左"对齐方式，最后的显示效果如图 4-83 所示。

如果对齐操作使所选的控件发生重叠的现象，则 Access 不会使它们重叠，而是使它们的边框相邻排列，此时可以调整框架的大小，重新使它们对齐。

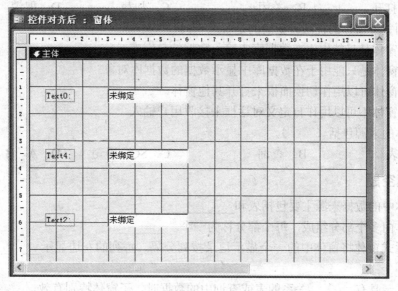

图 4-83 控件对齐后的显示效果

习题 4

一、选择题

1. 以下不是窗体组成部分的是（   ）。
   A. 窗体页眉　　　 B. 主体　　　　　　　 C. 窗体大小　　　　　 D. 页面页脚
2. 下面关于列表框与组合框叙述正确的是（   ）。
   A. 列表框和组合框可以包含一列或几列数据
   B. 可以在组合框中输入新值，而列表框不能
   C. 在列表框和组合框中均可以输入新值
   D. 可以在列表框中输入新值，而组合框不能
3. 为窗体上的控件设置 Tab 键的顺序，应选择属性表中的（   ）。
   A. 格式选项卡　　 B. 数据选项卡　　　 C. 事件选项卡　　　 D. 其他选项卡
4. 下述有关选项组叙述正确的是（   ）。
   A. 如果选项组结合到某个字段，实际上是组框架内的复选框、选项按钮或切换按钮结合到该字段上
   B. 选项组中的复选框可选可不选
   C. 使用选项组，只要单击选项组中所需的值，就可以为字段选定数据值
   D. 以上说法都不对
5. "特殊效果"属性值用于设定控件的显示效果，下列不属于"特殊效果"属性值的是（   ）。

　　A．平面　　　　　　B．凸起　　　　　　　C．蚀刻　　　　　　　D．透明

6．窗口事件是指操作窗口时所引发的事件，下列不属于窗口事件的是（　　　）。

　　A．打开　　　　　B．关闭　　　　　　　C．加载　　　　　D．取消

7．下面关于窗体的说法，正确的是（　　　）。

　　A．窗体是只能用于在数据库中输入数据的数据库对象

　　B．窗体是只能用于在数据库中显示数据的数据库对象

　　C．窗体可以用作切换面板来打开其他窗体

　　D．窗体不可以用作自定义对话框来接收用户输入

8．窗体的来源包括（　　　）。

　　A．表　　　　　　　B．查询　　　　　　　C．SQL 语句　　　D．A，B，C 都是

二、填空题

1．窗体中的数据来源主要包括表和_____。

2．窗体由多个部分组成，每个部分称为一个_____。

3．纵栏式窗体将窗体中的一个显示记录按列分隔，每列的左边显示_____，右边显示_____。

4．在显示具有_____关系的表或查询中的数据时，子窗体特别有效。

5．组合框和列表框的主要区别是是否可以在框中_____。

6．窗体有三种视图分为设计视图、窗体视图和数据表视图。窗体的_____，主要用于创建、修改、管理窗体。

7．主窗体是只能显示为_____的窗体。

8．Access 数据库窗体设计工具箱的组合框既可以在多表表页中选择内容，也可以输入文本，可以将组合框分为两种类型，分别是结合型组合框和_____。

9．窗体中的信息主要有两类：一类是设计的提示信息，另一信息是所处理的_____的记录。

第 5 章 报 表

报表是 Access 数据库的重要对象之一，主要作用是将数据按照用户需要的格式显示出来，并能够打印出来。本节将介绍报表的作用、类型、如何创建报表等。

5.1 报表的作用

第 4 章介绍了窗体，通过窗体能够建立界面友好、功能强大的查询界面，但是有时需要将数据处理的结果直接输出，将查询的结果直接打印出来，如果仍然使用窗体，打印的格式可能不够理想，如何解决这个问题，方便用户打印并具有特定显示格式的一批数据？Access 提供了报表对象，利用报表对象可以很方便地完成定义数据显示的格式，并且将数据打印到纸上的功能。

报表对象是 Access 数据库的重要对象之一，其主要作用是用来呈现数据的一个定制的查阅对象，能够以打印的格式表现用户数据。报表的数据源可以来自表、查询或者 SQL 语句，还有一些数据是在报表的设计过程中产生并保存的，如汇总数据。报表中的所有数据都保存在控件中，如文本框、标签。报表利用控件显示数据，将报表与数据源连接在一起。

报表对象可以和窗体对象相结合使用，比如设计窗体时，可以根据需要增加一个命令按钮，将该按钮的响应动作设置为"报表操作"类型。具体的操作步骤将在设计报表时会详细介绍。

报表对象和窗体对象有很多相似之处。比如它们的创建方式基本相同，都可以使用向导、设计器创建；都可以通过控件设计，控件的类型大致相同，添加、使用的方法也很类似；美化对象的方法也大致相同。但是这两个 Access 数据库对象也有不同之处，可以包括以下几个方面。

∙ 窗体的作用是显示数据，数据输出在屏幕上；报表的作用不仅是显示数据，更重要的是提供打印功能，将数据输出在纸上。

∙ 窗体能够和用户交互，比如可以根据用户输入的各项内容查询结果。报表不能与用户交互，报表中使用的所有数据都来自数据源或者通过数据源计算生成的数据。

∙ 窗体的目的是显示和交互，报表的目的是浏览和打印。

∙ 窗体有窗体视图、设计视图、数据表视图 3 种视图，报表有设计视图、打印预览视图、版面预览视图 3 种视图。

报表对象作为浏览和打印数据的常用方法，与其他打印数据的方面相比，具有如下优点。

∙ 不仅可以显示数据，还可以对原始数据进行比较、处理，如对数据分组、汇总、小计、求平均值，显示组间的比较等。

⤵ 美观实用，能够打印各种类型的报表、图表、图形。

⤵ 打印格式灵活，能够生成清单、订单、发票、信封或其他用户需要的其他输出形式。

⤵ 可以在报表中嵌入图片或者图像来显示数据。

5.2 报表的类型

Access 的报表对象功能强大，可以生成各种类型的报表。但是如何根据需要选择创建哪种类型的报表，必须先了解 Access 提供的各种报表类型、它们各自的功能及特点，才能在使用过程中根据不同的需求设计不同的报表。

Access 提供的报表类型包括纵栏式报表、表格式报表、图表报表、邮件标签报表、自定义报表，下面分别介绍这些报表的功能、特点。

5.2.1 纵栏式报表

纵栏式报表每行显示一个字段，即每个字段占一行。左边是标签控件，显示字段的标题名，右边是字段的值，如图 5-1 所示。

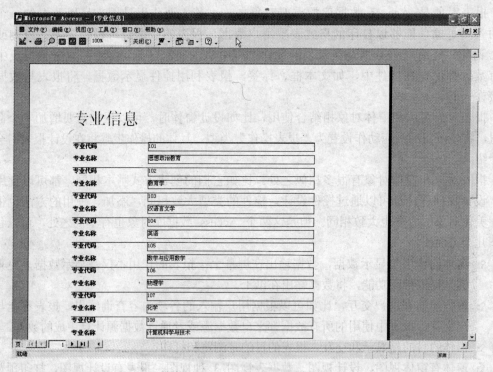

图 5-1 纵栏式报表

纵栏式报表的特点是：创建简单，能够显示一个表或者一个查询中的所有字段和记录。一般用于浏览查询的数据结果。但是当字段较多时，一页可能显示不全所有字段，不够美观，如图 5-2 所示。

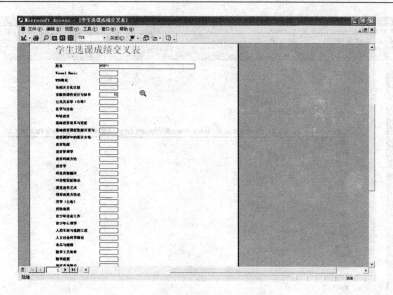

图 5-2 字段比较多时的纵栏式报表

5.2.2 表格式报表

表格式报表每行显示一条记录的所有字段,即每一行显示一条记录的记录,每一列显示一个字段中的数据。第 1 行是标签控件,显示字段的标题名,如图 5-3 所示。

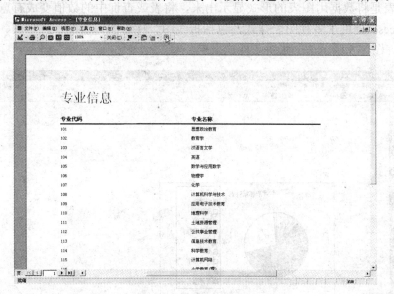

图 5-3 表格式报表

表格式报表的特点是:创建简单,可一次显示表或者查询对象的所有字段或者记录,一般用于浏览查询的数据结果。

提示:当字段较多时,一行可能显示不全所有字段,Access 会自动调整字段的标题名长度,导致部分标题名显示不完全,如图 5-4 所示。

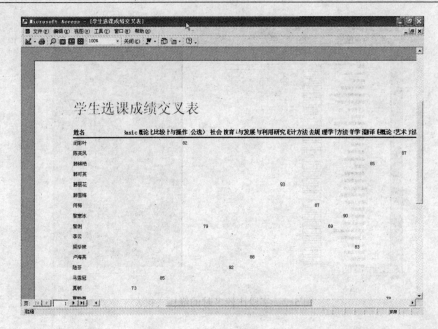

图 5-4　字段较多的表格式报表

5.2.3　图表报表

　　图表报表是将数据用图表的形式显示出来，将表或查询中的数值变成有意义的图像形式显示。Access 提供了多种图表样式，包括折线图、柱形图、饼图、环形图、面积图、三维条形图等。图 5-5 所示是一张饼图样式报表。

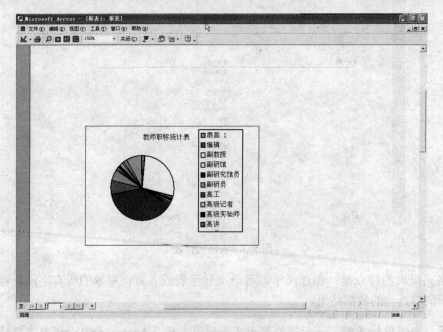

图 5-5　图表报表

图表报表的特点是：样式美观。利用图形还可对数据进行汇总统计，使样式更直观，一般用于显示或打印统计、对比的数据。

5.2.4　邮件标签报表

邮件标签报表是将数据表示成标签的样式，如图 5-6 所示。

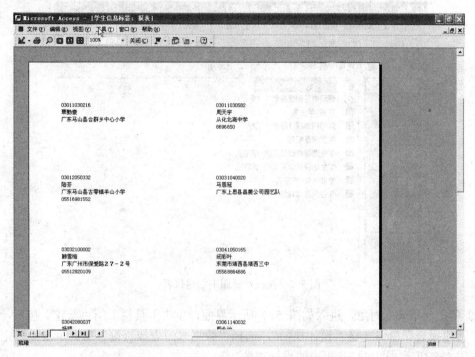

图 5-6　邮件标签报表

特点：一般用于比较特殊的场合，如印制名片、信封、介绍信等格式的报表。

提示：目前，使用一般的文字处理软件，如 Word 也可以实现名片等类型报表的印制，但是当印制的数量比较大，而且需要从数据表中提取时，使用 Access 系统提供的"邮件标签"报表要比文字处理类的软件更方便、省时、省力。

5.2.5　自定义报表

自定义报表是用户根据实际需求自己设计的报表，与自定义窗体类似。

自定义报表的特点是：实现起来相对上面几种类型的报表复杂，但是利用自定义报表，用户可以创建美观、满足不同功能的报表。

5.3　报表视图

在报表的作用部分介绍了报表与窗体的区别，其中有一点是它们的视图不同。报表对象有 3 种视图：设计视图、打印预览视图和版面预览视图。

5.3.1　设计视图

报表的设计视图用于创建新的报表，或者修改已经创建的报表。如果是创建新的报表，可以有两种方式进入该视图，具体操作步骤如下。

① 单击"报表"对象，双击"在设计视图中创建报表"，如图 5-7 所示。

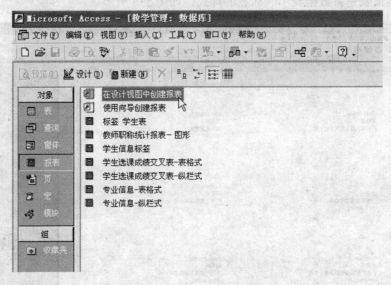

图 5-7　在设计视图中创建报表

② 单击"报表"对象，进入如图 5-7 所示界面，单击工具栏上的"新建"按钮，在打开的"新建报表"窗口选择"设计视图"，选择"数据来源表或查询"后，单击"确定"按钮，如图 5-8 所示，即可打开报表的设计视图。

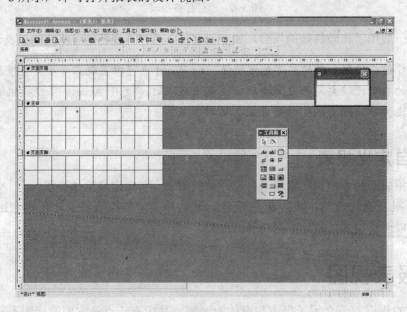

图 5-8　报表设计视图

报表的设计视图窗口默认有 3 个节，如图 5-8 所示，包括页面页眉、主题、页面页脚。该窗口常见的有 5 个节，除了 Access 默认的 3 个节还包括报表页眉、报表页脚。可以通过右键快捷菜单打开，如图 5-9 所示，有 5 个节的报表的设计视图，如图 5-10 所示。

提示：窗体最多有 5 个节，而报表可以有 7 个节，多了"组页眉"、"组页脚"两个节。和窗体类似，每个节都代表着各个不同的带区。可以通过放置控件来确定在每一节中显示内容的位置。通过对使用共同数据的记录进行分组，可以进行计算或者简化报表，达到易于阅读的目的。如果对报表的记录进行了分组，就会出现分组字段（或表达式）的"组页眉"、"组页脚"的节。报表各节的位置和作用如表 5-1 所示。

表 5-1　报表各节的位置及作用

节	位　置	作　用
报表页眉	整个报表的开始处，只出现一次	一般用于设置标题、打印日期、徽标等内容，或者有关整个报表的说明性文字。如果需要制作报表的封面，可以在封面的内容后插入一个分页符
页面页眉	每页的顶部，一个报表有多少页就出现多少次	一般用于设置报表的标题、徽标、页码、日期等信息
组页眉	每个分组的开始处	一般用于设置分组的标题，或者有关分组的说明性文字
主体	报表的主体	一般用于设置报表的主要内容
组页脚	每个分组的末尾处	一般用于设置有关分组的总结性文字
页面页脚	每页的底部，一个报表有多少页就出现多少次	一般用于设置报表的标题、徽标、页码、日期等信息
报表页脚	整个报表的末尾处，只出现一次	一般用于设置有关整个报表的总结性文字。如果需要在报表的后面加入一个结束页，可以在结束页内容的前面插入一个分页符

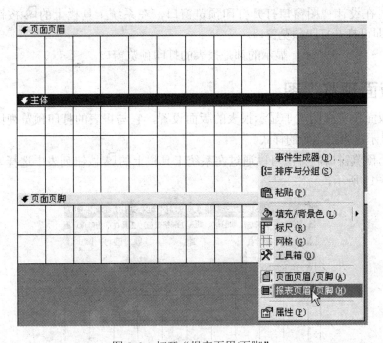

图 5-9　打开"报表页眉/页脚"

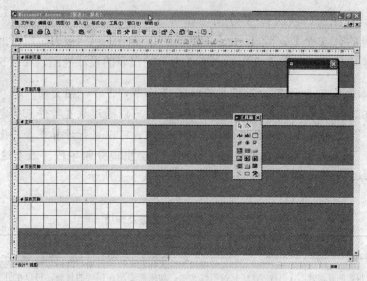

图 5-10　报表设计视图

5.3.2　打印预览视图

报表的打印预览视图用于显示报表打印的样式，同时运行报表运行基于的查询，在报表中显示出全部的查询数据。

打开打印预览窗口的方法主要分为以下两种。

方法 1：在数据库窗口打开打印预览窗口，单击选中准备浏览的报表，再单击数据库工具栏的"预览"按钮或者工具栏上的 按钮即可打开打印预览窗口。

方法 2：在设计视图窗口打开打印预览窗口，在系统工具栏上的 按钮列表中选择"打印预览"即可打开打印预览窗口。

如图 5-1～图 5-5 所示，显示的都是报表的打印预览窗口。

5.3.3　版面预览视图

报表的版面预览视图用于显示报表的版面设置，它与报表的打印预览视图几乎完全一样，近似地显示报表打印时的样式。

打开版面预览窗口的方法可以通过在系统工具栏上的 按钮列表中选择"版面预览"即可，如图 5-11 所示。

图 5-11　版面预览

提示：版面预览窗口上将显示全部报表节次及主体节中的数据分组和排序，但是只使用示范数据，而且忽略所有基本查询中的规则和连接。

5.4　创建报表

创建报表的方法有 4 种：使用自动报表创建报表；使用自动创建报表方式创建报表；使用向导创建报表；使用设计视图创建报表。

以上 4 种方法各自有各自的特点。使用自动报表创建报表的方式最快捷简单，但是创建的报表只有详细记录，没有报表标题或页眉页脚；使用自动创建报表的方式创建报表也非常快捷简单，但是只能创建纵栏式或者表格式的报表；使用向导可以创建更多类型的报表，而且向导可以为用户完成大部分基本操作，能够加快报表的创建过程。一般情况下，可以选择通过向导创建后、再通过设计视图调整的方式创建报表。

5.4.1　自动报表方式

如同自动创建窗体，Access 也提供了自动报表的功能。自动报表创建的方式是创建报表的最快捷的方法。这种方法创建报表有两种方式。

① 在数据库窗口，选中要创建报表的表或者查询，在自动创建列表选择"自动报表"即可，如图 5-12 所示。自动创建的报表如图 5-14 所示。

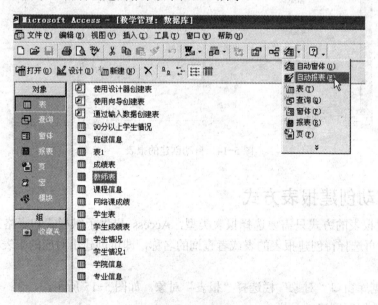

图 5-12　自动创建报表

② 打开要创建报表的表或者查询，在自动创建列表选择"自动报表"即可，如图 5-13 所示。自动创建的报表如图 5-14 所示。

提示：这种自动创建报表的方式创建的报表只有详细记录，没有报表标题或页眉、页脚。

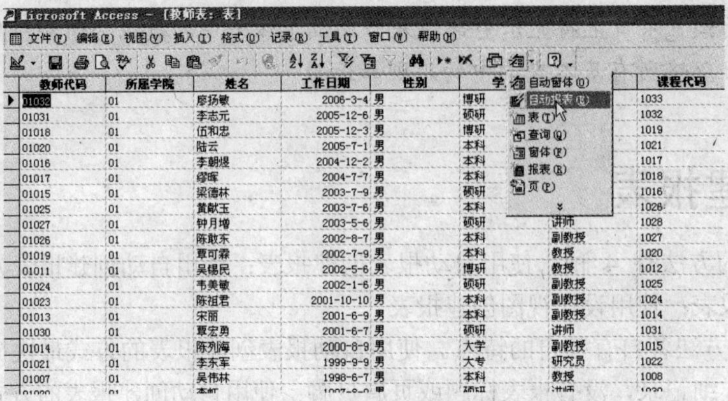

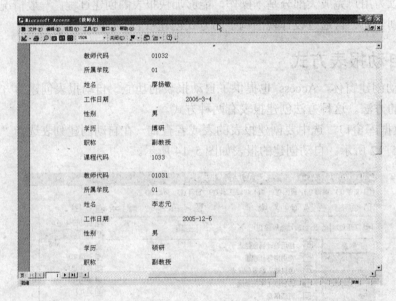

图 5-13　自动创建报表

图 5-14　自动创建的报表

5.4.2　自动创建报表方式

自动创建报表的方式只需要选择报表类型，Access 提供了纵栏式和表格式两种类型的报表供选择，再选择待创建报表的表或者查询的名称，即可创建出对应的报表。具体的操作步骤如下。

① 在数据库窗口"对象"栏选择"报表"对象，如图 5-15 所示。

② 单击数据库窗口工具栏。

③ 根据实际需求选择自动创建的报表类型，纵栏式或者表格式。并且选择待生成报表的表或者查询，单击"确定"按钮。

④ 保存系统自动生成的报表即可。

提示：使用自动创建报表的方式是基于单个表或者单个查询的，若要创建基于多个表或者查询的数据，可以先创建一个查询，然后再根据这个查询来创建报表。

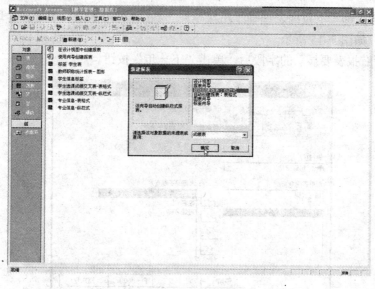

图 5-15 自动创建报表

5.4.3 使用向导创建报表方式

使用自动报表或者自动创建报表的方式可以快捷地创建一个报表，但是数据源只能是一个表或者一个查询。如果报表的数据需要来自多个表或多个查询时，尽管可以将它们合成一个查询再生成报表，但是 Access 提供了一种可以基于多个表或者查询创建报表的方式，即通过向导的方式。

通过向导的方式只需要回答向导的几个问题。创建的报表对象可以包含多个表中的字段，并且可以对记录分组、排序、计算各种汇总数据。除了创建来自多个表或者查询的报表，还可以创建图表报表、标签报表。

1．创建基于多个表或者查询的报表

创建基于多个表或者多个查询的报表首先要建立它们之间的关系，才能创建基于这些表或者查询的报表。

【实例 5-1】以教学管理数据库中的学生表、班级信息两张表为数据源，利用报表向导创建学生班级信息报表，具体的操作步骤如下。

1）启动报表向导

① 启动 Access 数据库，打开"教学管理"数据库。

② 在数据库窗口"对象"栏选择"报表"对象。

③ 双击"使用向导创建报表"，即可打开"报表向导"窗口，启动报表向导，如图 5-16 所示。

2）回答向导提问

（1）确定报表上使用的字段

① 在"表/查询"下拉列表选择"学生表"，在"可用字段"中选择"学号"、"姓名"到"选定的字段"。

② 在"表/查询"下拉列表选择"班级信息",在"可用字段"中选择"班级名称"到"选定的字段",如图 5-15 所示。

③ 选完所有报表要显示的字段后,单击"下一步"按钮。

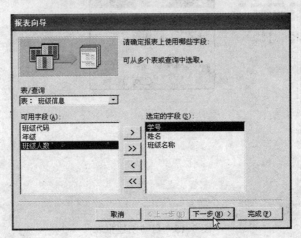

图 5-16　报表向导

提示:添加"选定的字段"时,通过 > 按钮可以将"可用字段"列表中选中的某一个字段添加到"选定的字段";如果要把所有可用字段都加到"选定的字段"可以使用 >> 按钮。同理,使用 < 可以将"选定的字段"列表中选中的某一个字段从"选定的字段"列表中删除,使用 << 可以将"选定的字段"列表中这个表的字段都删除。

(2) 确定查看数据的方式

按照实际需求选择查看数据的方式,在左边的方式选择栏中双击即可选中。本例选择"通过班级信息",将一个班级的学生信息存放在一组查询,如图 5-17 所示。

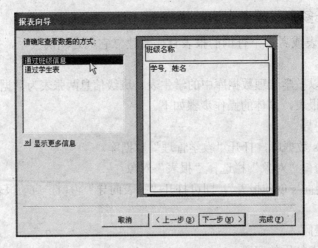

图 5-17　确定查看数据的方式

(3) 确定分组级别

根据实际需求判断是否要分组,如果要分组,可选择分组的字段,双击选定的分组的字段，分组的样式会显示在右边的预览方框中。本例不选择分组级别，直接单击"下一步"按钮，如图 5-18 所示。

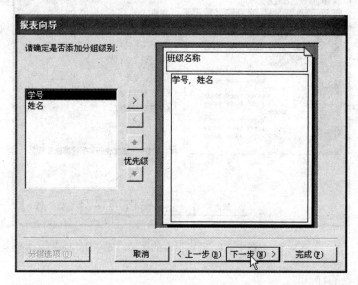

图 5-18　确定分组级别

（4）确定报表排序与汇总方式

① 在排序的字段中选择"学号"，⚞ 是升序，单击可变为降序⚟，此处采用升序。

② 本例不需要进行汇总，单击"下一步"按钮，如图 5-19 所示。

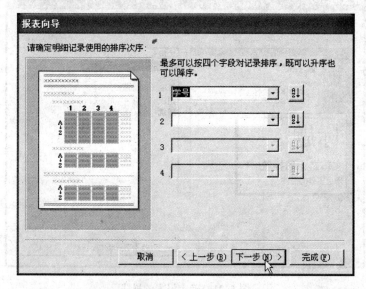

图 5-19　确定明细记录使用的排序次序

（5）确定报表使用的布局方式

Access 提供了多种报表布局方式，可以根据需要选择"布局"和"方向"。本例选择系统默认的"递阶"、"纵向"，单击"下一步"按钮，如图 5-20 所示。

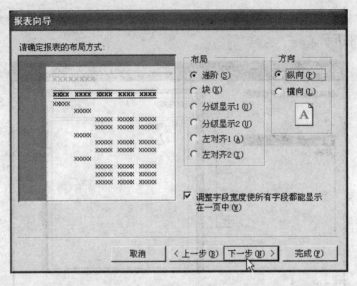

图 5-20　确定报表的布局方式

（6）确定报表的样式

Access 提供了 6 种样式供用户选择，在右边的样式列表中选择一种样式，左边的窗口会预览该样式下的报表效果。本例选择"正式"样式，单击"下一步"按钮，如图 5-21 所示。

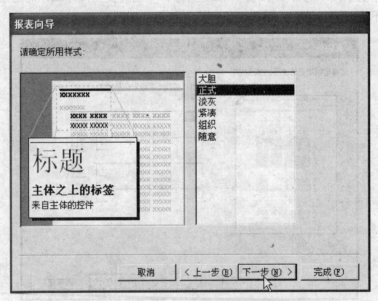

图 5-21　确定报表的样式

（7）指定报表标题

在"请为报表指定报表"的文本框内输入该张报表使用的标题。本例输入"学生班级信息"。回答完以上问题后，向导提问结束，单击"完成"按钮，如图 5-22 所示，就可以看到向导创建的报表对象，如图 5-23 所示。

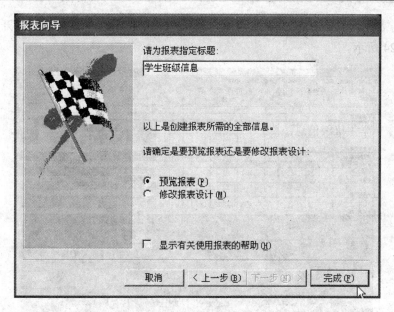

图 5-22　指定报表标题

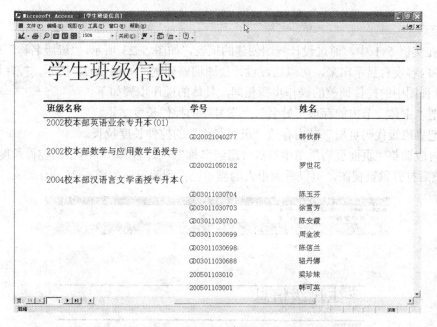

图 5-23　向导创建的报表

3）保存报表对象

将报表对象保存为"学生班级信息"。

4）调整报表

如果对向导自动创建的报表不满意，可以通过设计视图进行修改，具体的操作步骤如下。

① 进入数据库窗口，在"对象"栏选择"报表"。

② 单击需要调整的报表"学生班级信息"，单击工具栏上的按钮，打开设计视图窗口，如图 5-24 所示。

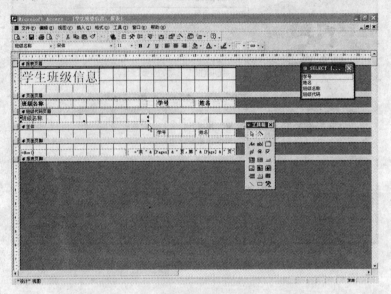

图 5-24　打开已建立报表的设计视图

③ 在实例 5-1 中，通过设计视图创建的报表，如图 5-23 所示，"班级名称"列太窄，导致很多内容没有显示出来，可以通过设计视图调整列宽，如图 5-24 所示。控件调整与窗体的设计视图中的控件调整的操作步骤相同，具体的操作步骤如下。

    ↪ 把"主体"节内的存放"姓名"、"学号"的控件长度缩短。

    ↪ 把"班级代码页眉"节内存放"班级名称"的控件长度拉长。

    ↪ 对应调整"页面页眉"节中存放"班级名称"、"姓名"、"学号"的控件长度。

调整后打开预览视图，可以看到报表的显示已得到改善，如图 5-25 所示。

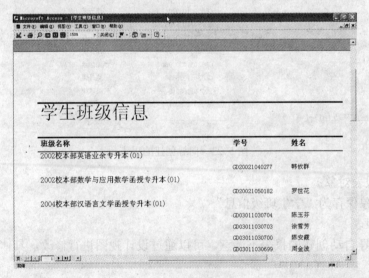

图 5-25　通过设计视图调整后的报表

2．创建图表报表

图表报表不仅样式美观，利用图形还可对数据进行汇总统计，可用于显示或打印统计、对比的数据。使用"图表向导"功能只需回答向导问题，就能很方便地创建各种类型的图表，下面通过一个实例介绍具体的操作步骤。

【**实例 5-2**】 以教学管理数据库中的教师表为数据源，利用图表向导创建图表报表"教师职称统计报表"，该图表使用饼图，显示出教师职称的分布情况。具体的操作步骤如下。

1）启动报表向导

① 启动 Access 数据库，打开"教学管理"数据库。

② 在数据库窗口"对象"栏选择"报表"对象。

③ 单击工具栏上的"新建"按钮，即可打开"新建报表"对话框，如图 5-26 所示。

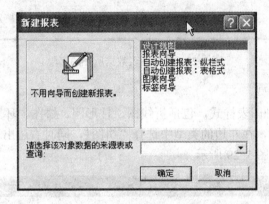

图 5-26 "新建报表"对话框

④ 选择"图表向导"，并在数据的来源表或查询中选择"教师表"，单击"确定"按钮，如图 5-27 所示。

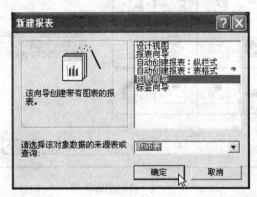

图 5-27 使用图表向导

2）回答向导提问

（1）确定图表数据使用的字段

从"可用字段"中选择相关的字段添加到"用于图表的字段"。本例选择"教师代码"、"职称"两个字段，如图 5-28 所示。

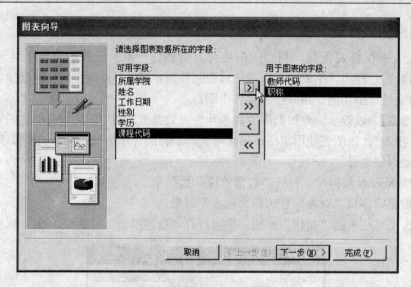

图 5-28　选择图表数据所在的字段

（2）确定图表的类型

Access 提供了多种图表样式，包括折线图、柱形图、饼图、环形图、面积图、三维条形图等。本例采用饼图，在左边的类型中选择"饼图"，同时右边出现关于饼图的说明，单击"下一步"按钮，如图 5-29 所示。

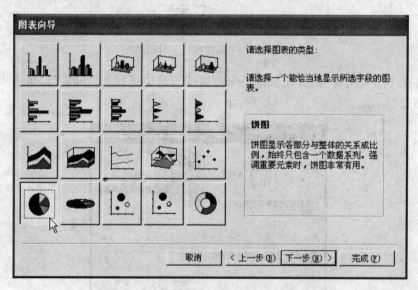

图 5-29　确定图表类型

（3）确定数据在图表中的布局方式

在向导对话框中可以看到默认的数据布局方式，如图 5-30 所示。圆环上显示的是"数据"，代表还没有为其指定字段，不同颜色的环体显示"教师代码"数值。这种布局方式不能满足用户要求：圆环上要显示按照职称统计的教师代码的个数，不同颜色代表不同职称。为此必须重新选择布局方式，具体的操作步骤如下。

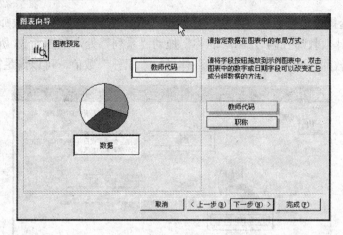

图 5-30 默认的数据在图表中的布局方式

① 取消不同颜色的环体显示"教师代码"数值。单击选中左边环体右上方的"教师代码",窗口上会出现一个"■■■"符号,按住鼠标左键,将这个符号拖到右边"教师代码"、"职称"处,如图 5-31 所示。此时,不同颜色的环体显示的数值处为"系列",如图 5-32 所示。

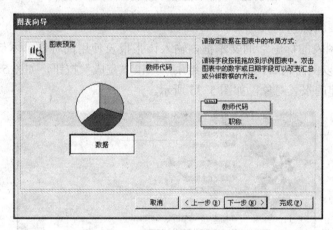

图 5-31 调整数据在图表中的布局方式 1

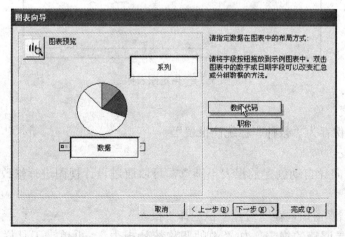

图 5-32 调整数据在图表中的布局方式 2

② 从右边选择合适字段拖动左边的"数据"或"系列"处。将"教师代码"拖到"数据"处，显示"计数教师代码"，将"职称"拖动"系列"处，如图 5-33 所示。这时圆环上显示的是"计数教师代码"，不同颜色的环体显示"职称"数值，可以满足需求。

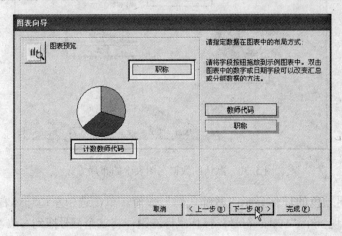

图 5-33　调整后的数据在图表中的布局方式

（4）确定图表的标题

在"请指定图表的标题"的文本框内输入该张报表使用的标题。本例输入"教师职称统计表"。回答完以上问题后，向导提问结束，单击"完成"按钮，如图 5-34 所示，就可以看到图表向导创建的报表对象，如图 5-35 所示。

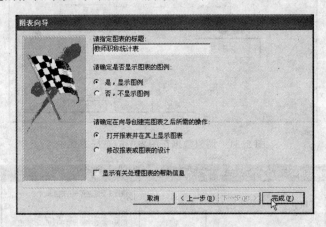

图 5-34　指定图表标题

3）保存报表对象

将报表对象保存为"教师职称统计报表"。

4）调整报表

如果对图表向导自动创建的报表不满意，可以通过设计视图进行修改，具体的操作步骤如下。

① 进入数据库窗口，在"对象"栏选择"报表"。

② 单击需要调整的报表，如"教师职称统计报表"，再单击工具栏上的"设计"按

钮，打开设计视图窗口，即可进行调整。

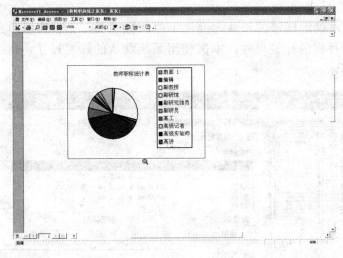

图 5-35 图表报表

3. 创建邮件标签报表

邮件标签报表是将数据表示成标签的样式。一般用于比较特殊的场合，如印制名片、信封、介绍信等格式的报表，尤其适合印制数量比较大的场合。Access 提供了标签向导的功能，可以方便用户创建标签报表。

【实例 5-3】 以教学管理数据库中的学生表为数据源，利用标签向导创建标签报表学生信息标签，显示学生的学号、姓名、通信地址、联系电话。具体的操作步骤如下。

1）启动报表向导

① 启动 Access 数据库，打开"教学管理"数据库。

② 在数据库窗口"对象"栏选择"报表"对象。

③ 单击工具栏上的"新建"按钮，即可打开"新建报表"对话框，如图 5-36 所示。

④ 选择"标签向导"，并在数据的来源表或查询中选择"学生表"，单击"确定"按钮，如图 5-36 所示。

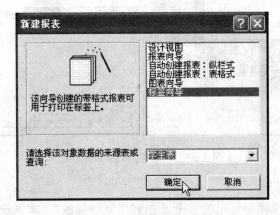

图 5-36 "新建报表"对话框

2）回答向导提问

（1）确定标签尺寸

根据实际需求确定标签的尺寸、度量单位、标签类型。也可以单击"自定义"按钮，自行定义一种新的标签尺寸。本例使用系统默认的标签尺寸，单击"下一步"按钮，如图 5-37 所示。

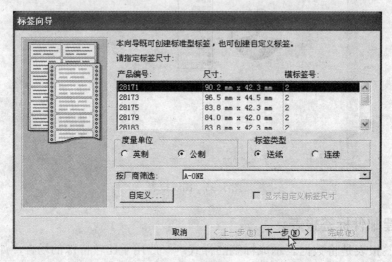

图 5-37　确定标签尺寸

（2）确定文本的字体和颜色

根据打印需要选择文本外观，如字体、字号、字体粗细、文本颜色，也可以打钩选中"斜体"或"下划线"，左边的"示例"框显示相应的文本显示效果。本例采用 Access 默认的文本字体和颜色，单击"下一步"按钮，如图 5-38 所示。

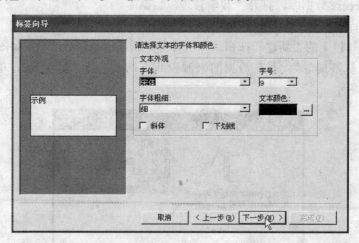

图 5-38　确定文本的字体和颜色

（3）确定标签的显示内容

从"可用字段"选择要显示的字段添加到"原型标签"。本例选择"学号"、"姓名"、"地址"、"电话"字段，单击"下一步"按钮继续回答向导的问题。

提示：如果显示时是通过四行显示学号、姓名、地址、电话字段，则选择学号后，要在原型标签列表框换行，如图 5-39 所示，当出现新的一行后再继续选择可用字段。否则会把字段作为同一行显示。

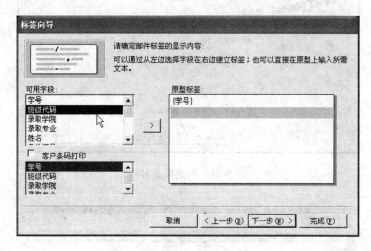

图 5-39 确定标签的显示内容

（4）确定字段排序

Access 提供了可以将数据按照字段排序显示的功能，从"可用字段"列表框依次选择进行排序的字段添加到"排序依据"列表框即可。本例选择按照"学号"排序，单击"下一步"按钮，如图 5-40 所示。

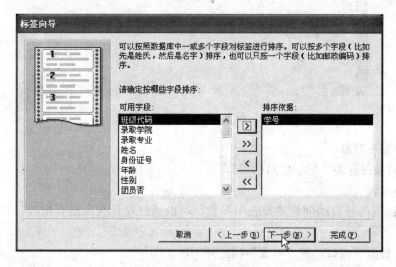

图 5-40 确定字段排序

（5）指定报表的名称

在"请指定报表的标题"的文本框内输入该张报表使用的标题。本例输入"学生信息标签"，之后单击"完成"按钮，如图 5-41 所示。至此就可以看到标签向导创建的报表对象，如图 5-42 所示。

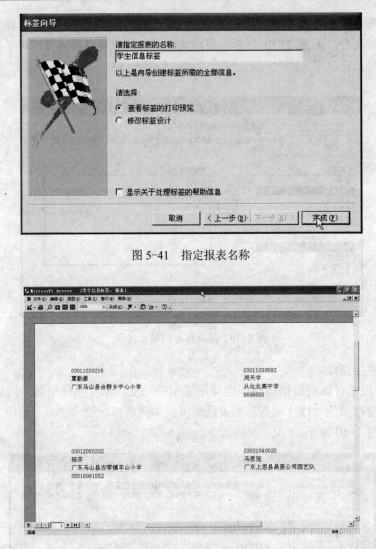

图 5-41　指定报表名称

图 5-42　标签报表

3）保存报表对象

将报表对象保存为"学生信息标签"。

4）调整报表

如果对标签向导自动创建的报表不满意，可以通过设计视图进行修改，具体的操作步骤如下。

① 进入数据库窗口，在"对象"栏选择"报表"。

② 单击需要调整的报表，如"学生信息标签"，再单击工具栏上的"设计"按钮，打开设计视图窗口，即可进行调整。

5.4.4　使用设计视图创建报表方式

与窗体的创建类似，报表的创建也可以通过设计视图。设计视图不仅可以创建新报表，也可以修改已经创建的报表。在创建报表时往往可以通过上面介绍的方法快速地创建一张报表后，再通过设计视图进行修改。

1. 创建主/子报表

主/子报表与主/子窗体的概念有点类似，采用这种方式可以将多个报表组合为一个报表。插入子报表的报表称为主报表，子报表是插入到其他报表中的报表。主报表不仅可以插入子报表，还可以插入子窗体。主报表最多可以包含两级子窗体或子报表。

创建主/子报表首先要创建主报表，主报表通常有两种类型，可以是结合型报表，与表和查询有绑定关系；也可以是非结合型报表，不与表或查询绑定。在主报表已创建的基础上创建要插入的子报表。插入子报表有两种方式，可以在主报表上直接创建要插入的子报表，也可以将已有的子报表插入到主报表上，这种操作方法的前提是必须保证主报表和子报表之间已经建立了正确的关系。

【实例 5-4】 以教学管理数据库报表对象中的专业信息－表格式、学生表为主/子报表，设计一张主/子报表。具体操作步骤如下。

1）启动子报表向导

① 启动 Access 数据库，打开"教学管理"数据库。

② 在数据库窗口"对象"栏选择"报表"对象。

③ 选择已创建的主报表"专业信息－表格式"报表，单击工具栏上"设计"按钮，即可打开设计视图窗口。

④ 选择工具箱上的子窗体/子报表按钮，在"主体"节增加一个子报表，打开"子报表向导"窗口，如图 5-43 所示。

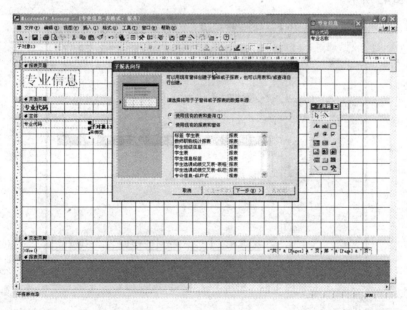

图 5-43 "子报表向导"窗口

2）回答向导提问

（1）选择子报表的数据来源

Access 提供了两种数据来源，一种是使用现有的表或查询，另一种是使用现有的报表或窗体。本例采用第 2 种，选择一个现有"学生表"报表，单击"下一步"按钮，如图 5-44 所示。

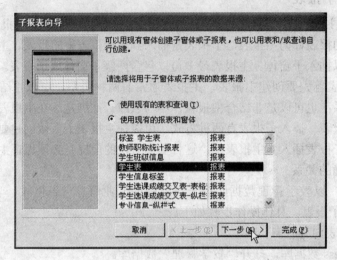

图 5-44　确定数据来源

（2）确定主/子报表链接的字段

Access 提供了"从列表中选择"、"自行定义"两种方式，本例选择"从列表中选择"，并根据题目要求选择"对专业信息中的每个记录用专业代码显示学生表"，单击"下一步"按钮，如图 5-45 所示。

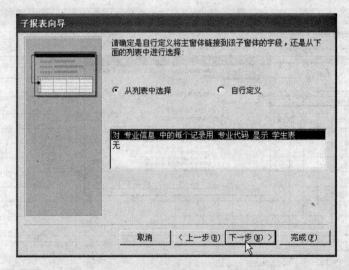

图 5-45　确定主/子报表链接的字段

（3）指定子报表的名称

在"请指定子窗体或子报表的名称"的文本框内输入子报表使用的标题。本例输入"该专业的学生信息如下"，单击"完成"按钮，如图 5-46 所示。此时，完成了主/子报表的设计，单击"打印预览"按钮，可以在打印预览视图中浏览子报表向导创建的主/子报表对象。如果认为不够完美，可以返回设计视图继续进行修改。

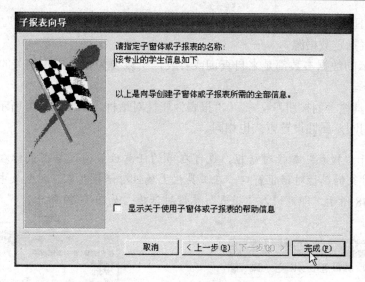

图 5-46 确定子报表的名称

2. 创建自定义报表

通过设计视图新建一张报表的方式十分灵活，可以根据用户需要设计各种样式的报表。下面介绍如何创建自定义报表，如何将报表对象和窗体对象、查询对象相结合，如何在报表上显示表或查询对象中的数据，如何在窗体对象中打开报表对象。

【实例 5-5】 以教学管理数据库报表对象中的教师表为数据源，自行设计一张教师信息报表，并为教师表信息查询窗体增加一个打印预览的按钮。具体的操作步骤如下。

（1）新建一个空白报表

① 启动 Access 数据库，打开"教学管理"数据库。

② 在数据库窗口"对象"栏选择"报表"对象。

③ 双击"在设计视图中创建报表"，打开一个空白报表的设计视图，如图 5-47 所示。

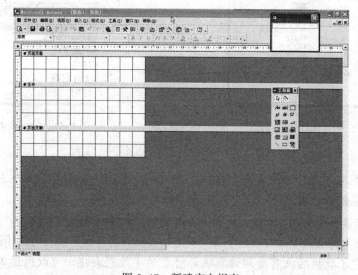

图 5-47 新建空白报表

④ 单击工具栏上的"保存"按钮，将空白报表保存为"教师信息报表"。

（2）为报表指定数据源

报表中显示的数据多数都是来自查询或者表，所以要为报表指定相关的数据源。具体的操作步骤如下。

① 单击工具栏上的按钮 ，打开"报表"属性对话框，如图 5-49 所示。其作用和窗体属性对话框相同，属性设置方式也相同。

提示：打开"报表"属性对话框，也可在节的任意位置通过单击鼠标右键，选择"属性"，打开该对象的属性对话框窗口，在工具栏上属性对话框对象下拉列表中选择"报表"对象，如图 5-48 所示，即可进入"报表"属性对话框，如图 5-49 所示。

图 5-48　选择"报表"对象　　　　　　　　图 5-49　　"报表"属性对话框

② 在"报表"属性对话框中选择"数据"选项卡或者选择默认的"全部"选项卡，在"记录源"属性下拉列表中选择表"教师表"，如图 5-50 所示。

③ 在设计视图中会出现该数据源对象的字段列表框，如图 5-51 所示，可以从中拖取报表需要的数据字段添加到相关的节上。

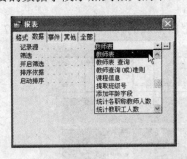

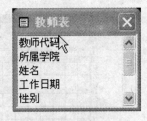

图 5-50　选择"记录源"　　　　　　　　　　图 5-51　字段列表框

提示：

➤ 这种方式指定的数据源只能来自一个表或一个查询，如果要从多个表或查询中选择数据，要先为它创建一个包含相关表字段的查询。

➤ 通过单击工具栏上的"新建"按钮，在打开的"新建报表"窗口选择"设计视图"，选择"数据来源表或查询"后，单击"确定"按钮，也可打开报表的设计视图。

➤ 如果指定了数据后没有看到该数据源对象的字段列表框，可以通过单击工具栏上的"字段列表"按钮打开。同样，也可以单击此按钮隐藏数据源对象的字段列表框。

（3）在主体中添加绑定型文本框

从字段列表框中选择需要的字段，在主体中添加绑定型文本框。按住鼠标左键，将字段拖动到合适位置，拖动时会有"⊞⊞"符号出现，确定位置后放开鼠标，会将字段添加到"⊞⊞"符号所在处，如图 5-52 所示。Access 会默认添加字段，自动添加的内容是字段名称的标签，如果不需要时，选中附加标签后直接按 Del 键删除。通常显示字段名称的标签可以添加在页面页眉中，具体的操作步骤如下。

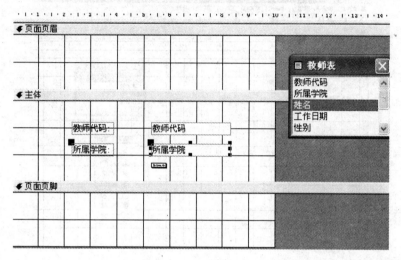

图 5-52　添加字段

与窗体设计类似，也可根据需要增加相关的标签。经过调整后的报表主体，如图 5-53 所示。

图 5-53　确定字段

（4）在报表页眉中添加标签

报表页眉一般用于设置标题、打印日期、徽标等内容，或者有关整个报表的说明性文字。本例使用报表页眉添加报表的标题，具体的操作步骤如下。

① 默认的设计视图有三个节，分别是页面页眉、主题、页面页脚。若要使用"报表页

眉"、"报表页脚"，可以通过单击鼠标右键的快捷菜单"报表页眉/页脚（**H**）"打开。或者通过选择菜单栏"视图"中的"报表页眉/页脚"打开。

② 在工具栏上单击标签按钮 **Aa**，在报表页眉节中显示标题的位置上单击插入标签。

③ 为标签输入"教师信息查询"文字，并可以通过其属性对话框设置其颜色、字体、大小等属性，设置结果如图 5-54 所示。

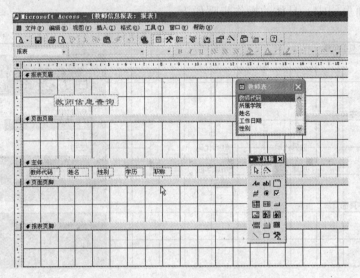

图 5-54　在报表页眉中添加标签

（5）在页面页眉中添加标签

一般用于设置报表的标题、徽标、页码、日期等信息。本例中，增加 5 个标签，分别显示"教师代码"、"姓名"、"性别"、"学历"、"职称"，如图 5-55 所示。具体的添加办法与在报表页眉中添加标签的方法相同。

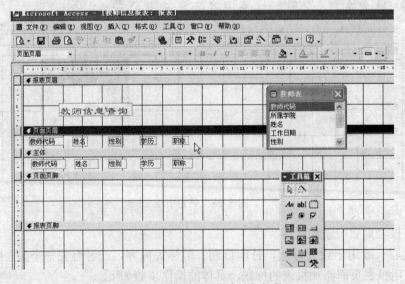

图 5-55　在页面页眉中添加标签

（6）移动页面页脚和报表页脚

如果页面页脚和报表页脚没有要显示的内容，可以移动报表页脚到页面页脚的下方，这样可以节省空间，如图 5-56 所示。

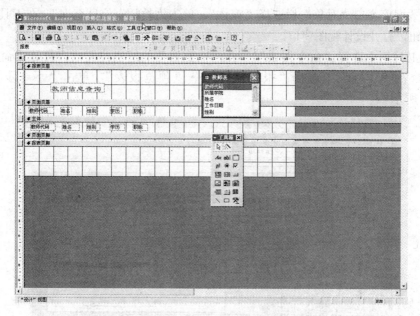

图 5-56　移动页面页脚和报表页脚

（7）预览报表

按上面的一系列操作完成后，已经创建了一个可以显示数据的报表。随之，在工具栏上的"视图"下拉框中选择"预览视图"或者"版面视图"，就可以切换到预览视图或者版面视图预览创建的报表，如图 5-57 所示。

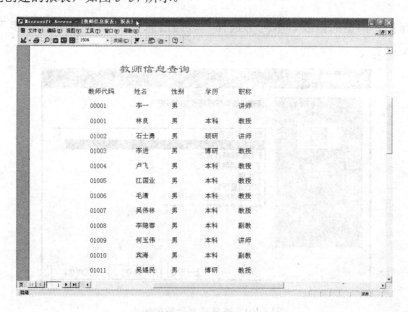

图 5-57　预览报表

（8）在窗体中添加"预览报表"命令按钮

为了在窗体中使用报表对象，Access 提供了能够预览报表的命令按钮控件，具体的操作步骤如下。

① 在数据库窗口"对象"栏选择"窗体"，单击"教师表信息查询"，在工具栏上选择"设计"按钮，打开设计视图窗口。

② 从工具箱中选择"命令按钮" ，拖到窗体的适当位置后，打开"命令按钮向导"窗口，在"类别"中选择"报表操作"→"预览报表"，单击"下一步"按钮，如图 5-58 所示。

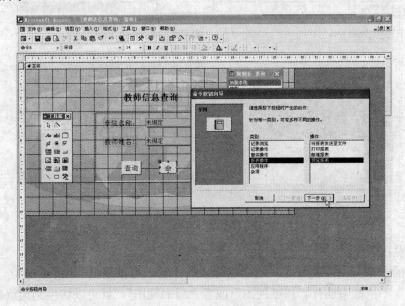

图 5-58　命令按钮向导

③ 选择将要预览的报表。本例中选择"教师信息报表"，单击"下一步"按钮，如图 5-59 所示。

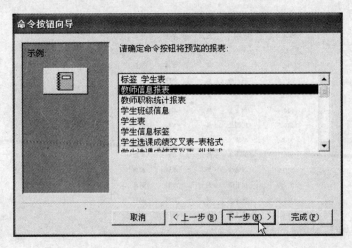

图 5-59　选择将要预览的报表

④ 确定按钮上显示文本或图片。Access 提供文本或者图片两种按钮显示的方式。本例选择"文本",并输入命令按钮上的文字为默认的"预览报表",单击"下一步"按钮,如图 5-60 所示。

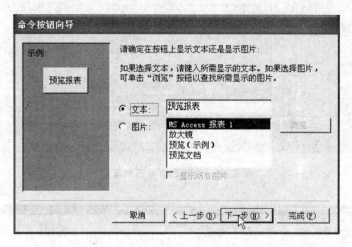

图 5-60 确定按钮上显示文本或图片

⑤ 指定按钮的名称。输入按钮的名称,本例使用 Access 默认的按钮名称,回答完这些问题后,增加命令按钮的操作就完成,单击"完成"按钮,如图 5-61 所示。

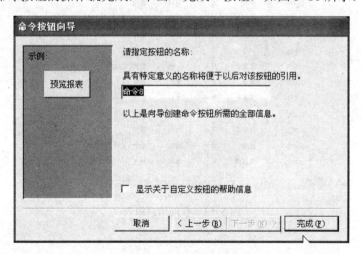

图 5-61 指定按钮的名称

⑥ 在窗体上浏览报表对象。通过在窗体上增加命令按钮,可以将查询、报表、窗体三个数据库对象结合在一起,通过窗体对象确定了用户的查询要求,并以此在数据库中检索到相关数据,最终可以通过报表对象打印出来。

在本例中,在教师表信息查询窗体窗口,选择"职称"后,单击"预览报表"按钮,如图 5-62 所示,可打开最新创建的"教师信息报表",该报表会根据窗体的不同选择显示不同的信息,它不是一个固定信息的报表。如果不选择则直接单击"预览报表"按钮,也可打开"教师信息报表",显示全部教师信息,如图 5-63 所示。

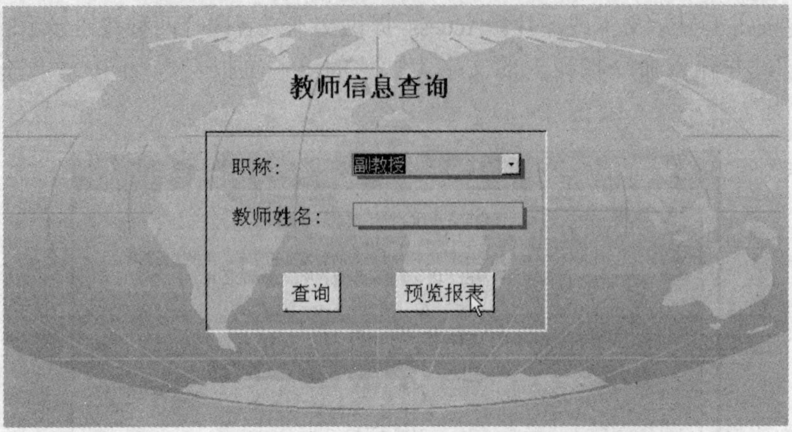

图 5-62   教师表信息查询窗体

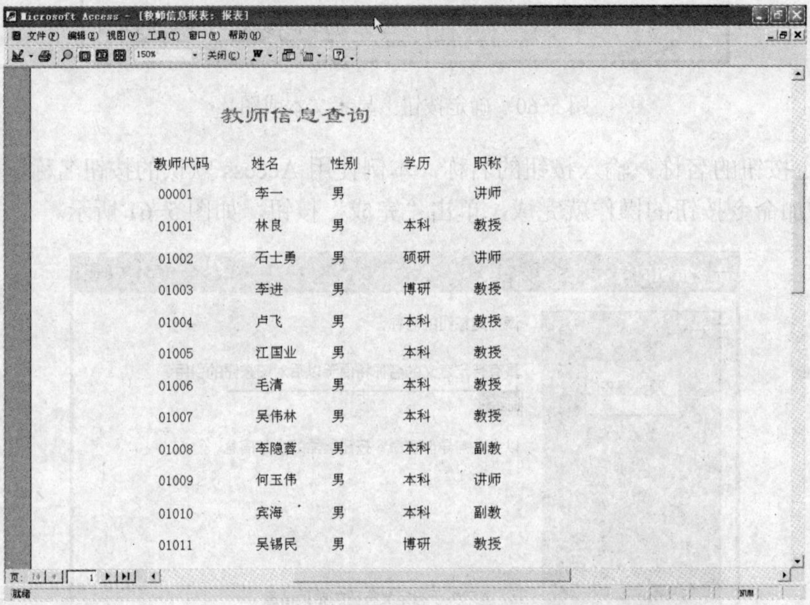

图 5-63   教师信息报表

5.5   报表的计算和汇总

在实际应用中，报表不仅可以显示和打印数据，还可以对数据进行计算和汇总。比如对数据进行排序和分组、分类汇总、计算某个字段的总计或平均值等。本节将介绍如何对报表中的记录按字段进行分组与排序，如何利用报表对数据进行分析、计算和汇总。

5.5.1   在报表中排序与分组

报表对象和其他数据库对象一样，也可以对记录排序或者分组，分组后可以显示各组的汇总信息。

【**实例 5-6**】 以教学管理数据库报表对象中的教师信息报表为基础,将报表的显示数据按照职称进行分组,并显示出各组的教师人数。具体的操作步骤如下。

(1)打开"排序与分组"窗口

① 启动 Access 数据库,打开"教学管理"数据库。

② 在数据库窗口"对象"栏选择"报表"对象。

③ 选择"教师信息报表"报表,在工具栏单击"设计",打开"教师信息报表"的设计视图窗口。

④ 单击工具栏上的排序与分组按钮 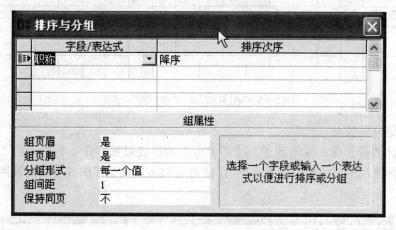,打开如图 5-64 所示的"排序与分组"对话框。

  ↻ 对话框"字段/表达式"用于设置进行分组的字段,"排序次序"用于设置按照升序或降序排序。本例设置按照"职称"分组,"排序次序"设置"降序"。

  ↻ "组属性"用于设置"组页眉"、"组页脚"等。本例选择"组页眉"、"组页脚"的属性都是"是",增加这两个节,如图 5-64 所示。

图 5-64 "排序与分组"对话框

(2)在组页眉添加文本框

在设计视图中将主体的"职称"文本框拖动到职称页眉中,同时把页面页眉的标签"职称"拖到"职称页眉"。如图 5-65 所示,这样同一个组的职称只显示一次,更为清楚明了。

(3)在组页脚中添加统计字段

按照例题要求,若要统计出各组的教师人数,必须增加一个文本框来显示人数。具体的操作步骤如下。

① 在工具箱中选择文本框 **ab|**,添加到职称页脚中,这个文本框的表达式是"=Count([教师代码])"

② 分别增加两个标签在文本框的左右,内容分别是"共:"、"人",如图 5-54 所示。

提示: "Count"函数用于计数统计,Count([教师代码])用于统计职称相同的组中教师代码共多少个。由于教师的教师代码是不重复的,所以教师代码的个数就代表了教师的个数。

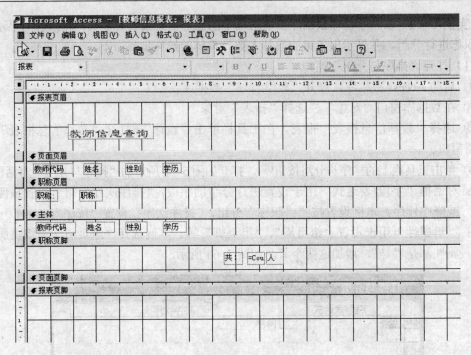

图 5-65　"组页眉"、"组页脚"设置

（4）预览分组报表

完成上面的操作后，就创建了一个带有分组的报表对象，在工具栏上的"视图"下拉框中选择"预览视图"或者"版面视图"，就可以切换到预览视图或者版面视图预览创建的报表，如图 5-66 所示。

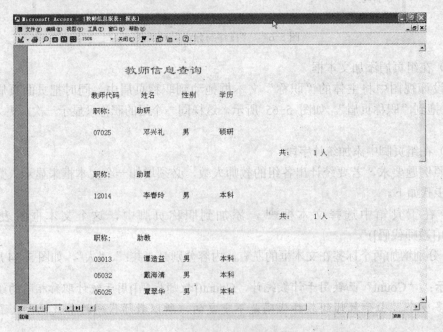

图 5-66　带有分组的报表

5.5.2　在报表中添加计算字段

根据实际情况，有时需要在报表中进行数值计算，为此需要先创建用于计算数据并显示计算结果的控件，这类控件被称为计算控件。常用文本框或标签做计算控件，也可以用其他有"控件来源"属性的控件。在实例 5-5 中使用到的存放教师个数的文本框实际上就是一个计算控件。

【实例 5-7】　以教学管理数据库报表对象中的教师信息报表为基础，将报表的显示数据按照"职称"得到工作量系数，当职称是"教授"时，工作量系数是 1，如果是其他时，工作量系数是 0.5。具体的操作步骤如下。

（1）打开设计视图窗口

① 启动 Access 数据库，打开"教学管理"数据库。

② 在数据库窗口"对象"栏选择"报表"对象。

③ 选择"教师信息报表"，在工具栏单击"设计"按钮，打开"教师信息报表"的设计视图窗口。

（2）在报表中添加计算字段

根据例题，需要增加一个字段存放工作量系数，具体的操作步骤如下。

① 在页面页眉节中增加一个计算字段标签"工作量系数"，如图 5-67 所示。

② 在主体节中对应"工作量系数"标签的下方增加一个文本框控件，在文本框控件中输入表达式"=IIF([职称]="教授"，"1"，"0.5")"，如图 5-67 所示。

图 5-67　报表布局

提示

➤ "IIf" 函数表示，如果条件表达式 IIf([职称])= "教授" 成立，即值为真时，函数值
为 "1"，否则，函数值为 "0.5"。

➤ 在文本框输入计算表达式时，可以在 "文本框" 属性对话框的 "数据" 选项卡 "控
件来源" 属性框中输入，如图 5-68 所示。也可以通过单击⋯按钮打开表达式生成
器，直接在 "表达式生成器" 对话框中输入，如图 5-69 所示。在对话框中可以直接
选择函数、字段名称、运算符等。

➤ 表达式前都要加 "=" 等于号，表达式的符号都是英文输入状态下的字符。

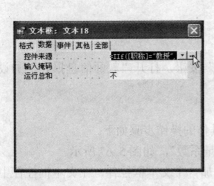

图 5-68 "文本框" 控件属性

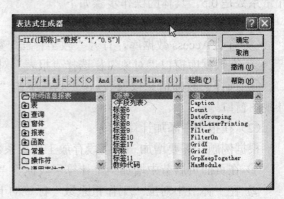

图 5-69 "表达式生成器" 对话框

（3）预览报表

完成上面的操作后，就创建了一个带有计算字段的报表对象，在工具栏上的 "视图"
下拉框中选择 "预览视图" 或者 "版面视图"，就可以切换到预览视图或者版面视图预览创
建的报表，如图 5-70 所示。

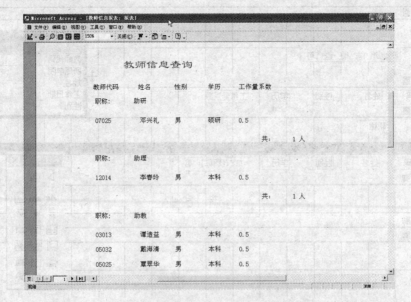

图 5-70 含有计算字段的报表

5.6 美化报表

通过设计视图可以修改已经创建的报表，对报表进一步美化。报表美化的方法与窗体类似，可以使用自动套用格式，或者自行设计，具体的操作方法与美化窗体相同。

5.6.1 自动套用格式

通过套用 Access 提供的报表格式，可为报表自动套用美观的格式，以教学管理数据库的教师信息报表为例，自动套用格式的具体操作步骤如下。

1. 打开设计视图窗口

① 启动 Access 数据库，打开"教学管理"数据库。

② 在数据库窗口"对象"栏选择"报表"对象。

③ 选择"教师信息报表"，在工具栏单击"设计"按钮，打开"教师信息报表"的设计视图窗口。

2. 自动套用格式

① 单击工具栏上的自动套用格式按钮 ，打开如图 5-71 所示的窗口。

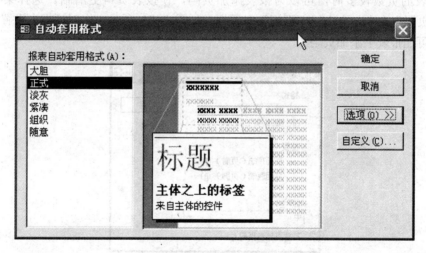

图 5-71 自动套用格式

② 在左边的格式列表中选择合适的格式，如选择"紧凑"，右边显示预览这种格式的效果。也可以单击"选项"按钮，确定这种格式的应用属性，默认也体现在"字体"、"颜色"、"边框"上。设置完后，单击"确定"按钮。

3. 预览报表

完成上面的操作后，就创建了一个使用"紧凑"格式的报表对象，在工具栏上的"视图"下拉框中选择"预览视图"或者"版面视图"，就可以切换到预览视图或者版面视图预览创建的报表，如图 5-72 所示。

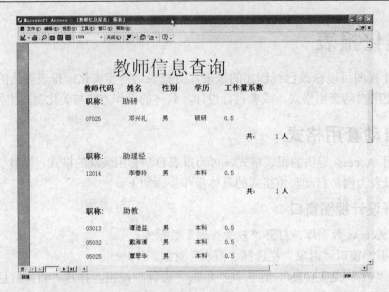

图 5-72　使用自动套用格式的报表

5.6.2　添加页码或日期时间

当报表的页数较多时，可以为报表添加页码，使报表资料更清晰。选择菜单栏"插入"→"页码"命令，会出现"页码"对话框，如图 5-73 所示。在对话框中设置起始页码数字，即可在报表中添加页码。

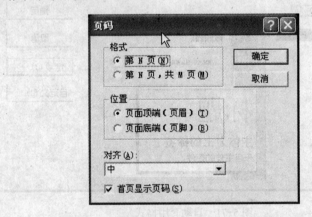

图 5-73　"页码"对话框

选择菜单栏"插入"→"日期和时间"命令，打开"日期和时间"对话框，选择合适的格式后，单击"确定"按钮，即可插入一个显示日期和时间的控件。

5.6.3　页码设置

在打印之前，还可以进行页面设置，调整实际打印的版式。如纸张大小，打印方向横向还是纵向。系统默认的打印方向是纵向，如果设计报表是超过纵向纸张的显示宽度时，在预览报表时系统就会提示"节宽度大于页宽度"的消息框，如图 5-74 所示。此时可以调整打印方向，保证打印效果。设置时选择菜单栏"文件"→"页面设置"命令，即可打开"页面设置"对话框进行对应的设置。

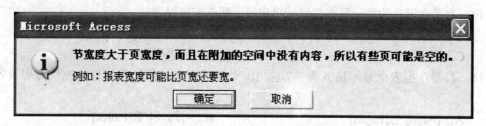

图 5-74　节宽度大于页宽度

习题 5

一、思考题

1．报表有哪些常见的类型，它们各自有什么特点？

2．报表的设计视图由几个节组成，它们各自的功能是什么？

二、选择题

1．报表的设计视图最多由（　　）组成的。

　　A．5　　　　　　　　B．3　　　　　　　　C．4　　　　　　　　D．7

2．如果要印制大量的员工名片，使用（　　）最方便。

　　A．纵栏式报表　　　B．表格式报表　　　C．标签式报表　　D．图表式报表

3．文本框控件通常通过（　　）添加到报表中。

　　A．字段列表　　　　B．属性栏　　　　　C．工具箱　　　　D．节

4．报表中要显示一组数据的记录个数，在计算控件中要用到（　　）函数。

　　A．sum　　　　　　B．count　　　　　　C．max　　　　　D．min

5．报表是由不同种类的对象组成的，每个对象包括报表都有自己独特的（　　）窗口。

　　A．属性　　　　　　B．工具箱　　　　　C．字段列表　　　D．工具栏

6．在关于报表数据源设置的叙述中，以下正确的是（　　）。

　　A．可以是任意对象　　　　　　　　B．只能是表对象

　　C．只能是查询对象　　　　　　　　D．可以是表对象或查询对象

7．在报表设计的工具栏中，用于修饰版面以达到更好显示效果的控件是（　　）。

　　A．直线和矩形　　　　　　　　　　B．直线和圆形

　　C．直线和多边形　　　　　　　　　D．矩形和圆形

8．下面关于报表对数据的处理中叙述正确的是（　　）。

　　A．报表只能输入数据　　　　　　　B．报表只能输出数据

　　C．报表可以输入和输出数据　　　　D．报表不能输入和输出数据

9．用于实现报表的分组统计数据的操作区间的是（　　）。

A．报表的主体区域   B．页面页眉或页面页脚区域

C．报表页眉或报表页脚区域   D．组页眉或组页脚区域

10．为了在报表的每一页底部显示页码号，那么应该设置（   ）。

A．报表页眉   B．页面页眉

C．页面页脚   D．报表页脚

11．若要在报表上显示格式为"7/总 10 页"的页码，则计算控件的控件源应设置为（   ）。

A．[Page]/总[Pages]   B．=[Page]/总[Pages]

C．[Page]&"/总"&[Pages]   D．=[Page]&"/总"&[Pages]

第 6 章 数据访问页

数据访问页是 Access 的一个很特别的数据库对象，它其实是一种特殊类型的在浏览器上使用的网页，是直接链接到数据库中数据的一种 Web 页，它是 Access 2003 的功能扩展之一，它可以用于查看、添加、编辑、更新、删除、筛选、分组以及排序来自 Internet 或者 Intranet 上的数据。

6.1 数据访问页的概念

6.1.1 数据访问页的定义

数据访问页是链接到数据库的特殊 Web 页，通过数据访问页，用户可以在 IE 浏览器上查看和操作来自 Access 数据库（.mdb）、SQL Server 数据库的数据，或者其他数据源（如 Excel 等）的数据。数据访问页使用 HTML 代码、HTML 内部控件和一组称为 Microsoft Office Web Components 的 ActiveX 控件来显示网页上的数据。

数据访问页来自一个独立的文件，存放在 Access 之外，但当用户创建了一个数据访问页后，Access 会在数据库窗口的"页"对象的页列表对象列表中自动地增加一个图标，这个图标是链接到磁盘上的 HTML 页文件的一个链接。

6.1.2 数据访问页的作用

数据访问页作为 Access 的特殊对象，可以完成如下功能。

① 远程发布数据：将数据库中的内容发布到 Intranet 或 Internet 上，用户可以远程浏览、查看数据中的数据。

② 远程维护信息：用户可以远程编辑、添加、删除数据访问页中的数据，这些修改将反映到数据访问页的数据库源上。

③ 信息的更新：浏览数据访问页时，可以使用浏览器上的刷新方法来查看到数据库中的最新信息。

提示：窗体、数据访问页、数据访问页同是 Access 的数据库对象，它们的作用有各自的特点。一般情况下，在 Access 数据库中输入、编辑数据，而且需要和用户交互时，可以使用窗体，也可以使用数据访问页，但不能使用数据访问页；通过 Internet 或者 Intranet 在 Access 数据库之外输入、编辑和交互处理数据时，只能使用数据访问页，而不能使用窗体或者数据访问页；如果要打印发布的数据时，一般使用数据访问页，也可以使用窗体或数据访问页，但数据访问页的效果更好；如果要通过电子邮件发布数据，只能使用数据访问页。

6.1.3 数据访问页的视图

Access 提供了三种有关数据访问页的视图：设计视图、数据页视图和 IE 视图。创建和使用数据访问页时，可以根据实际需要在这三种视图之间进行切换。

1．设计视图

数据访问页的设计视图和其他 Access 数据库对象的设计视图类似，用于新建一个数据访问页或者修改已经建立的数据访问页。如果是创建新的数据访问页，可以有两种方式进入该视图。

① 单击"页"对象，双击"在设计视图中创建数据访问页"，即可打开数据访问页的设计视图窗口，如图 6-1 所示。

② 单击"页"对象，单击工具栏上的"新建"按钮，打开"新建数据访问页"界面，选择"设计视图"→"数据的来源表或查询"，如图 6-2 所示界面，即可打开数据访问页的设计视图窗口，如图 6-3 所示。

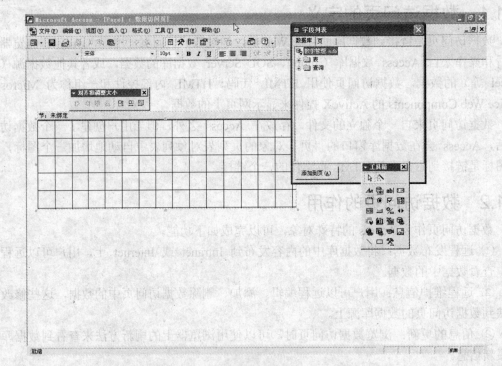

图 6-1　数据访问页的设计视图窗口

数据访问页的设计视图也可以用于修改已经建立的数据访问页。具体的操作步骤如下。

① 启动 Access 数据库，打开要打开数据访问页所在的数据库。

② 在数据库窗口"对象"栏选择"页"对象。

③ 在页对象列表中单击选中要打开的数据访问页名称，再单击工具栏上的 📐 "设计"按钮，即可打开数据访问页的设计视图窗口。

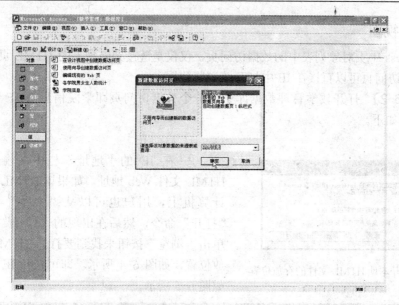

图 6-2　打开"新建数据访问页"窗口

2．数据页视图

数据页视图用于浏览已经创建的数据访问页。

【实例 6-1】　打开"教学管理"数据库中的一个数据访问页"学院信息"的数据页视图。具体的操作步骤如下。

① 启动 Access 数据库，打开"教学管理"数据库。

② 在数据库窗口"对象"栏选择"页"对象。

③ 在页对象列表中双击要打开的数据访问页"学院信息"，即可打开数据访问页的数据页视图窗口，如图 6-3 所示。

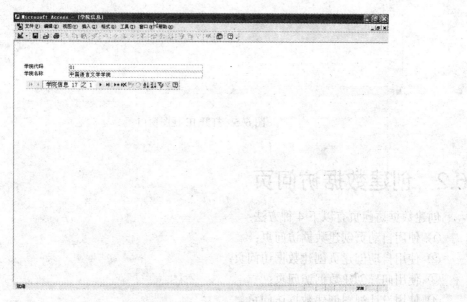

图 6-3　打开数据访问页的数据页视图窗口

3. IE 视图

在 Access 中页对象列表中的数据访问页，仅仅是链接到磁盘上的 HTML 页文件的一个链接，数据访问页可以直接在 IE 中打开并浏览数据。

【**实例 6-2**】 打开教学管理数据库中的一个数据访问页即学院信息的 IE 视图。具体的操作步骤如下。

图 6-4　打开本地 HTML 文件的存放位置

① 启动 IE。

② 在 IE 的"地址"栏中，输入要打开的 HTML 文件 Web 地址。如果该 HTML 文件在本地计算机上，用户也可以从"文件"菜单中选择"打开"命令，然后在出现的"打开"对话框中，单击"浏览"按钮来找到要打开 HTML 文件的存放位置，如图 6-4 所示。即可打开 IE 视图窗口，如图 6-5 所示。

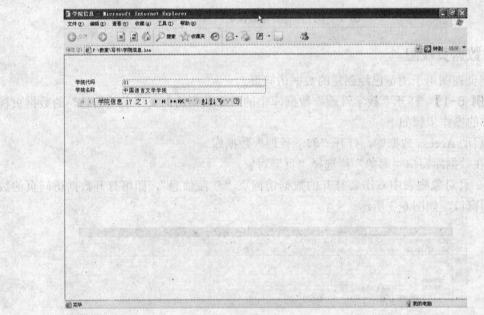

图 6-5　打开 IE 视图窗口

6.2　创建数据访问页

创建数据访问页有以下 4 种方法：
① 使用自动页创建数据访问页；
② 使用自动创建页创建数据访问页；
③ 使用向导创建数据访问页；
④ 使用设计视图创建数据访问页。

以上 4 种方法各自有各自的特点。使用自动页创建数据访问页的方式最快捷简单，但是创建的数据访问页只有详细记录；使用自动创建页创建数据访问页也非常快捷简单，但是只能创建纵栏式的数据访问页；使用向导可以创建更多类型的数据访问页，而且可以为用户完成大部分基本操作，加快数据访问页的创建过程。一般情况下，可以选择通过向导创建后，再通过设计视图调整的方式创建数据访问页。

6.2.1　使用自动页创建数据访问页

对于一些简单的表或只是利用数据访问页对数据进行一般性的浏览，可以利用自动页创建功能创建数据访问页。使用这种方式能够快速地创建数据访问页，但是只能显示详细记录。

使用自动页创建数据访问页的方式有以下两种。

① 在数据库窗口，选中要创建数据访问页的表或者查询，在自动创建列表选择"页"即可，如图 6-6 所示。自动创建的数据访问页如图 6-7 所示。

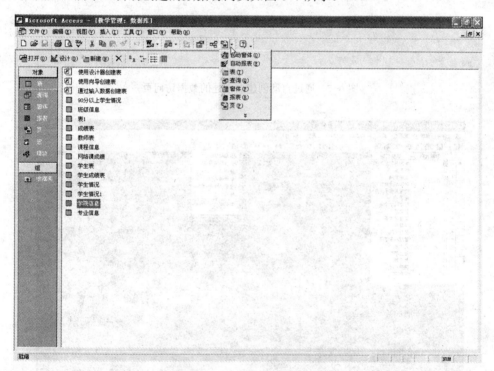

图 6-6　自动创建列表

② 打开要创建数据访问页的表或者查询，在自动创建列表选择"页"即可，如图 6-8 所示。

6.2.2　使用自动创建页创建数据访问页

自动创建页创建数据访问页的方式只需要选择数据访问页的类型，Access 提供了纵栏式的数据访问页供选择，再选择待创建数据访问页的表或者查询的名称，即可创建出对应的数据访问页。具体的操作步骤如下。

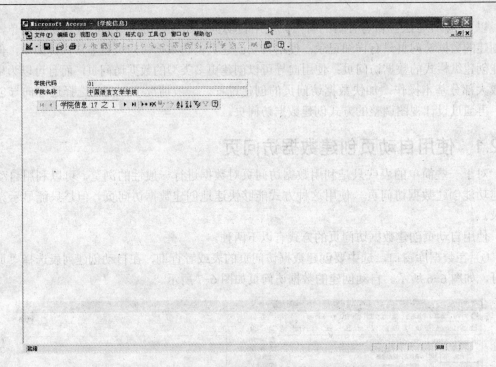

图 6-7　通过自动创建页创建的数据访问页

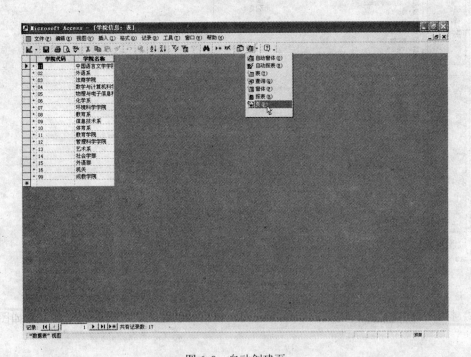

图 6-8　自动创建页

① 在数据库窗口"对象"栏选择"页"对象。

② 单击数据库窗口工具栏上的"新建"按钮，打开"新建数据访问页"窗口。

③ 使用自动创建页创建数据访问页的方式，选择"自动创建数据页：纵栏式"，并且

选择待生成数据访问页的表或者查询，单击"确定"按钮。

④ 保存系统自动生成的数据访问页即可。

提示：使用自动创建页创建数据访问页的方式是基于单个表或者单个查询的，如果要创建基于多个表或者查询的数据，可以先创建一个查询，然后再根据这个查询来创建数据访问页。

6.2.3　使用向导创建数据访问页

使用自动数据访问页或者自动创建数据访问页的方式可以快捷地创建一个数据访问页，但是数据源只能是一个表或者一个查询。当数据访问页的数据需要来自多个表或者多个查询时，尽管可以将它们合成一个查询再生成数据访问页，但是 Access 提供了一种可以基于多个表或者查询创建数据访问页的方式，即通过向导的方式。

通过向导的方式只需要回答向导的几个问题，就会根据用户回答的记录源、字段、版面及所需格式等问题创建数据访问页。创建的数据访问页对象可以包含多个表中的字段，并且可以对记录分组、排序。

【实例 6-3】　以教学管理数据库中的各学院男女生统计情况查询为数据源，利用数据访问页向导创建数据访问页——各学院男女生统计。具体的操作步骤如下。

（1）启动报表向导

① 启动 Access 数据库，打开"教学管理"数据库。

② 在数据库窗口"对象"栏选择"页"对象。

③ 双击"使用向导创建数据访问页"即可打开"数据页向导"窗口，启动数据页向导，如图 6-9 所示。

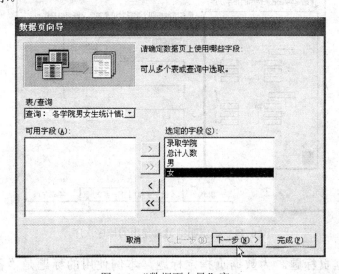

图 6-9　"数据页向导"窗口

（2）回答向导提问

① 确定数据访问页上使用的字段。在"表/查询"下拉列表选择"各学院男女生统计情况"，在"可用字段（A）"中选择全部字段到"选定的字段"，单击"下一步"按钮。

②　确定分组级别。本例按照"录取学院"进行分组，单击"下一步"按钮，如图 6-10 所示。

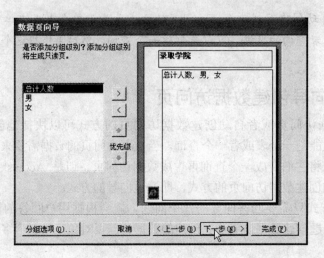

图 6-10　添加分组级别

③　明细记录使用的排序次序

Access 最多可以按四个字段对记录排序。本例按照"总计人数"升序对记录排序，单击"下一步"按钮，如图 6-11 所示。

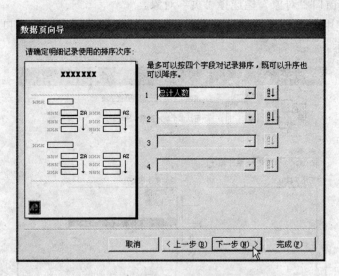

图 6-11　确定明细记录使用的排序次序

④　确定数据页标题。为数据页指定标题，本例使用的标题是"各学院男女生统计"，单击"完成"按钮，如图 6-12 所示。随后，Access 会根据用户的回答生成对应的数据访问页，如图 6-13 所示。

（3）保存数据访问页对象

将页对象保存为"各学院男女生统计"。

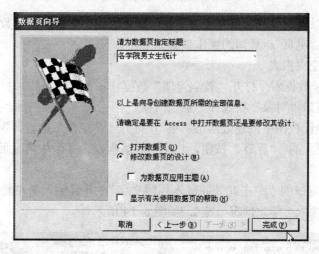

图 6-12　确定数据页标题

（4）调整页

如果对向导自动创建的数据访问页不满意，可以通过设计视图进行修改，具体的操作步骤如下。

① 进入数据库窗口，在"对象"栏选择"页"。

② 单击需要调整的报表"各学院男女生统计"，单击工具栏上的"设计"按钮，打开设计视图窗口，按照用户需要进行调整。

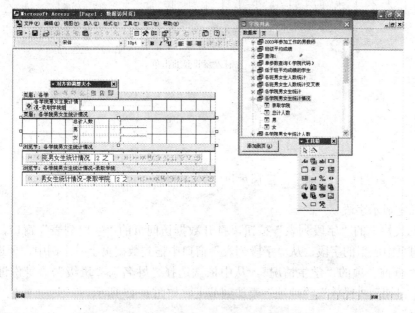

图 6-13　由向导创建的数据访问页

6.2.4　使用设计视图创建数据访问页

与其他数据库对象一样，数据访问页也可以使用设计视图来创建。

【**实例 6-4**】　以教学管理数据库中的学生情况查询为数据源，利用数据访问页向导创建数据访问页"学生情况页"。具体的操作步骤如下。

（1）新建一个空白报表

① 启动 Access 数据库，打开"教学管理"数据库。

② 在数据库窗口"对象"栏选择"页"对象。

③ 双击"在设计视图中创建数据访问页"，打开一个空白页的设计视图。

④ 单击工具栏上的 "保存"按钮，将空白报表保存为"学生情况页"。

（2）确定标题

单击设计视图窗口的"单击此处并键入标题文字"，并且输入要在数据页最上端出现的文字信息。本例中输入"学生情况一览"，如图 6-14 所示。

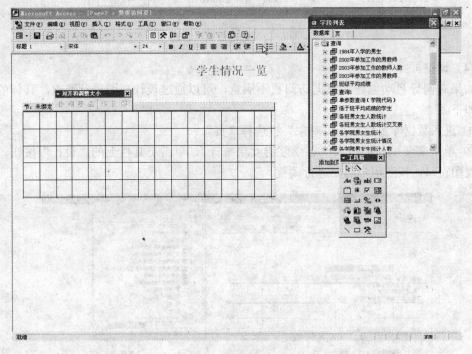

图 6-14　确定页标题

（3）确定显示字段

单击工具栏上的"字段列表"按钮，打开数据访问页的"字段列表"窗口，然后将要在数据访问页中应用的字段，从"字段列表"窗口中拖到数据页上。本例中，要选择"字段列表"中"查询"项的"学生情况"，从中依次选择"姓名"、"班级"、"身份证号"、"性别"、"出生日期"、"民族"、"地址"添加到节上，如图 6-15 所示。

提示：工具箱的使用、控件的使用方式与窗体、报表等数据库对象中的使用方法很类似。可以通过单击"工具箱"工具栏上的按钮向数据页中加入其他控件，也可以单击工具栏上的属性按钮，改变控件的属性。用户还可以右击 Access 工具栏，然后在快捷菜单中选择"对齐方式和尺寸调整"命令，打开对齐方式和尺寸调整工具栏，使用它来修改控件和标签的对齐方式和尺寸。

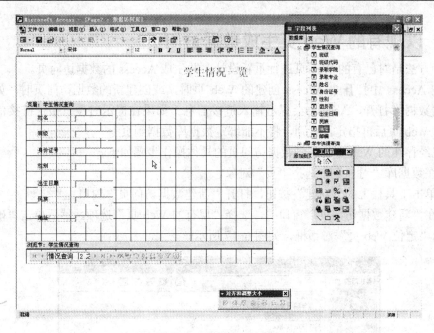

图 6-15　确定显示的字段

（4）预览页

数据表视图创建完毕后，单击"视图"按钮切换到数据页视图，查看所创建的数据页效果，如图 6-16 所示。

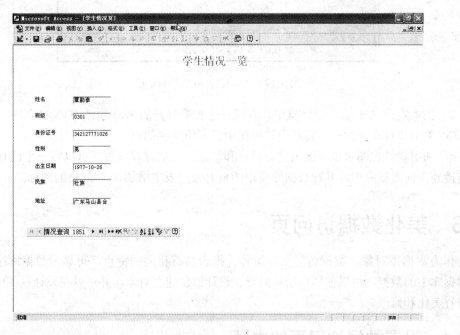

图 6-16　预览页

本例中通过预览可以发现有些控件的长度不够长，导致显示内容不完全。如存放"地址"的控件太短，这时，可以切换回设计视图，重新调整控件的长度。

6.2.5　以现有的 Web 页生成数据访问页

这种方法是对已有的 Web 页进行重新设计，并生成 Access 的数据访问页。

当在 Access 中打开非 Access 创建的 Web 页时，或创建新的数据访问页时，如果没有把相应的数据库打开，Access 会提示输入链接信息。如果在提示时没有指定链接信息，需要在打开 Web 页后再指定，否则，将不能绑定数据库数据到页上。

将已经存在的 Web 页加入到数据访问页的具体操作步骤如下。

① 在数据库"对象"中选择"页"对象。

② 单击工具栏上的"新建"按钮，打开"新建数据访问页"窗口。

③ 在"新建数据访问页"窗口中，选择"现有的 Web 页"选项，然后单击"确定"按钮，弹出"定位 Web 页"对话框，如图 6-17 所示。

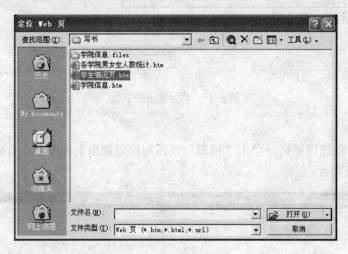

图 6-17　"定位 Web 页"对话框

④ 在"定位 Web 页"对话框中，查找并选择要打开的 Web 页或 HTML 文件。

⑤ 单击"打开"按钮，将在设计视图中打开所选择的页。

⑥ 利用设计视图可以对该页进行设计和修改。最后保存该页，可以将一个已有的 Web 页链接到当前数据库中，并在数据库窗口的页对象列表中增加该 Web 页的图标。

6.3　美化数据访问页

作为数据库对象，数据访问页与窗体、报表具有相同的特点，可显示数据库中表或查询数据库中的数据，可以使用自动、向导、设计器创建页对象，并可以在设计视图中对页对象进行美化和修改。

6.3.1　设置数据访问页的主题

主题是项目符号、字体、水平线、背景图像和其他数据访问页元素的设计和颜色方案的统一体。主题有助于方便地创建专业化设计的数据访问页。用户只需要选择某种主题，就可以改变创建的数据访问页的整体效果。

【**实例 6-5**】 改变教学管理数据库的数据访问页"学生情况页"的主题，并选择主题为"冰川"。具体的操作步骤如下。

（1）开设计视图窗口

① 启动 Access 数据库，打开"教学管理"数据库。

② 在数据库窗口"对象"栏选择"页"对象。

③ 单击"学生情况页"数据访问页，在工具栏单击"设计"按钮，打开"学生情况页"的设计视图窗口。

（2）改变主题

① 选择"格式"菜单中的"主题"命令，打开"主题"窗口。

② 在"请选择主题"列表中，选择要使用的主题名称，并且可以在右侧的主题示范框中预览所选中主题的样式。本例选择"冰川"，如图 6-18 所示。

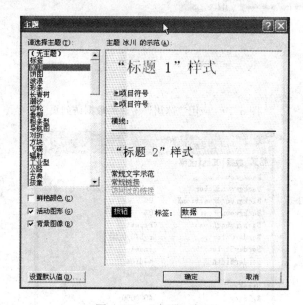

图 6-18 "主题"窗口

③ 用户还可以根据需要，选择下方的三个复选框"鲜艳颜色"、"活动图形"、"背景图像"来决定是否在主题中出现这些信息。本例选择系统默认选择的"活动图形"、"背景图像"。

④ 单击"确定"按钮，即可以在数据访问页中看到改变的效果，如图 6-19 所示。

6.3.2 设置页元素属性

节是数据访问页的一部分。如页眉、页脚等。在数据访问页中，可以选择在节中按照相对或者绝对位置放置控件或其他元素。由于数据访问页的默认方式是按照绝对位置放置控件，因此即使在重新调整窗口大小后，控件位置也不会改变。

与其他数据库对象类似，设置元素属性，先在设计视图中打开要设置属性的数据访问页，选择要设置属性的对象，单击工具栏上的"属性"按钮，弹出"属性"窗口，如图 6-20

所示。在对象的"属性"窗口中设置对象属性的方法，与在窗体、报表中这种对象属性的方法相似，此处不再赘述。

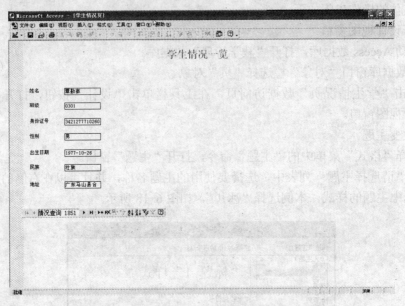

图 6-19　应用"冰川"主题的数据访问页

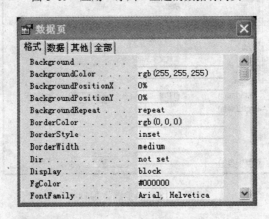

图 6-20　数据页"属性"窗口

6.3.3　建立链接

用户可以通过为数据访问页建立链接，实现跳转功能，可以跳转到同一个或者另一个 Access 数据库中的对象上，或者可以跳转到 Word 文档，也可以跳转到 Internet 或者 Intranet 上的文档上。Access 中的页对象常用的链接有以下几种。

1．链接数据

使用链接文件，可以将一个或者多个数据访问页绑定到数据源上，每次打开具有链接数据的页时，Access 会自动读取链接到该页上的链接文件，并根据链接文件的内容，将该页链接到适当的数据源上。

使用这种方式的优点是：如果有若干页要链接到公共数据源，那么这些页可以共享同一个链接文件。当移动或者复制该数据源后，无需更新每个独立页的 Connection String 属性，只需重新编辑链接文件中的链接信息，使页指向正确的位置即可。

建立链接时可以使用的文件格式有两种：Office Data Connection(.odc)格式和 Universal Data Link(.udl)格式。

在创建数据访问页时，有以下两种选择。

① 将页链接到一个链接文件。在创建链接文件与页之间的链接时，该页的 Connection File 属性被设为文件的名称，每次打开页时，Access 都会读取对应的链接文件，提取链接信息，并设置页的 Connection String 属性。

② 只使用链接文件而不创建链接。在创建页时可以使用链接文件的内容设置该页的 Connection String 属性。

设置或改变数据访问页的链接信息的具体操作步骤如下。

① 打开要设置或修改的数据访问页的设计视图窗口。

② 从"编辑"菜单下选择"选择页"命令，打开数据访问页的属性表。

③ 选择"数据"选项卡，在 Connection File 属性框中输入新的链接文件，Access 会自动更新 Connection String 属性。

提示：如果要编辑的是页的链接文件，可以在要链接的文件上单击鼠标右键，在弹出的快捷菜单中选择"打开方式"命令下的"记事本"子命令，将会弹出名为该链接文件的"记事本"，对其进行修改然后保存关闭即可。

2．链接图形

在 Access 中，不仅可以链接数据，还可以将图形链接到数据访问页上，这样不仅可以减少数据访问页的大小，还可以快速更新图形。具体的操作步骤如下。

① 打开要链接图形的数据访问页的设计视图。选择好要为其自定义工具栏的记录导航节。

② 将包含非活动图像的文字的名称设为包含活动图像的文件名，而且后面跟有字符串"Inactive"，然后双击要更改其图片的按钮。

③ 打开"属性"窗口，在属性表中单击"其他"选项卡。

④ 在 Src 属性框中输入活动图片文件的路径和名称即可。

3．链接图表

除了图形，Access 还提供了在数据访问页上创建用于 Web 的图表的功能。具体的操作步骤如下。

① 打开要链接图表的数据访问页的设计视图。

② 在工具箱中选择"Office 图表"按钮，添加到数据访问页的合适位置。

③ 回答 Office 图表添加向导的问题。包括选择图表类型和子图表类型、选择可用数据源、选择数据组织方式、从系列和值框中选择内容。

④ 单击工具栏上的"字段列表"按钮，显示字段列表，将所需的字段拖到适当的位置，再对图表进行自定义即可完成此次设置。

6.4　Access 对象导出为数据访问页

在 Access 中，表、查询、窗体、报表对象，均可以直接导出成数据访问页的形式。

【实例 6-6】　将"教学管理"数据库中的"网络课成绩"表导出为数据访问页。具体的操作步骤如下。

① 启动 Access 数据库，打开"教学管理"数据库。

② 在数据库窗口"对象"栏选择"表"对象。

③ 单击选中"网络课成绩"表。

④ 选择"文件"菜单中的"导出"命令。打开"导出为"窗口。

⑤ 如图 6-21 所示，在"将表'网络课成绩'导出为"对话框，指定导出文件要保存的位置，并且在"保存类型"中选择"HTML 文档"类型，单击"保存"按钮，即可使用"编辑现有的 Web 页"的形式查看该表，如图 6-22 所示。

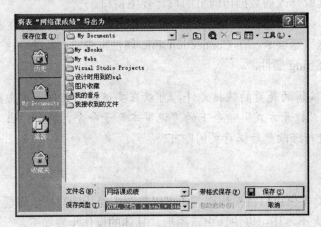

图 6-21　"将表'网络课成绩'导出为"对话框

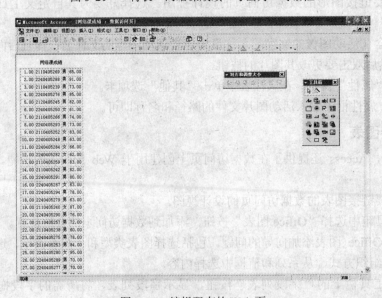

图 6-22　编辑现有的 Web 页

提示：如果选中的对象是窗体或者查询，则会出现"HTML 输出选项"对话框，如图 6-23 所示，要求用户指定使用的 HTML 模板。在该对话框中，用户可以直接单击"确定"按钮使用默认的 HTML 模板，或者单击"浏览"按钮寻找其他合适的 HTML 模板。

图 6-23　"HTML 输出选项"对话框

习题 6

一、思考题

数据访问页的作用是什么？什么时候适合使用数据访问页？

二、选择题

1. 数据访问页可以简单地认为就是一个（　　）。

A. 网页　　　　　　B. 数据库文件　　　　C. word 文件　　　　D. 子表

2. 改变数据访问页的主题，可以选择菜单中的（　　）操作。

A. 格式－外观　　　B. 视图－主题　　　　C. 格式－主题　　　　D. 视图－外观

3. 数据访问页是一种独立于 Access 数据库的文件，该文件的类型是（　　）。

A. TXT 文件　　　　B. HTML 文件　　　　C. MDB 文件　　　D. DOC 文件

4. 可以将 Access 数据库中的数据发布在 Internet 网络上的是（　　）。

A. 查询　　　　　　B. 数据访问页　　　　C. 窗体　　　　　　D. 报表

三、填空题

1. Access2003 提供了 3 种有关数据访问页的视图，它们分别是：_____、_____和_____。

2. 数据访问页是采用_____语言进行编码的。

3. 可以在数据访问页中添加的链接有_____、图表、_____。

4. 通常来说，数据访问页就等同于_____。

5. 使用菜单_____可以将 Access 对象导出成数据访问页。

第 7 章 宏

宏是 Access 的重要对象，是一系列操作的集合，其主要作用是实施操作的自动化。利用宏操作可以提高工作效率，通过把宏、窗体、报表、控件相结合，实现统一的数据库管理系统。

本章主要介绍宏的基本概念，创建宏和运行宏的方法，通过一个具体实例介绍几种常见的宏操作，并实现宏和窗体、控件的结合。

7.1 概述

本节将介绍宏的定义、作用及类型等内容。

7.1.1 宏的定义

宏是一种特殊的 Access 对象，它是一个操作的集合，这一系列操作可以完成某特定任务，每一个操作实现一个特定的功能。操作是指 Access 为用户提供的诸如打开某个窗体或者弹出提示框的命令。利用宏可以提示某些任务自动完成。例如，可设置一个密码检测的宏，当用户输入的密码不正确时，自动弹出对话框，并提示用户输入的密码错误。如图 7-1 所示，当用户输入错误密码，并单击"确定"按钮后，系统检测到密码错误，弹出对话框提示用户。

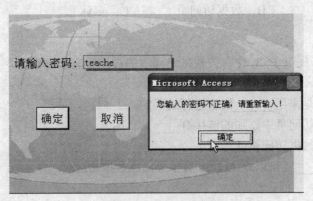

图 7-1 运用密码检测宏

7.1.2 宏的作用

宏可以用于控制其他数据库对象、自动执行某种操作命令的数据库对象，将已经建立的数据库对象组合在一起，构成一个统一的数据库管理系统。一般来说，对事务性的或者重复性的操作，如打开或者关闭窗体、打开或者关闭报表等操作，使用宏可以提高工作效率。它与控制按钮的作用不同，使用宏可以一次完成多个操作命令，而命令按钮只能执行一个命令。

宏的作用主要表现在以下几个方面。

（1）随时打开或关闭数据库对象

通过宏可以打开多个窗体或报表对象，也可以关闭报表或窗体。

（2）自动查找、筛选记录

利用宏加快查找记录的速度。如使用宏把筛选程序加到各个记录中，从而提高记录查找的速度。

（3）自动进行数据校验

通过宏可以很方便地设置检测数据的准则，并校验数据，根据校验结果给用户相应的提示信息。

（4）设置数据库对象的属性

通过宏设置窗体、报表的属性，可将窗体隐藏起来。

（5）自定义工作环境

利用宏不仅可以将所有的数据库对象联系在一起，构成一个数据库管理系统来执行一个或一组特定任务，而且可以创建应用系统的控制菜单。如使用宏可以为窗体定制菜单，允许用户设置其中的内容。

（6）自动传输数据

自动地在各种数据格式之间导入或导出数据。

（7）启动应用程序

使用宏可以启动一些应用程序，可以是 MS-DOS 程序，也可以是 Windows 应用程序。

7.1.3 宏的分类

1．操作序列宏

操作序列宏是结构最简单的宏，宏中只包含按顺序排列的各种操作命令，执行时会按照从上到下的顺序执行，如图 7-2 所示是一个操作序列宏的设计视图。

图 7-2　操作序列宏的设计视图

2．宏组

宏组是由多个宏组成，共同完成一项任务，放在一个组里统一管理。宏组中要为每一个宏取名，如图 7-3 所示，该宏组包括两个宏，分别是"确定"和"取消"。通过带组名的宏名，可以分别使用宏组中的宏，如图 7-4 所示。

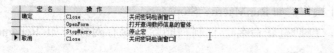

图 7-3　宏组

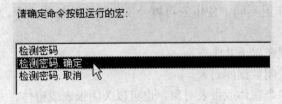

图 7-4　分别使用宏组中的宏

3．条件操作宏

条件操作宏是带有判定条件的宏。运行之前先判断条件是否满足，如果条件满足则执行当前行操作命令，如果不满足，则不执行。在宏的设计视图下，每行的条件只是对本行的"操作"命令有约束力，对其他行没有影响。如图 7-5 所示，是一个用于检测密码的条件操作宏，其中包含两个宏，"确定"宏用于检测用户密码是否正确，如果密码正确时，关闭当前窗口，打开一个新的窗体，否则给出一个对话框提示密码错误；"取消"宏用于关闭当前窗口。

宏名	条件	操作	备注
▶ 确定	[password]="teacher"	Close	关闭密码检测窗口
	…	OpenForm	打开查询教师信息的窗体
	…	StopMacro	停止宏
	[password]<>"teacher" Or [password] Is Null	MsgBox	当密码错误时，给出提示。
		GoToControl	
取消		Close	关闭密码检测窗口

图 7-5　用于检测密码的条件操作宏

宏的条件使用逻辑表达式描述，表达式的真假决定是否执行宏的操作命令。

7.1.4　常见的宏操作命令

宏是由一系列宏操作组成的，宏操作是宏的基础。一般来说，在 Access 中，宏操作按功能可以分为以下几类：

- ↻ 打开或关闭数据表、窗体、查询、报表，如 OpenTable、OpenQuery、OpenForm、OpenReport、Close、Quit；
- ↻ 传输数据，如 PrintOut；
- ↻ 查询、筛选记录，如 FindRecord、FindNext；
- ↻ 控制窗口的大小、位置，如 Maxmize、Minimize、MoveSize；
- ↻ 控制显示和焦点，如 GoToControl；
- ↻ 设置控件的属性，如 SetValue；
- ↻ 模拟按键，如 SendKeys；
- ↻ 建立、运行菜单操作，如 AddMenu；
- ↻ 提示用户，如 MsgBox、Beep；
- ↻ 运行、停止操作，如 RunMacro、StopMacro；
- ↻ 操作对象，包括重新命名、复制、删除、保存对象，如 Rename、CopyObject、DeleteObject、Save。

表 7-1 列出了宏使用的主要操作命令名称和作用。

表 7-1 宏使用的主要操作命令名称和作用

操 作 名	参 数 名 称	参 数 说 明	功 能
OpenTable	表名称	选择要打开的表的名称	在数据表视图、设计视图或打印预览中打开表
	视图	选择要在其中打开表的视图	
	数据模式	选择表的数据输入模式：增加、编辑或只读	
OpenForm	窗体名称	选择要打开的窗体的名称	打开一个指定的窗体，并可选择窗体数据输入或打开窗体的视图方式
	视图	选择要在其中打开窗体的视图	
	筛选名称	输入要应用的筛选	
	WHERE 条件	输入一个 SQL WHERE 语句或者表达式，从窗体的数据基本表或者查询中选择记录	
	数据模式	选择窗体的数据输入模式：增加、编辑或只读	
	窗口模式	选择窗体窗口的模式	
OpenReport	报表名称	选择要打开的报表的名称	打开一个指定的报表，并可选择打开报表的视图方式
	视图	选择要在其中打开报表的视图	
	筛选名称	输入查询的名称或另存为查询的过滤器名称	
	WHERE 条件	输入一个 SQL WHERE 语句或者表达式，从从报表的数据基本表或者查询中选择记录	
Beep	无	无	通过计算机扬声器发出"嘟嘟"的声音
Close	对象类型	要关闭的对象的类型	关闭指定的窗口，如果没有指定的窗口，则关闭当前活动窗口
	对象名称	要关闭的对象的名称	
	保存	选择"是"时，关闭前保存；选择"否"时，关闭前不保存；选择"提示"时，关闭时给出提示	
GoToControl	控件名称	输入要设置焦点的字段或者控件的名称	将焦点移到打开的窗体、报表等对象中的指定对象上
MsgBox	消息	输入将在信息框中显示的消息文本	显示一个含有警告或者提示消息的消息框
	发"嘟嘟"声	选择是否显示消息框时提示"嘟嘟"声	
	类型	选择消息框中显示的图标类型	
	标题	输入显示在消息框标题行中的文本	
PrintOut	打印范围	打印的范围，如"全部"、"全部选择"、"页范围"	打印激活的数据库对象，如打印数据表、报表、窗体等
	开始页码	开始打印的页码	
	结束页码	结束打印的页码	
	打印品质	可选择高品质、中品质、低品质或草稿品质	
	份数	所需打印的分数	
	自动分页	选择"是"时自动分页，选择"否"时将多个副本连续打印	
Quit	选项	退出 Access 时，对没保存对象做处理	退出 Access
RunMacro	宏名	要执行的宏的名称	运行宏
	重复次数	宏运行次数的上限	
	重复表达式	当表达式值为假时，停止运行宏	
SetValue	项目	待设置属性值的字段、控件或属性的名称	设置窗体、报表等数据对象的字段、控件的属性值
	表达式	输入用于设置该项目值的表达式	
StopMacro	无	无	中止当前正在运行的宏

提示：Quit 和 Close 是两种不同的宏操作。前者是退出 Access，后者是关闭指定的窗口，如果没有指定的窗口，就关闭活动窗口。

不同的宏操作，需要设置的操作参数也有可能不同。在使用宏操作时，可以参考"操作参数"设置区的提示信息。将光标放在操作参数上，"操作参数"设置区的右方会出现一些提示信息和语法规则。在设置操作参数的过程中，可以参考这些提示信息。每选择一个宏操作，都会自动显示该宏操作的提示信息。

7.2　创建宏

本节将介绍宏的创建方法。与其他数据库对象不同，宏只有一种视图模式，即设计视图。

1. 打开宏设计视图

① 启动 Access 数据库，打开"教学管理"数据库，如图 7-6 所示。

② 在"对象"栏选择"宏"对象，如图 7-7 所示。

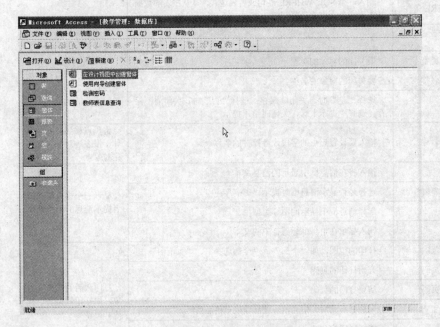

图 7-6　打开"教学管理"　　　　　　　　　　　　图 7-7　选择"宏"对象

③ 单击工具栏上的"新建"按钮，如图 7-8 所示，打开宏设计视图，如图 7-9 所示。

宏的设计视图包含两部分：上部分是设计器，包含"宏名"、"条件"、"操作"、"备注"列。默认是"操作"、"备注"列。其中"宏名"用于为每个基本宏指定一个名称；"条件"用于指定宏操作的条件；"操作"用于设计宏可以执行的操作；"备注"用于说明操作的含义，可写可不写。下半部分为操作参数，有些宏操作是有参数的，如 OpenForm、OpenReport 等。不同的宏操作，其参数内容也可能不同。

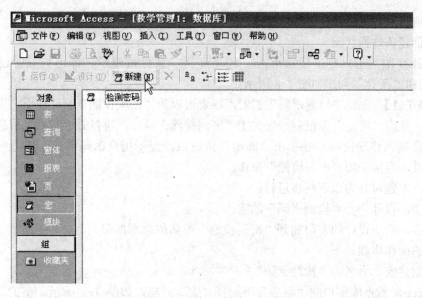

图 7-8 单击"新建"按钮

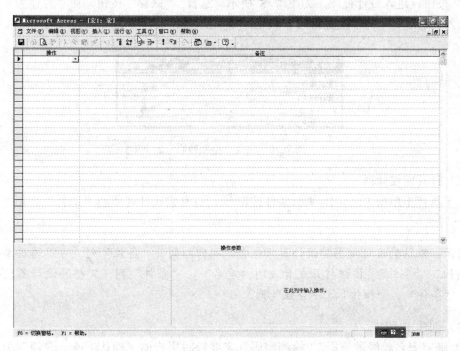

图 7-9 打开宏设计视图

2. 创建宏

（1）创建操作序列宏

在图 7-9 所示的宏设计视图中包含"操作"、"备注"两列，它们是系统默认的视图。可以直接选择宏操作后，保存得到操作序列宏。

（2）创建宏组

在设计视图的工具栏上单击宏名按钮 ，如图 7-7 所示即可打开宏设计视图的"宏名"列。填写宏名，选择相应的宏操作后，保存得到宏组。

（3）创建条件操作宏

在设计视图的工具栏上依次单击宏名按钮 ^略、条件按钮 ^略，即可打开宏设计视图的"宏名"列和"条件"列，如图 7-8 所示。

【实例 7-1】 创建"检测密码"的宏，该宏可以为"密码检测"窗体使用，当用户输入正确密码，单击"确定"按钮后，先关闭"密码检测"窗体，再打开"教师表信息查询"窗体；当用户输入错误密码，并单击"确定"按钮后，提示用户密码错误；当用户单击"取消"按钮时，直接关闭"密码检测"窗体。

分析：本题可分为以下两步进行：

第一步，设计一个"检测密码"的宏；

第二步，将所设计的宏附加到"密码检测"窗体的命令按钮上。

具体的操作步骤如下。

（1）创建宏，命名为"检测密码"

在 Access 数据库窗口的"对象"下选择"宏"对象，如图 7-7 所示。在工具栏上选择"新建"按钮，进入设计视图，如图 7-8 所示。选择 "保存"按钮，在"另存为"对话框内，输入"宏名称"为"检测密码"，单击"确定"按钮保存，如图 7-10 所示。

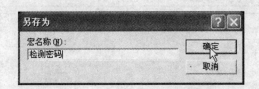

图 7-10　创建"检测密码"宏

（2）打开宏设计器

在工具栏上单击宏名按钮 ^略、条件按钮 ^略，打开宏设计视图的"宏名"列和"条件"列。

提示：默认的设计视图的设计器只包含"操作"列、"备注"列。可以通过单击"宏名"按钮、"条件" 按钮打开或者关闭"宏名"、"条件"列。完整的设计器包含"宏名"、"条件"、"操作"、"备注"列。

（3）创建宏操作

① 确定宏名。经过分析，"检测密码"宏要针对用户的"确认"或"取消"引发不同操作，包含两个宏，一个取名为"确定"，用户完成后单击"确定"按钮后的一系列操作；一个取名为"取消"，完成用户单击"取消"后的一系列操作。

具体操作：在宏设计视图的"宏名"列下的空白单元格输入相关的宏名。

② 确定条件。当用户单击"确定"按钮时，必须判断用户输入的密码是否正确，当密码正确或者错误时，分别对应不同操作。因此，定义"确定"宏，必须同时定义条件，条件为两种，密码正确或者密码错误。但当用户单击"取消"按钮时，自动关闭窗口，不需要条件，因此定义"取消"宏，不需要定义条件。

具体操作：在宏设计视图的"条件"列下的空白单元格输入相关的条件。

提示： 假设正确密码是"teacher"，接受用户输入密码的控件名是"password"。这两个条件分别是：

[password]="teacher"；表示当用户输入的密码正确时。

[password]<>"teacher" Or [password] Is Null；表示当用户输入的密码不正确，或者用户输入的密码是空值时。其中"Null"与空字符串""不同，如果用户没有输入密码，表明对象尚未建立，是"Null"，如果仅仅用[password]<>"teacher"是检测不出的。

"…"表示该行操作命令的条件与上行条件相同。

③ 确定操作。根据各种宏操作命令的功能和要求选择宏操作。本例需要用到的宏操作有 Close，OpenForm，StopMacro，MsgBox，GoToControl。

④ 填写备注，即标明每一行操作的作用。

具体的宏设计视图如图 7-11 所示。

宏名	条件	操作	备注
确定	[password]="teacher"	Close	关闭密码检测窗口
	…	OpenForm	打开查询教师信息的窗体
	…	StopMacro	停止宏
	[password]<>"teacher" Or [password] Is Null	MsgBox	当密码错误时，给出提示。
	…	GoToControl	
取消		Close	关闭密码检测窗口

图 7-11 宏设计视图

如图 7-12 所示的是 OpenForm 操作的"操作参数"设置区，根据本例设计要求，当密码正确时，打开"教师表信息查询"窗体，因此，"窗体名称"项要选择"教师表信息查询"窗体。

如图 7-13 所示的是 MsgBox 操作的"操作参数"设置区，"消息"项中需要填写将在信息框中显示的消息文本，还可以根据具体要求，设置其他项目。

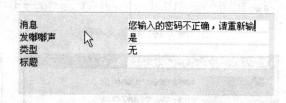

窗体名称	教师表信息查询
视图	窗体
筛选名称	
Where 条件	
数据模式	
窗口模式	普通

消息	您输入的密码不正确，请重新输
发嘟嘟声	是
类型	无
标题	

图 7-12 OpenForm "操作参数"设置区　　图 7-13 MsgBox "操作参数"设置区

（4）将所设计的宏附加到"密码检测"窗体

① 创建"密码检测"窗体。在 Access 数据库窗口的"对象"下选择"窗体"对象，如图 7-14 所示。在工具栏上选择 "新建"按钮，进入"新建窗体"对话框，选择"设计视图"，打开设计视图，如图 7-15 所示。选择 "保存"按钮，在"另存为"对话框内，输入"窗体名称"为"密码检测"，单击"确定"按钮保存。

② 增加文本框控件。根据要求，增加一个文本框，用于接受用户输入的密码，如图 7-16 所示。在该文本框的属性窗口，修改控件名称为"password"，如图 7-17 所示。

③ 增加按钮。根据要求，需要"确定"和"取消"两个按钮。首先，先添加"确定"

按钮，增加一个命令按钮，打开"命令按钮向导"对话框，选择类别"杂项"，执行"运行宏"，如图 7-18 所示。单击"下一步"按钮，选择"命令按钮运行的宏"，"确定"按钮调用的是"检测密码.确定"宏，如图 7-19 所示。单击"下一步"按钮，确定在按钮上是显示图片还是文本，选择"文本"，输入名字"确定"，如图 7-20 所示，单击"下一步"按钮，完成"确定"按钮的设置。其次，添加"取消"按钮，具体方法与添加"增加"按钮相同，在选择"命令按钮运行的宏"中，"取消"按钮调用的是"检测密码.取消"宏，在"取消"按钮上的显示文字时，输入"取消"即可。

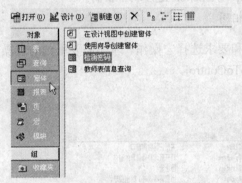

图 7-14 打开窗体对象　　　　　　　　图 7-15 窗体设计视图

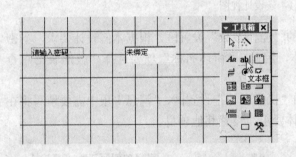

图 7-16 增加文本框

图 7-17 修改控件名称

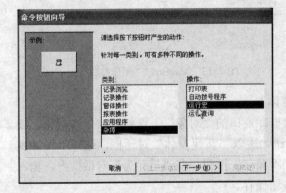

图 7-18 选择按下按钮产生的动作

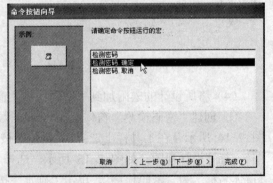

图 7-19 确定命令按钮运行的宏

（5）查看运行效果

打开"密码检测"窗体，输入正确密码"teacher"，如图 7-21 所示，单击"确定"按

钮，自动关闭"密码检测"窗体，并打开"教师信息查询"窗体，如图 7-22 所示；当用户
输入错误密码，如"teache"并单击"确定"按钮后，提示用户密码错误，如图 7-23 所
示，单击"确定"后返回到"密码检测"窗体，并且光标停留在文本框控件上，如图 7-24
所示；当用户单击"取消"按钮时，直接关闭"密码检测"窗体。

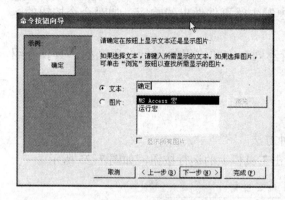

图 7-20　确定命令按钮上的显示

图 7-21　"密码检测"窗体

图 7-22　输入正确密码后

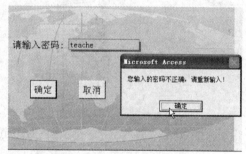

图 7-23　输入错误密码后

图 7-24　输入错误密码后返回界面

7.3　宏的运行

宏的作用是通过一系列操作完成某项特定任务。在执行宏时，Access 从宏的第一个操

作开始，执行宏的所有操作，直到宏的结束点。如果该宏是位于宏组中，则执行宏中所有操作直到开始另一个宏。本节介绍如何运行已经建立的宏。

对于一个已经建立的宏，有两种运行方法，分别是：

① 其他宏或事件过程中直接执行，可通过 RunMacro 操作实现；

② 直接将宏作为对窗体、报表的控件中发生的事件做出的响应，如对命令按钮的响应。

根据宏的类型不同，运行的方式也有所不同。宏和宏组的运行有所区别，具体介绍如下。

7.3.1　宏的执行

根据工作环境不同，宏的运行有以下 3 种方法。

① 从数据库窗口中执行宏，可以直接单击工具栏上的运行按钮，如图 7-25 所示。

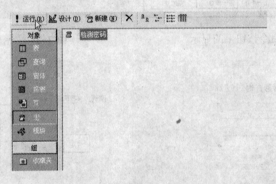

图 7-25　从数据库窗口运行宏

提示：在实例 7-1 中介绍的宏，在"条件"列填写的是"[password]="teacher""，如果直接运行，Access 给出提示，如图 7-26 所示。这是因为没有为控件定义对象，可以按照 Access 要求的格式，为控件指定对象。格式是：Forms![窗体或者报表名称]![控件名称]。此处将 [password]="teacher" 改为 "forms![密码检测]![password]" 即可。

图 7-26　控件未定义对象的提示

② 在打开的宏窗口下执行宏，直接单击工具栏上的运行按钮，如图 7-27 所示。

图 7-27　在打开的窗口下执行宏

③ 从窗体、报表设计视图或 Access 其他数据库对象执行宏，从"工具"菜单选择"宏"→"执行宏"，如图 7-28 所示。在打开的"执行宏"对话框选择要执行的宏，如图 7-29 所示，单击"确定"按钮即可。

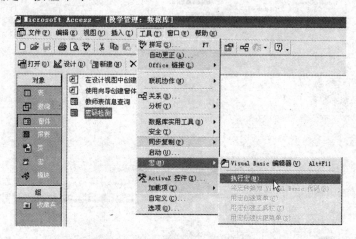

图 7-28　通过"工具"菜单运行宏

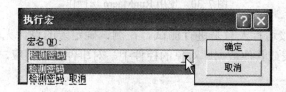

图 7-29　"执行宏"对话框

7.3.2　宏组的执行

宏组的执行和宏的执行类似，但宏组必须逐个执行宏，每次只能执行一个宏。宏组中其他相关的宏可以通过事件过程、工具栏按钮或者自定义菜单命令执行。具体执行方法如下。

① 通过窗体或报表的控件响应事件，如实例 7-1 中，密码检测窗体中的命令按钮的响应事件为运行宏组中的宏。

引用宏名的格式是：

宏组名.宏名，如"检测密码.确定"。

② 宏窗口中使用 RunMacro 宏操作。在参数设置时，选择要运行的宏组的宏即可，如图 7-30 所示。引用宏名的格式是：

宏组名.宏名。

③ 通过"工具"菜单中的"宏"→"执行宏"命令运行宏。具体的操作方法和 7.3.1 节中介绍的宏的运行方法相同。选择执行宏时，如果要执行的宏名出现在列表中，列表中也会包含这个宏组中所有的宏，可以选择相关的宏运行。

④ 在 VBA 程序中运行宏。具体方法是使用 Docmd 对象的 RunMacro 方法，并采用上面提到的引用宏的方法。

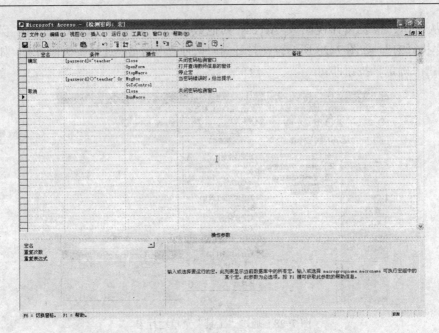

图 7-30　使用 RunMacro 宏操作

　　一般情况下，直接运行宏只是进行测试。在测试确定宏的设计无误后，最终目的都是将宏附件到窗体、报表或其他数据库对象的控件中，对事件做成相应，如例 7-1 所示。

习题 7

一、思考题

1．宏有什么作用？

2．宏有什么类型？

二、选择题

1．宏组是由（　　　）组成的。

A．宏操作　　　　　　　　　　　　B．若干个宏

C．若干个宏操作　　　　　　　　　D．上述都不对

2．以下是宏对象 m1 的操作序列设计：（　　　）。

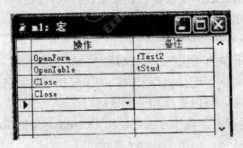

　　假定在宏 m1 的操作涉及的对象均存在，现将设计好的宏 m1 设置为窗体"fTest"上某

个命令按钮的单击事件属性，则打开窗体"fTest"运行后，单击该命令按钮，会启动宏 m1 的运行。宏 m1 运行后，前两个操作会先后打开窗体对象"fTest2"和表对象"tStud"。那么执行 Close 操作后，会（   ）。

A．只关闭窗体对象"fTest"

B．只关闭表对象"tStud"

C．关闭窗体对象"fTest2"和表对象"tStud"

D．关闭窗体"fTest1"和"fTest2"及表对象"tStud"

3．使用宏组的目的是（   ）。

A．设计出功能复杂的宏　　　　　　　　　　B．设计出包含大量操作的宏

C．减少程序内存消耗　　　　　　　　　　　D．对多个宏进行组织和管理

4．用于最大化激活窗口的宏命令是（   ）。

A．Minimize　　　　　　　　　　　　　　　B．Requery

C．Maximize　　　　　　　　　　　　　　　D．Restore

5．宏组中宏的调用格式是（   ）。

A．宏组名.宏名　　　　　　　　　　　　　　B．宏名

C．宏组名!宏名　　　　　　　　　　　　　　D．宏组名![宏名]

6．OpenReport 操作是用来（   ）。

A．打开报表　　　　　　　　　　　　　　　B．打开表

C．打开窗体　　　　　　　　　　　　　　　D．打开查询

7．退出 Access 使用的操作是（   ）。

A．OpenReport　　　　　　　　　　　　　　B．OpenForm

C．Closet　　　　　　　　　　　　　　　　D．Quit

8．如果不指定对象，Close 将会（   ）。

A．关闭当前数据库　　　　　　　　　　　　B．关闭当前活动窗口

C．关闭正在使用的表　　　　　　　　　　　D．退出 Access

9．（   ）操作宏用于最小化活动窗口。

A．Maximize　　　　　　　　　　　　　　　B．Minimize

C．MoveSize　　　　　　　　　　　　　　　D．GoToControl

10．下列关于宏操作的叙述错误的是（   ）。

A．可以使用宏组来管理相关的一系列宏

B．使用宏可以启动其他应用程序

C．所有宏操作都可以转化为相应的模块代码

D．宏的关系表达式中不能应用窗体或报表的控件值

11．在宏的表达式中要引用报表 exam 上控件 Name 的值，可以使用引用式（   ）。

A．Reports!Name　　　　　　　　　　　　　B．Reports!exam!Name

C．exam!Name　　　　　　　　　　　　　　D．Reports exam Name

三、填空题

1．宏的类型可以包括_____、_____和_____。其中_____是结果最简单的宏。

_____是由多个_____组成，共同完成一项任务，放在一个组里统一管理。

2．通过_____可以一步步地检查宏中的错误操作。

3．要打开一个窗体，可以使用_____宏操作。

4．在宏组"学生信息"中执行宏"院系信息"，使用的调用宏的标志是_____。

5．宏的设计视图包括两个部分，分别是_____、_____。

第 8 章　模　　块

Access 提供了表、查询、窗体、报表、宏数据库对象，通过使用宏和控件，可以完成大量不同的数据处理，而不必编写任何代码。比如通过宏和窗体的结合，就能够实现简单的数据库管理系统，但是对于复杂的数据库管理系统，或者是当某个特定的功能不能通过宏和控件实现时，就需要借助 Access 中一个非常重要的对象——Visual Basic 模块。利用 Visual Basic 编写应用程序，通过写代码将数据库中的 VBA（Visual Basic Application）函数和过程结合在一起，作为一个整体来保存，从而实现一些特殊、复杂的应用程序。

8.1　模块的基本概念

8.1.1　面向对象的程序设计简介

面向对象程序设计（OOP）是近年来比较热门的技术，面向对象的程序开发方法代表了程序设计的发展方向。

1. 对象

对象的概念是 Visual Basic 程序设计的核心，也是 Access 中最基本的概念。因此在学习 VBA 之前必须先对"对象"有一定的了解和认识。一个对象就是一个实体，比如窗体、报表或者数据库、数据表、字段这些都是对象。

每个对象都有自己的特征和行为。对象的特征用数据来表示，称为对象的属性，每种对象都有各种各样不同的属性。比如数据表包含的字段数目、字段类型、含义就可以把一张数据表和其他表区别开。比如教师表和学生表都分别定义了数据表对象的两个不同的实例。

对象的行为用对象中的代码来实现，称作对象的方法。比如窗体可以显示（Show 方法）或者隐藏（Hide 方法）。

对象是被封装的，它同时包含其代码和数据，是代码和数据的组合体。它包含 3 个要素：

① 描述对象的外观和行为的属性；
② 实现特定功能的方法；
③ 该对象可以处理的事件。

某些对象可能会包含其他对象，这时，前者就是一种容器，被包含的对象可以有自己的属性。比如说报表中可能包含标签、文本框。报表就是一种容器，报表有自己的属性，标签和文本框又都具有各自的属性。属性也可以定义被包含的对象类的不同实例，如标签和文本框的属性集就不相同。

在 VBA 中，对象是用来描述组成一个应用程序的所有窗体和控件的通用术语。构成 VBA 应用程序的界面元素如窗体、命令按钮等都是对象，都有属性和方法。简单地说，属性用于描述对象的一组特征，方法就是对象所能执行的行为，对象动作常常要触发事件，而事件又可以修改属性，一个对象建立后，可以通过操作与该对象有关的属性、事件、方法来描述。

2. 类

在 VBA 中对象是由类创建的，对象可以看作是类的一个实例。类是描述对象的特征及对象外观和行为的模板。在 VBA 中，所有的对象都是由类定义的。比如，工具箱中的控件就是 VBA 预定义的类，在报表上画出的文本框、标签等都是控件类的实例，这些实例就是应用程序中引用的对象。对象的属性、方法、事件都是在类中定义的，类就像一个制作对象的模板。

除了 Access 系统自定义的类之外，VBA 中运行用户编写自定义的类，通过对象变量引用自定义的类。

类的特征包括以下几个方面：

① 封装性，隐藏了类中对象的内部数据和操作细节，只能看到外部信息；

② 继承性，可以从已有的类中派生出新的类，新类可以保持父类的行为和属性，并且增加新的功能；

③ 多态性，相同的操作可以应用在多种类型的对象上，并且可能获得不同的结果；

④ 抽象性，抽取一个类或对象与众不同的特征，而不是对它们的全部信息进行处理。

3. 属性

属性用于描述对象的一组特征，包括内在的、外在的和行为的特征。如大小、形状、颜色、名称等。

在前面的学习中，介绍了查看或修改数据库对象的属性。比如，在设计视图中选择各种对象，若选择标签控件，打开该控件的"属性窗口"，即可查看或者修改对象的属性。

VBA 提供的对象无论是窗体、报表还是控件，都有各自的属性，这些属性描述了 VBA 对象的特征、特性。VBA 对象的属性可以在设计时设置，如在设计视图窗口打开"属性窗口"进行设置，也可以通过编写代码设置。

属性在程序代码中的语法格式是：

　　　　对象名.属性名＝属性值

4. 事件与事件过程

属性用于描述对象的一组特征，方法就是对象所能执行的行为，对象动作常常要触发事件，而事件又可以修改属性。简单地说，事件是一种作用在对象上的动作，是对象对外部变化的响应。

从程序设计的角度，事件就是对象上发生的动作。比如，窗体上有一个命令按钮对象，当鼠标单击该按钮时，这个动作就是一个事件（Click 事件）。当命令按钮识别出作用其上的事件后，会立刻对该事件做出反应。如运行查询或者运行宏等。这些响应实际上是通过执行一段程序代码实现某一项特殊的功能，这段代码就是用户编写的"事件过程"。

VBA 的每个对象都有与之对应的一组事件集合,每个事件集合的内容可能不相同。也就是说不同的对象对同一事件的刺激可以做出不同的反应,因此 VBA 具有强大的处理能力。

在 VBA 中的事件是预先定义好的、能够被对象识别的动作,如单击事件(Click)、双击事件(DblClick)、鼠标移动事件(MouseMove)等,不同对象能够识别不同的事件。但是对象的事件是固定的,用户不能建立新的事件。当用户触发某事件时,对象就会对该事件做出响应(Respont),响应某个事件后所执行的程序代码就是事件过程。如用户单击命令按钮,可能就触发了运行查询的操作。用户只需编写必须响应的事件过程,比如通过单击命令按钮运行查询时,用户只需编写"单击"事件,如按下鼠标(MouseDown)事件则可有可无的其他事件,用户可根据具体需求选择。

事件过程的编写格式为:

```
Sub 对象名_事件名()
    ......
    程序代码
    ......
End Sub
```

5. 方法

方法是一个对象可执行的动作。与事件的区别是,方法不需要事件驱动,VBA 对象不需要外在的刺激,其自身就可以执行的动作就是方法。

方法和事件过程类似,用于完成某个特定的功能。如对象打印(Print)方法、关闭窗口(Close)方法等。它可以是函数,也可以是过程。每个方法用于完成某个功能,但是其操作步骤和细节用户看不到,也不能修改。用户可以根据约定直接调用它们,而不必关心方法内部具体如何实现的。用户只需了解 VBA 不同对象有哪些方法,要按照什么格式、设置什么参数才能调用这些方法即可。

使用方法时,要明确调用该方法所需的参数个数及返回值。

调用方法的格式:

对象名.方法名

8.1.2 模块

1. 模块的定义

模块是将 Visual Basic 语言的声明、语句和过程集合在一起,作为一个单位进行保存的集合。它是一个装着 Visual Basic 程序代码的容器。Access 中的模块及其代码窗口如图 8-1 所示。

一个模块是由一个声明部分和一个或者多个过程或函数组成的。模块中的声明用于对变量、常量或用户自定义数据类型的声明,它应用与模块中的每一个过程。过程是包含 Visual Basic 代码的集合。它包含一系列的语句和方法,用于完成某一项特殊功能。Access 提供两种过程:通用过程与事件过程,在 8.3 节详细介绍。

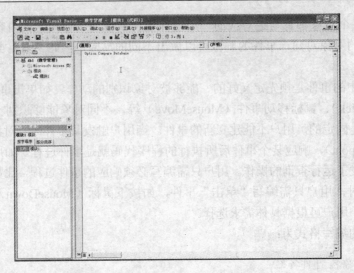

图 8-1　Access 中的模块及其代码窗口

2．模块的分类

模块有两种基本类型：类模块和标准模块。模块中的每一个过程都可以是一个 Function 过程或者一个 Sub 过程。

（1）类模块

类模块可以独立存在，也可以和窗体或报表等同时出现。当类模块和窗体或报表同时出现时，构成窗体或报表模块，它们通常都含有事件过程，该过程用于响应窗体或报表中的事件，通过使用事件过程控制窗体或报表的行为，以及他们对用户操作的响应，如单击命令按钮的反应等。

为窗体或报表创建第一个事件过程时，Access 自动创建与之相关联的窗体或报表模块。如果要查看窗体或报表对象的模块，可以单击窗体或报表设计视图工具栏上的"代码"命令，或者选择菜单上"视图"→"代码"，可以打开对应类模块的编辑窗口，如图 8-2 所示。

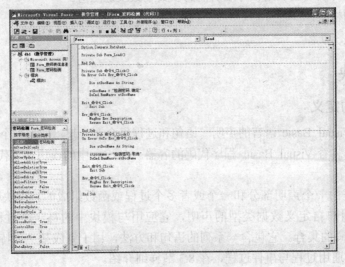

图 8-2　类模块的编辑窗口

如果要创建一个独立的类模块，与窗体、报表无关，可以使用"模块"对象中的类模块创建自定义对象的定义。

（2）标准模块

标准模块包含通用过程和常用过程，其中通用过程不与任何对象相关联，常用过程可以在数据库中任何位置运行，如图 8-1 所示。

标准模块保存在扩展名为.bas 的文件中。默认的应用程序不包含标准模块。标准模块可以包含公有或模块级的变量、常量、类型、外部过程和全局过程中的全局声明或模块级声明。默认的标准模块中的代码是公有的，即任何窗体或模块中的事件过程或通用过程都可以调用它。

在数据库窗口中的"对象"栏中选择"模块"，即可查看数据库中标准模块的列表。窗体、报表和标准模块也都在"对象浏览器"中显示出来。"对象浏览器"可以通过选择菜单"视图"→"对象浏览器"打开，如图 8-3 所示。

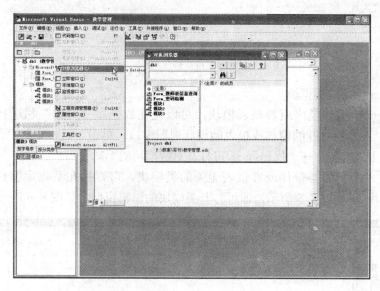

图 8-3 对象浏览器

3. 创建模块

Access 中创建模块的过程就是编写 VBA 程序的过程，下面将介绍如何创建模块，创建一个自定义的 Visual Basic 过程。

创建 Visual Basic 过程有多种方法，可以通过将代码添加到窗体模块或报表模块事先定义好的模板中来创建事件过程，也可以通过直接在标准模块或类模块中创建自定义的 Function 过程或者 Sub 过程。

（1）创建一个新的标准模块

单击数据库"对象"栏的"模块"，然后单击工具栏上的"新建"按钮，如图 8-4 所示，即可打开新建模块的窗口，如图 8-1 所示。

提示： 如果要打开已经创建的模块，先单击数据库"对象"栏的"模块"，选中要打开的模块，再单击工具栏上的"设计"按钮即可。

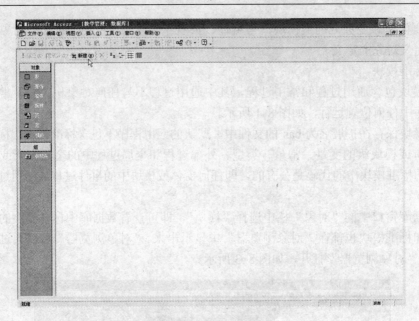

图 8-4　新建标准模块

（2）创建一个新的类模块

若要打开一个窗体模块或者报表模块，可以先在数据库"对象"栏选择"窗体"或"报表"对象，进入待打开的窗体或报表的设计视图窗口，单击工具栏上的"代码"命令，或者选择菜单上"视图"→"代码"，即可打开对应模块的编辑窗口。

若要创建一个新的与窗体或者报表无关的类模块，可直接在数据库窗口中选择"插入"→"类模块"，如图 8-5 所示，即可打开类模块的编辑窗口，如图 8-6 所示。

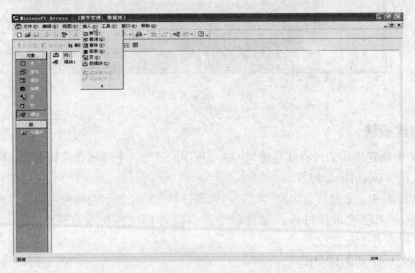

图 8-5　新建类模块

提示：若要打开已经创建的类模块，先单击数据库"对象"栏的"模块"，选中要打开的类模块，再单击工具栏上的"设计"按钮即可。

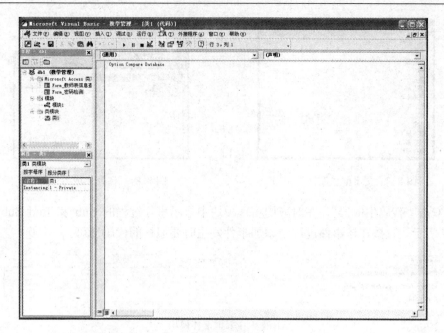

图 8-6　类模块编辑窗口

（3）创建 Function 过程或 Sub 过程

打开要创建 Function 过程的模块，输入 Function 语句声明函数，然后再输入函数名称，后面要跟着括号或者函数参数。如：

```
Function IsLoaded(FormName As String)As Boolean
```

或者打开要创建 Sub 过程的模块，输入 Sub 语句声明过程，然后再输入函数名称，后面跟括号以及过程参数，如：

```
Sub ShowEvent(EventName As String)
```

最后添加 Visual Basic 程序代码即可。

（4）创建事件过程

用户可以将窗体、报表或控件的事件属性设置为"事件过程"，Access 将自动创建事件过程的模板，用户只需要向窗体、报表或控件的特定事件中添加需要运行的代码即可。

【实例 8-1】　以教学管理数据库中的密码检测窗体为对象，实现用户在修改数据时运行相应的代码。具体的操作步骤如下。

① 启动 Access 数据库，打开"教学管理"数据库。

② 在数据库窗口"对象"栏选择"报表"对象。单击需要设计的报表"密码检测"，单击工具栏上的"设计"按钮，打开设计视图窗口。

③ 选择要编写事件过程的对象。本例是以接受用户输入密码的文本框为对象。选中该文本框，单击右键选择"属性"，或者直接在工具栏上单击"属性"按钮，打开其"属性"窗口。

④ 在"属性"窗口中，单击"事件"选项卡，如图 8-7 所示。

⑤ 单击触发某一过程的事件属性。本例选择"更改"事件。单击"更改"，打开"选择生成器"对话框，如图 8-8 所示。

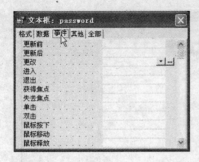

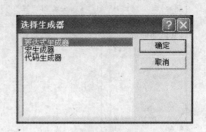

图 8-7　文本框"属性"窗口　　　　　　　　图 8-8　"选择生成器"窗口

⑥ 双击"代码生成器",在对应的窗体模块中显示事件过程的 Sub 和 End Sub 语句,如图 8-9 所示。直接在该事件过程中添加事件发生时要运行的代码即可。

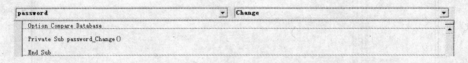

图 8-9　编辑窗体模块

4. 将宏转换为模块

Access 能够自动将宏转换为 Visual Basic 的事件过程或模块,这些事件过程或模块可以完成和宏一样的操作;可以转换窗体或报表里的宏,也可以转换不附加于特定窗体或报表的全局宏。

(1) 将窗体或报表里的宏转换为模块

① 打开相关的窗体或报表的设计视图窗口。

② 单击"将窗体的宏转换为 Visual Basic 代码"或"将报表的宏转换为 Visual Basic 代码"。

(2) 将全局宏转换成模块

【实例 8-2】　以教学管理数据库中的"待转换的宏"全局宏为对象,转换为模块。具体的操作步骤如下。

① 启动 Access 数据库,打开"教学管理"数据库。

② 在数据库窗口"对象"栏选择"宏"对象。单击要转换的宏"待转换的宏",选择菜单"文件-另存为",打开"另存为"对话框,如图 8-10 所示。

③ 在"另存为"对话框,选择"保存类型"为"模块",然后单击"确定"按钮。

④ 在"转换宏:待转换的宏"对话框中,用户可以选择"给生成的函数加入错误处理"和示范"包含宏注释",然后单击"转换"按钮,如图 8-11 所示,转换结果如图 8-12 所示。

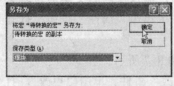

图 8-10　"另存为"对话框　　　　　　图 8-11　"转换宏:待转换的宏"对话框

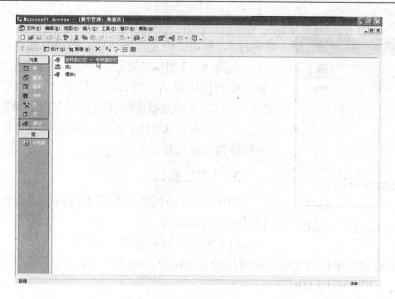

图 8-12 转换结果

8.2 VBA 程序设计基础

学习 VBA 编程，必须掌握 VBA 程序设计的基础知识，下面介绍 VBA 的编程环境、数据类型、控制结构等。

8.2.1 VBA 编程环境

Access 2003 提供了一个 VBA 的编程界面：Visual Basic Editor（VBE），即 VBA 的代码窗口，可以通过该窗口查看或编写各种模块的 VBA 代码。

1. 启动 VBE 编辑器

Access 数据库提供了 3 种启动 VBE 编辑器的方法，具体的操作步骤如下。

（1）使用菜单

选择"工具"→"宏"→"Visual Basic 编辑器"，直接启动 Visual Basic 编辑器。

（2）使用"模块"对象

选择数据库栏"对象"中的"模块"对象。可以单击工具栏上的"新建"按钮，打开 Visual Basic 编辑器并新建一个模块，也可单击已经建立的模块，选择工具栏上的"设计"按钮，也可启动 Visual Basic 编辑器。

（3）使用"属性"窗口的"事件"选项卡

这种方法适合窗体或报表模块。在窗体或报表的设计视图中选择合适对象，打开其"属性"窗口，选择"事件"选项卡。单击触发某一过程的事件属性，再单击更改按钮 来打开"选择生成器"对话框，双击"代码生成器"，即可启动 Visual Basic 编辑器。

2. 自定义程序

无论在什么模块中，都可以自定义新过程，在 Visual Basic 编辑器的菜单中选择"插入"→"过程"，打开"添加过程"对话框，如图 8-13 所示。输入"名称"，选择"类型"、"范围"，单击"确定"按钮后，即可立即输入程序。

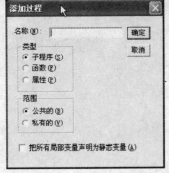

图 8-13　"添加过程"对话框

在图 8-13 中，"类型"指过程的类型；"范围"表示新过程的引用限制，默认的范围是"公共的"，若选择了"公共的"，表示数据库的任意位置都可以调用这个过程；反之，若选择"私有的"，表示只有该模块内的其他过程才能够调用该过程。

3. VBE 窗口

VBE 窗口由标准工具栏主窗口、工程窗口、属性窗口、代码窗口组成。

（1）标准工具栏窗口

标准工具栏窗口包括创建模块时常用的命令按钮，如图 8-14 所示。在此介绍其中比较常用的按钮。

图 8-14　标准工具栏窗口

① 视图 Microsoft Access，切换到 Access 窗口。

② 插入模块，单击下拉按钮，列表中包含"模块"、"类模块"、"过程"3 个选项，选其中一项可插入新模块。

③ 运行子过程/用户窗体，运行模块中的程序。

④ 中断，中断正在运行的程序。

⑤ 重新设置，结束正在运行的程序。

⑥ 设计模式，在设计模式和非设计模式之间切换。

⑦ 工程资源管理器，打开工程资源管理器。

⑧ 对象浏览器，打开对象浏览器。

（2）工程窗口

工程窗口也叫工程资源管理器，如图 8-15 所示。其中的列表框列出了目前在应用程序中用到的所有模块文件。在此介绍其中比较常用的按钮。

① 查看资源，切换到相应的代码窗口。

② 查看对象，切换到对象窗口。

③ 切换文件夹，隐藏或显示对象文件夹。

（3）属性窗口

属性窗口列出了所选对象的各种属性，而且可以按照"按字母序"或"按分类序"查看属性，如图 8-16 所示。采用这种方式编辑属性，比在设计窗口中编辑对象的属性要方便、灵活。使用时，为了在属性窗口显示 Access 类对象，应先在设计视图中打开对象。

（4）代码窗口

在代码窗口中可以输入或编辑 VBA 代码，可以打开多个代码窗口查看各个模块的代码，而且可以方便地在代码窗口直接进行复制和粘贴。

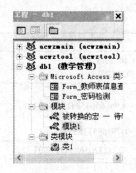

图 8-15　工程资源管理器窗口

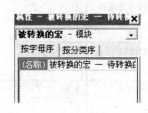

图 8-16　属性窗口

8.2.2　VBA 编程基础

1．VBA 的命名规则

对 Visual Basic 的模块中的过程、常数、变量及参数命名时，必须使用下列的规则。

① 一个字符必须使用英文字母。

② 不能在名称中使用空格、句点（.）、惊叹号（!）、或 @、&、$，# 等字符。

③ 名称的长度不可以超过 255 个字符。

④ 通常，使用的名称不能与 Visual Basic 本身的 Function 过程、语句及方法的名称相同。不能使用与程序语言的关键字相同的名称，如不要定义一个名为"if"的变量。若所使用的内在语言函数、语句或方法与所指定的名称相冲突，则必须显示地识别它。按常规会将内建函数、语句或方法的名称之前加上关联的类型库的名称。例如，如果有一个名为 Left 的变量，则只能用 VBA.Left 来调用 Left 函数。

⑤ 能在范围的相同层次中使用重复的名称。例如，不能在同一过程中声明两个命名为 student 的变量。然而，可以在同一模块中声明一个私有的命名为 student 的变量和过程的级别的命名为 student 的变量。

2．VBA 的数据类型

为了处理各种各样的数据，VBA 定义了多种标准数据类型，不同的数据类型，除了描述的数据含义不同外，不同类型的数据在计算机处理时所占用的空间也不同，因此编码时要根据所处理数据的实际含义选择合适的数据类型，才能优化代码的执行速度。

不同的数据类型的处理方法也不相同，只有相同或者相容的类型的数据之间才能进行操作。如不能把整数类型和布尔型相乘。在操作数据之前，必须对需要进行数据类型的说明或定义。表 8-1 列出了 VBA 程序中主要的数据类型及它们的存储空间和取值范围。

表 8-1　VBA 的数据类型

数 据 类 型	存储空间（字节）	取 值 范 围
Byte（字节型）	1	0～255
Boolean（布尔型）	2	True 或 False
Integer（整型）	2	−32 768～+32 767
Long（长整型）	4	−2 147 483 648～+2 147 483 647

续表

数 据 类 型	存储空间（字节）	取 值 范 围
Single（单精度浮点数）	4	负数：−3.402823E38～−1.401298E-45 正数：1.401298E-45～3.402823E38
Double（双精度浮点数）	8	负数： −1.79769313486232E308～4.94065645841247E-324 正数： 4.94065645841247E-324～1.7976931386232E308
Currency（货币型）	8	−922337203685477.5808～922337203685477.5807
Date（日期型）	8	100 年 1 月 1 日到 9999 年 12 月 31 日
Decimal	14	不包括小数时： +/−79228162514264337593543950335 包括小数时： +/−7.9228162514264337593543950335
Object（对象型）	4	任何 Object 引用
String（长字符串）	1/字符串长度	0～20 亿字节
String（固定长度）	字符串长度	1～65 535 字节
Variant（数字）	16	任何数字值，最大达 Double 的取值范围
Variant（文本）	1	与变长 String 有相同的取值范围
用户自定义	所有元素所需的存储空间	每个元素的取值范围与它本身的数据类型的取值范围相同

1）常量（Constant）

常量可以是字符串、数值、另一常量、任何（除乘幂与 Is 运算之外的）算术运算符或逻辑运算符的组合。可在代码中的任何地方使用常量代替实际的值。简单来说，常量就是在程序运行中的一个不可改变的值。

Access 支持三种类型的常量。

符号常量：可用 Const 语句创建，并且在模块中使用。

固有常量：是 Access 或引用库的一部分。

系统定义常量：True、False、Null。

（1）符号常量

一般情况下，若要在代码中反复使用的相同的值，或者一些有意义的数字，都可以使用符号常量或用户定义的常量，来增加代码的可读性与可维护性。

如果使用 Const 语句创建了一个常量，该常量的值将不能修改或为其指定新值，也不允许创建与之同名的常量。

下面给出了使用 Const 语句声明数值或字符串常量的几种方法。

```
Const PI=3.1415926      ,声明一个数值常量
Const PI2=PI/2          ,用已经定义的常量创建其他常量
Const INF="Coding"      ,声明一个字符串常量
```

（2）固有常量

除了 Const 语句声明数值或字符串常量之外，Access 还自动声明了很多固有常量，并且提供了对 Visual Basic for Application（VBA）常量和 ActiveX Data Objects（ADO）常量的访问，也可以在其他引用对象库中使用常量。

（3）系统常量

在 Access 的任何地方都可以使用系统定义的常量：True、False、Null。如：

```
Forms! 密码验证.Visible=True
```

常量的声明可以在过程中或者模块顶部，声明时默认是私有的，如果要声明一个公共模块级别的常量，可以在 Const 语句前加上 Public 关键字，当然也可以在 Const 语句前加上 Private 关键字明确声明一个私有常量。

常量可以声明为以下数据类型的一种：Boolean、Byte、Integer、Long、Currency、Single、Double、Date、String 或者 Vriant。如果已经知道常量的值，可以指定其数据类型。如：

```
Public Const NUM As Integer=10
```

还可以在一个语句声明多个常量，如：

```
Const NUM1 As Integer=12, Const NUM2 As Integer=13
```

2）变量

变量是命名的存储位置，包含在程序执行阶段修改的数据。每一变量都有变量名，在其范围内可唯一识别；可以指定变量的数据类型，也可不指定。

变量名必须以字母或字符开头，在同一范围内必须是唯一的。比如在一个过程中定义了一个变量名为 num，在这个过程中就不能定义第二个名为 num 的变量。变量名不能超过 255 个字符，而且中间不能包含句点或类型声明字符。简单来说，变量就是在程序运行中的一个可改变的值。

通常使用 Dim 语句声明变量。一个声明语句可以放在过程中以创建属于过程级别的变量，或放在模块顶部，创建属于模块级别的变量。

使用 Dim 定义的规则是：

```
Dim varname[([subscripts])] [As type] [, varname[([subscripts])] [As type]]
```

在 Dim 语句的语法中，Dim 是必备的关键字。而 *varname*（变量名）是唯一必备的元素。

下面的示例声明了一个为 String 的变量。它包含了数据类型，可以节省内存并且帮助从代码中找出错误。

```
Dim User As String
```

若在一个语句中声明几个变量，则必须包含每一个变量的数据类型。例如：

```
Dim x As Integer, y As Integer, z As Integer
```

变量在声明时若少了数据类型，则会自动声明为 Variant。例如，下列的语句创建三个变量 num1、num2 和 num3，它们会自动被声明为 Variant 变量。

```
Dim num1, num2, num3
```

在下列的语句中，x 被指定成 Variant 数据类型，y 被指定成 String 数据类型。

```
Dim x, y As Integer
```

3）表达式

表达式是指一个运算符、常量、文字值、函数、字段名、控制、属性的任何组合，该组合将计算出一个值，通过表达式可以为很多属性、操作参数设置。如在窗体、报表、数据访问页中定义计算控件，在查询中设置规则等。

表达式是产生结果的符号组合，这些符号包括标识符、运算符和值。

表达式的创建一般有两种方式。

① 使用"表达式生成器"创建表达式。

"表达式生成器"的打开可以通过如图 8-7、图 8-8 介绍的方法，通过"属性"窗口的"事件"选项卡中的"选择生成器"窗口打开，如图 8-17 所示。在"表达式生成器"左下方的框中，双击或单击包含所需元素的文件夹；在中间下方的框中，双击元素可以将它粘贴到表达式框中；若选择位于中下方框中的类别，其值将显示在右下框中，双击这个值也可以粘贴到表达式框中；若要在表达式中粘贴所需的运算符，只需将插入点置于表达式框中将要插入运算符的位置，并单击位于生成器中部的某一运算符按钮即可。

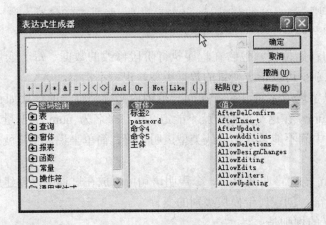

图 8-17　表达式生成器

② 不使用"表达式生成器"，直接通过组合标识符、运算符和值来创建表达式。根据实际的需求，可以用不同的方式来组合标识符、运算符和值。也可以用表达式来合并文本字符串、加减乘除数值、调用函数、引用对象和它们的值，或者执行其他操作。

例如，下面的表达式将为窗体上的"工作量"控件显示的值增加 20 个百分点：

```
=[Forms]![教学工作量]![工作量]*1.2
```

4）数组

可以声明一个数组来代表一群具有相同数据类型的值。数组是单一类型的变量，它具有很多的存储空间来存储很多值，而常规的变量只有一个存储空间，所以只能存储一个值。但要引用保存的所有值时，可以引用整个数组或只引用数组的个别元素。

例如，若要存储一个学校每个班级的人数（假设有 100 个班级），可以声明一个具有 100 个元素的数组变量，而不是 100 个变量。数组中的每一个元素都包含一个值。下列的语句声明数组变量 classNum 具有 100 个元素。在 VBA 语法中，数组的索引是从 0 开始，所以此数组的上标界是 99 而不是 100。

```
Dim classNum (100) As Integer
```

若要设置个别元素的值，必须指定元素的索引。下面的示例对于数组中的每个元素都赋予一个初始值 50。

```
Sub FillClassNum ()
```

```
        Dim classNum (100) As Integer
        Dim int1 As Integer
        For int1 = 0 to 99
                classNum (int1) = 50
        Next
    End Sub
```

可以在模块的顶部使用 Option Base 语句，将第一个元素的缺省索引值从 0 改为 1。在下面的示例中，Option Base 语句改变数组第一个组件的索引值，接着 Dim 语句声明数组变量 classNum 具有 100 个元素。

```
    Option Base 1
    Dim classNum (100) As Integer
```

另外，也可以利用 To 子句来对数组的底层绑定做声明，例如：

Dim classNum (1 To 100) As Integer

（1）在数组中存储 Variant 值

VBA 语法提供两种方式可以创建 Variant 值的数组。第一种方式是声明 Variant 数据类型的数组，如下面的示例所示：

```
    Dim className(3) As Variant
    className (0) = "计算机 1 班"
    className (1) = "计算机 2 班"
    className (2) = "计算机 3 班"
```

另一种方式是指定 Array 函数所返回的数组为一个 Variant 变量，例如：

```
    Dim className As Variant
    className = Array("计算机 1 班"，"计算机 2 班"，"计算机 3 班")
```

对于元素类型为 Variant 的数组，可以利用索引来识别各元素，而不管用何种方式创建此数组。

（2）使用具有多重维数的数组

在 Visual Basic 中变量声明最多可以到 60 个维数。例如，下列的语句声明一个 2 乘 10 的两维数组。

```
    Dim mulData(1 To 2，1 To 10) As Single
```

如果将数组变成矩阵，则第 1 个参数代表行，而第 2 个参数代表列。

可以使用嵌套的 For...Next 语句去处理多重维数数组。下列的过程将一个两维数组的所有元素都填入 Single 值。

```
    Sub FillArrayMul()
        Dim int1 As Integer, int2 As Integer
        Dim mulData (1 To 2, 1 To 10) As Single
        ' 用值填入数组。
        For int1 = 1 To 2
            For int2 = 1 To 10
                mulData (int1, int2) = int1 * int2
                Debug.Print mulData (int1, int2)
```

```
        Next int1
    Next int2
End Sub
```

8.2.3   VBA 编程

以上介绍了 VBA 编程的基础知识，下面介绍一下 VBA 中常用的方法、函数等的语法。

1）Activate 方法

该方法用于激活对象，如表 8-2 所示，其语法是：

expression.Activate

其中 expression 必选。该表达式返回"应用于"列表中的对象来激活对象。

表 8-2   Activate 控件

对 象	说 明
Chart，ChartObject	使该图表成为活动图表
Worksheet	使该工作表成为活动工作表
OLEObject	激活对象
Pane	激活窗格。如果该窗格不在活动窗口，则该窗格所属的窗口也将激活，但是不能激活冻结的窗格
Range	激活单个单元格，该单元格必须处于当前选定区域内。可用 Select 方法选定单元格区域
Window	将窗口提到 Z-次序的最前面。这样不会引起可能附加在工作簿上的 Auto_Activate 或 Auto_Deactivate 宏的运行（可用 RunAutoMacros 方法运行这些宏）
Workbook	激活与该工作簿相关的第 1 个窗口，这样不会引起可能附加在工作簿上的 Auto_Activate 或 Auto_Deactivate 宏的运行（可用 RunAutoMacros 方法运行这些宏）

以下程序使工作簿窗口激活时最大化。

```
Private Sub ActiveWindow()
    Windows(3).Active          ,激活系统的第 3 个窗口
End Sub
```

2）Set 语句

将对象引用赋给变量或属性。其语法如下。

```
Set objectvar = {[New] objectexpression | Nothing}
```

其中 objectvar 必须是与所赋对象相一致的对象类型。

Dim、Private、Public、ReDim 及 Static 语句只声明了引用对象的变量。在用 Set 语句将变量赋为特定对象之前，该变量并没有引用任何实际的对象。

下面的示例说明了如何使用 Dim 来声明 Form1 类型的数组。Form1 实际上还没有实例。使用 Set 将新创建的 Form1 的实例的引用赋给 childForms 变量。在 MDI 应用程序中可以使用这些代码来创建子窗体。

```
Dim childForms (1 to 2) As Form1
Set childForms (1) = New Form1
Set childForms (2) = New Form1
```

通常，使用 Set 将一个对象引用赋给变量时，并不是为该变量创建该对象的一份副本，而是创建该对象的一个引用。因此可以有多个对象变量引用同一个对象。因为这些变量只是该对象的引用，而不是对象的副本，对该对象的任何改动都会反应到所有引用该对象的变量。不过，如果在 Set 语句中使用 New 关键字，那么实际上就会新建一个该对象的实例。

3）MsgBox 函数

MsgBox 函数的语法：

```
MsgBox(prompt[, buttons] [, title] [, helpfile, context])
```

在 MsgBox 函数的语法中，粗体的斜体字是此函数的命名参数。方括号所包含的参数是选择性的。（在 Visual Basic 码中不用输入方括号）。在 MsgBox 函数中，prompt 是唯一必须提供的参数，它是提示的文本。

在代码中可以利用位置或名称来指定函数与方法的参数。若利用位置来指定参数，则必须根据语法中的顺序，利用逗号来分隔每一个参数，例如：

```
MsgBox "Your password is wrong!",0,"Result"
```

若以名称来指定参数，则须使用参数名称或跟着冒号与等号（:=），最后再加上参数值。可以任何的顺序来指定命名参数，例如：

```
MsgBox Title:="Result",Prompt:="Your password is wrong!"
```

提示：函数及某些方法的语法会利用圆括号将参数封闭起来。这些函数和方法会返回值，所以必须用圆括号将参数封闭起来，才可以赋值给变量。如果忽略返回值或是没有传递所有的参数，则可以不用圆括号。若不返回值，则不用将参数用圆括号封闭起来。这项准则不管是使用命名参数或位置参数都适用。

4）声明语句

使用声明语句命名和定义过程、变量、数组及常数。在前面的内容中也都使用过声明语句定义各种类型的数据。当声明一个过程、变量或常数时，也同时定义了它的范围，而此范围取决于声明位置及用什么关键字来声明它。

下面的示例包含三个声明：

```
Sub UserInfo()
    Const num As Integer = 1
    Dim numRange As Range
    '其他语句
End Sub
```

其中，Sub 语句（与 End Sub 语句相匹配）声明一个过程命名为 UserInfo。当 UserInfo 过程被调用或运行时，所有包含于 Sub 与 End Sub 中的语句都被执行。

Const 语句声明了一个常数 num，指定 Integer 数据类型，其值是 1。

Dim 语句声明变量 numRange，它是一个属于 Microsoft Excel Range 对象的数据类型，可以将变量声明成任何的对象，而此对象显露于正使用的应用程序中。Dim 语句是属于用来声明变量的语句类型之一，其他用来声明的关键字有 ReDim、Static、Public、Private 及 Const。

5）赋值语句

赋值语句用于指定一个值或表达式给变量或常数。赋值语句通常会包含一个等号（＝）。例如，指定 InputBox 函数的返回值给变量 password。

```
Sub PasswordCheck()
    Dim password As String
    password = InputBox("What is your password?")
    MsgBox "Your password is" & password
End Sub
```

Let 语句是可选的，而通常为省略。例如，上述的赋值语句可以写成：

```
Let password = InputBox("What is your password?")
```

Set 语句可被用来指定一个对象给已声明成对象的变量。

设置属性值的语句也是一个赋值语句。下面的示例，将设置对于活动单元格 Font 对象的斜体（Italic）属性：

```
ActiveCell.Font.Italic = True
```

6）可执行的语句

一个可执行的语句初始化动作。它可以执行一个方法或者函数，并且可以循环或从代码块中分支执行。可执行的的语句通常包含数学或条件运算符。

例如，使用 For Each...Next 语句来重复名称为 MyRange 范围内的每个单元格，而此范围在活动的 Microsoft Excel 工作簿的 Sheet1 中。

```
Sub WorksheetFormat()
    Const limit As Integer = 10
    For Each a In Worksheets("Sheet1").Range("MyRange").Cells
    If a.Value > limit Then
With c.Font
        .Bold = True
        End With
    End If
    Next c
    MsgBox "Finish! "
End Sub
```

其中 If…Then…Else 语句用于检查单元格的值。如果它的值超过 10，则 With 语句设置单元格中 Font 对象的 Bold 属性。而 If…Then…Else 语句会以 End If 结束。

With 语句可以节省代码输入次数，因为所包含的语句会自动执行关键字 With 后的对象。

Next 语句会调用单元格集合中的下一个单元格，而此单元格集合包含于 MyRange 中。

MsgBox 函数显示信息用来提示 Sub 过程已经执行完成。

7）Public 语句

在模块级别中使用，用于声明公用变量和分配存储空间。语法如下。

```
Public [WithEvents] varname[([subscripts])][As[New type][,[WithEvents]
```

```
varname[([subscripts])] [As [New] type]] …
```

Public 语句声明的变量在所有应用程序的所有没有使用 Option Private Module 的模块的任何过程中都是可用的；若该模块使用了 Option Private Module，则该变量只是在其所属工程中是公用的。

如果在定义对象变量时没有使用 New 关键字，则在使用该变量之前，必须使用 Set 语句将一个已有的对象赋给这个引用对象的变量。在被赋值之前，所声明的这个对象变量有一个特定值 Nothing，这个值表示该变量没有指向任何对象的实例。

可以用带空圆括号的 Public 语句来声明动态数组。在声明了动态数组之后，可以在过程内用 ReDim 语句来定义该数组的维数和元素。如果在 Private、Public 或 Dim 语句中重定义一个已被显式定义了大小的数组的维数，就会发生错误。

如果不指定数据类型或对象类型，且在模块中没有使用 Deftype 语句，则按默认情况该变量为 Variant 类型。

当初始化变量时，数值变量被初始化为 0，变长的字符串被初始化为一个零长度的字符串（" "），而定长的字符串则用 0 填充。Variant 变量被初始化为 Empty。用户自定义类型的变量的每个元素都作为各自独立的变量进行初始化。

提示： 不能在类模块中使用 Public 语句来声明一个定长的字符串变量。

8）Private 语句

在模块级别中使用，用于声明私有变量及分配存储空间。其语法如下。

```
Private    [WithEvents]    varname[([subscripts])]    [As    [New]    type]
[,[WithEvents] varname[([subscripts])]] [As [New] type]] …
```

Private 变量只能在包含其声明的模块中使用。可以使用 Private 语句声明变量的数据类型，也可以使用 Private 语句来声明变量的对象类型。

该语句在用法上与 Public 类似。

提示： 当在过程中使用 Private 语句时，通常将 Private 语句放在过程的开始。

9）逻辑语句

（1）If…Then…Else 语句

根据条件的值，可使用 If…Then…Else 语句运行指定的语句或一个语句块。If...Then...Else 语句可根据实际需求嵌套多级。然而，为了程序的可读性一般使用 Select Case 语句而不使用多嵌套级的 If…Then…Else 语句。

当条件为 True 时，若只要执行一个语句，则可以使用单行的 If…Then…Else 语法。而且可以省略 Else 关键字，但是如果条件为 True，运行某些语句；条件为 False，运行其他的语句，但不能省略 Else 关键字。例如，使用 If…Then…Else 语句定义两个可执行的语句块：其中一个块会在条件为 True 时执行；而另一个块会在条件为 False 时执行。

```
Function MaxNum(num1, num2)
    If num1 < num2 Then
    MaxNum = num2
```

```
    Else
        MaxNUm = num1
End Function
```

若条件为 True 时要运行多行代码，必须使用多行的语法。而此语法包含 End If 语句，例如：

```
Function MaxNum(num1, num2)
    If num1 < num2 Then
        MaxNum = num2
        MsgBox "The Max is num2! "
    Else
        MaxNum = num1
        MsgBox "The Max is num1! "
    End If
End Function
```

若根据需要当第 1 个条件为 False 时，还要测试第 2 个条件，可以在 If…Then…Else 语句中加上 ElseIf 语句来测试第 2 个条件。例如，在下面计算教师工作量的函数过程中，如果所有 If 和 ElseIf 语句中条件都是 False，则会运行跟在 Else 语句之后的语句。

```
Function CheckBonus (year, bonus)
    If year= 30 Then
        CheckBonus = bonus * 0.3
    ElseIf year= 20 Then
        CheckBonus = bonus * 0.2
    ElseIf year= 20 Then
        CheckBonus = bonus * 0.1
    Else
        CheckBonus = bonus
    End If
End Function
```

（2）Select Case 语句

当一个表达式与几个不同的值相比较时，可以使用 Select Case 语句来交替使用。If…Then…Else 语句中的 ElseIf 也可以实现多重嵌套，但是使用要比较的值比较多时，使用 Select Case 语句，程序的可读性较高。另外，If…Then…Else 语句还会计算每个 ElseIf 语句不同的表达式，在控制结构的顶部，Select Case 语句只计算表达式一次。

每个 Case 语句可以包含一个以上的值，一个值的范围，或是一个值的组合及比较运算符。如果 Select Case 语句与 Case 语句的任何值相匹配，则 Case Else 语句运行。

例如，根据年限计算教师的工作量，Select Case 语句会计算发送给此过程的参数 year。

```
Function CheckBonus (year, bonus)
    Select Case year
    Case 10 to 19
```

```
        CheckBonus = bonus * 0.1
    Case 20 to 29
        CheckBonus = bonus * 0.2
    Case 30 To 39
        CheckBonus = bonus * 0.3
    Case Is > 39
        CheckBonus = bonus * 0.4
    Case Else
        CheckBonus = bonus
    End Select
End Function
```

（3）For…Next 语句

使用 For…Next 语句可以重复执行一个语句块，循环的次数字是指定的。For 循环使用一个循环变量，当重复每个循环时它的值会增加或减少。

下面的示例会让计算机发声 5 次。For 语句会指定循环变量 i 的开始与结束值。Next 语句会将计数变量的值加 1。

```
Sub Beeps()
    For i = 1 To 5
        Beep
    Next i
End Sub
```

在上面的例子中，每循环一次，循环变量就自动加 1。可以使用 Step 关键字，按照指定值增加或减少循环变量。在下面的示例中，循环变量 j 会在每次循环重复时加上 2，当循环完成时，total 的值为 2、4、6、8 和 10 的总和。

```
Sub DataSum()
    For j = 2 To 10 Step 2
        total = total + j
    Next j
    MsgBox "The total is " & total
End Sub
```

有时，根据需要也可以减少循环变量的值，可以使用负的 Step 值。为了减少循环变量的值，必须指定一个小于开始值的结束值。在下面的示例中，循环变量 i 会在每次循环重复时减去 2。当循环完成时，total 的值为 10、8、6、4 和 2 的总和。

```
Sub DataSum ()
    For i = 10 To 2 Step -2
        total = total + i
    Next i
    MsgBox "The total is " & total
End Sub
```

提示：在 Next 语句后面不必包含循环变量的名称。上述的示例中，为了提高程序的可读性才加上循环变量的名称。

可以在循环变量到达它的结束值之前，使用 Exit For 语句来退出 For…Next 语句。例如，当错误发生时，可以使用在 If…Then…Else 语句或是 Select Case 语句的 True 语句块中的 Exit For 语句，它是专门用来检查此错误的。如果没有错误发生，则 If…Then…Else 语句的值为 False，循环会像预期的那样运行，当错误发生时，就跳出循环，退出 For…Next 语句。

（4）For Each…Next 语句

For Each…Next 语句用于重复一个语句块，它与 For…Next 的区别是：它作用于集合中的每个对象或是数组中的每个元素。若循环执行一次则 Visual Basic 会自动设置一个变量。例如，下面的代码会在数组的每个元素中循环，并且将每个值设置成它的索引变量 I 的值。

```
Dim ClassnumArray(10) As Integer,I As Variant
For Each I In ClassnumArray
    TestArray(I) = I
Next I
```

与 For...Next 类似，也可以使用 Exit For 语句来退出 For Each...Next 循环。

（5）Do…Loop 语句

Do…Loop 语句用于运行语句的块，而它所循环的次数是不确定的。当条件为 True 或直到条件变成 True 时，此语句会一直重复。

一般使用 While 关键字去检查 Do…Loop 语句中的条件时，有两种方法。可以在进入循环之前检查条件式，也可以在循环至少运行一次之后才检查条件式。

在下面的 ChkFirstWhile 过程中，在进入循环之前检查条件。如果将 myNum 的值由 20 替换成 9，则循环中的语句将永远不会运行。在 ChkLastWhile 过程中，在条件变成 False 之前循环中的语句只执行一次。

```
Sub DoWhile()
    num = 0
    i = 20
    Do While i > 10
        i = i - 1
        num = num + 1
    Loop
    MsgBox "The loop made" & num &" repetitions."
End Sub
```

使用 Until 关键字去检查 Do…Loop 语句中的条件时，一般有两种方法。第一种，可以在进入循环之前检查条件，当条件为 True 时循环继续，如上例所示。第二种，在循环至少运行一次之后才检查条件。当条件为 False 时，循环继续，例如：

```
Sub DoWhile()
    num = 0
    i = 20
    Do Until i = 10
```

```
        i = i - 1
        num = num + 1
    Loop
    MsgBox "The loop made " & num & " repetitions."
End Sub
```

同样，也可以使用 Exit Do 语句来退出 Do…Loop 语句。有时，为了退出无穷循环，可以在 If…Then…Else 语句或是 Select Case 语句的 True 语句块中使用 Exit Do 语句。如果条件为 False，则循环会正常运行。

在下面的示例中，num 被赋予一个会造成无穷循环的值。而 If…Then…Else 语句会去检查这个情况后退出，以避免无穷循环。

```
Sub DoWhile ()
    num = 0
    i = 9
    Do Until i = 10
        i = i - 1
        num = num + 1
        If i < 10 Then Exit Do
    Loop
    MsgBox "The loop made " & num & " repetitions."
End Sub
```

（6）With 语句

在一个单一对象或一个用户定义类型上执行一系列的语句。语法如下：

```
With object
[statements]
End With
```

其中，object 是必要参数，一个对象或用户自定义类型的名称；Statements 是可选参数，要执行在 object 上的一条或多条语句。

With 语句可以对某个对象执行一系列的语句，而不用重复指出对象的名称。例如，要改变一个对象的多个属性，可以在 With 控制结构中加上属性的赋值语句，这时，只是引用对象一次而不是在每个属性赋值时都要引用，使用 With 语句可以使过程运行得更快并且帮助避免反复地输入代码。

下面的示例将某一范围的单元格都填入 10，字体使用黑体格式，斜体样式。

```
Sub UseWith()
    With Worksheets("Shect1").Range("A1:B5")
    .Value = 10
    .Font.Bold = True
    .Font.Italic = True
    End With
End Sub
```

10）过程

（1）写 Sub 过程

Sub 过程是一系列由 Sub 和 End Sub 语句所包含起来的 Visual Basic 语句，用于执行动作却不能返回一个值。Sub 过程可有参数，如常数、变量、或是表达式等来调用。如果一个 Sub 过程没有参数，则它的 Sub 语句必须包含一个空的圆括号。

下面的程序声明了一个命名为 passwordCheck 的过程，该 Sub 过程没有参数。

```
Sub passwordCheck()
    Dim password As String    '声明字符串变量命名为 password
    password = InputBox(Prompt:="What is your password?")
    '指定 InputBox 函数的返回值给 password
    If password = Empty Then
            MsgBox Prompt:="You did not enter a password."
            '调用 MsgBox 函数
    Else
            MsgBox Prompt:="Checking…"
    End If
End Sub
```

（2）写 Function 过程

Function 过程是一系列由 Function 和 End Function 语句所包含起来的 Visual Basic 语句。Function 过程和 Sub 过程很类似，但函数可以返回一个值。Function 过程可通过传递参数，如常数、变量、或是表达式等来调用它。即使一个 Function 过程没有参数，它的 Function 语句必须包含一个空的圆括号。函数会在过程的一个或多个语句中指定一个值给函数名称来返回值。

在下面的示例中，主程序通过调用 AreaCal 函数，根据圆的半径计算圆的面积。当 Main 过程调用此函数时，会有一包含参数值的变量传递给此函数。而计算的结果会返回到调用的过程，并且显示在一个消息框中。

```
Sub Main()
    radius=Application.InputBox(Prompt:="Please enter the.radius: ", Type:=1)
    MsgBox "The area is " & AreaCal (radius)
End Sub
Function AreaCal (radius)
    AreaCal = 3.1415926* radius* radius
End Function
```

（3）写 Property 过程

Property 过程是一系列的 Visual Basic 语句，它允许程序员去创建并操作自定义的属性。它的作用包括：可以用来为窗体、标准模块，以及类模块创建只读属性；被用来在代码中代替 Public 变量，当设置属性值时上述动作应被执行；与 Public 变量不同，在"对象浏览器"中 Property 过程会有一些的帮助字符串指定给它们。

当创建一个 Property 过程时，它会变成此过程所包含的模块的一个属性。Visual Basic 提供下列三种类型的 Property 过程。

Property Let：用来设置属性值的过程。

Property Get：用来返回属性值的过程。

Property Set：用来设置对对象引用的过程。

声明 Property 过程的语法如下：

```
[Public | Private] [Static] Property {Get | Let | Set} propertyname_
[(arguments)] [As type]
    statements
    End Property
```

Property 过程通常是成对使用的：Property Let 与 Property Get 一组，而 Property Set 与 Property Get 一组。单独声明一个 Property Get 过程和声明只读属性类似。三个 Property 过程一起使用时，只有对 Variant 变量有用，因为只有 Variant 才能包含一个对象或其他数据类型的信息。Property Set 本意是使用在对象上；而 Property Let 则不是。

在具有相同名称的 Property 过程中，从第一个到最后一个参数（1，...，n）都必须共享相同的名称与数据类型。

Property Get 过程声明时所需的参数比相关的 Property Let，以及 Property Set 声明少一个。Property Get 过程的数据类型必须与相关的 Property Le 及 Property Set 声明中的最后 (n+1) 个参数的类型相同。例如，如果声明下列的 Property Let 过程，则 Property Get 声明所使用参数的名称与数据类型必须与 Property Let 过程中所用的一样。

```
Property Let Names(intX As Integer,intY As Integer,varZ As Variant)
    ' 此处添加 Statement
End Property
Property Get Names(intX As Integer,intY As Integer) As Variant
    '此处添加 Statement
End Property
```

提示：在 Property Set 声明中，最后一个参数的数据类型必须是对象类型或是 Variant。

8.3　创建 VBA 模块

以上介绍了面向对象程序设计的基本概念和模块的基本概念，介绍了 VBA 程序设计的基本知识后，下面介绍如何创建 VBA 模块以及模块在数据库中的应用。

8.3.1　通用过程

过程是包含 Visual Basic 代码的集合。它包含一系列的语句和方法，用于运行操作命令或计算数值。通用过程一般是其他几个过程需要共同调用的程序代码段，所以使用通用过程一方面可以减少重复编码，另一方面也可以方便维护应用程序。通用过程是由用户自己创建的。一般有 Sub 过程、Function 过程两种。

（1）Sub 过程

前面介绍了 Sub 的语法，下面举一个实际的例子。使用 Access 的事件过程模板创建 Sub 过程。

【实例 8-3】　新建一个窗体用于打开或关闭指定报表。具体操作步骤如下。

① 在数据库窗口"对象"栏选择"窗体"对象。

② 在工具栏上选择"新建"按钮，选择"设计视图"，进入窗体的设计视图界面。在主体节增加一个文本框，名称为"文本 0"，附带标签的标题为"请输入打开的报表名称"。再增加两个命令按钮，它们的标题分别是"确定"、"取消"，如图 8-18 所示。

③ 单击工具栏上的"代码"按钮，打开 VBA 编程环境。

图 8-18　窗体设计视图

在代码：Option Compare Database 下面增加如下代码段，如图 8-19 所示。

```
Option Compare Database
Public ReportName As String   '声明待打开的报表的名称
Public Sub OpenRep(RepName As String)
On Error GoTo Err_OpenRep      '出错时的处理
    DoCmd.OpenReport RepName, acViewPreview '打开报表
Exit_OpenRep:
    Exit Sub
Err_OpenRep:
    MsgBox Err.Description
    Resume Exit_OpenRep
End Sub
Public Sub CloseFor(ForName As String)
On Error GoTo Err_CloseFor
    DoCmd.Close acForm, ForName, acSaveYes '关闭窗体
Exit_CloseFor:
    Exit Sub
Err_CloseFor:
    MsgBox Err.Description
    Resume Exit_CloseFor
End Sub
```

图 8-19　"打开报表"、"关闭窗体"的 Sub 过程

增加代码后，在 VBE 下面增加两个 Sub 过程，一个是"打开报表"过程，另一个是"关闭窗体"过程。

④ 切换到窗体的设计视图，单击选中"确定"按钮，单击工具栏上的"属性"按钮，打开"属性"对话框。在该对话框中选择"事件"选项卡，并选择"单击"事件中的⋯"生成器"按钮，如图 8-20 所示。打开"选择生成器"对话框，选择"代码生成器"，单击"确定"按钮，如图 8-8 所示。

图 8-20 "打开报表"、"关闭窗体"的 Sub 过程

⑤ 重新回到 VBE 环境，在该窗口中增加了如下两行：

```
Private Sub 命令2_Click()
End Sub
```

这两行代码是 Access 自动为命令控件生成的一个空的事件过程。现在为新增添的命令按钮控件编写事件过程的 Visual Basic 代码如下：

```
Private Sub 命令2_Click()
    ReportName = Me.文本0  '将文本框接受的报表名称赋值给变量
    OpenRep (ReportName)   '调用打开报表的方法
End Sub
```

⑥ 重复上面两步，为"取消"按钮添加事件过程，代码如下：

```
Private Sub 命令4_Click()
    CloseFor ("打开报表")
End Sub
```

⑦ 关闭"代码"窗口，切换回窗体的设计视图，将窗体保存为"打开报表"。

⑧ 预览窗体。在文本框中输入一个报表名称，如"学生表"，单击"确定"按钮后，可以打开该张报表；单击"取消"按钮，关闭"打开报表"窗体。

（2）Function 过程

正如 8.2 节介绍的，Function 过程可以返回一个计算结果。Access 提供了许多内置函数，又叫做标准函数，如 Date()函数可以返回当前系统日期。除了系统提供的内置函数外，用户也可以自定义函数，编辑 Function 过程就是自定义函数。同时，Function 编写的函数有返回值，也可以应用在表达式中。

【实例 8-4】 编写一个函数 Fact()，用于对一个数的阶乘。具体操作步骤如下。

① 在数据库窗口"对象"栏选择"模块"对象。

② 在工具栏上选择"新建"按钮，进入 VBE 界面。

③ 在空白模块代码窗口输入以下程序语句：

```
Option Compare Database
Dim x, i As Integer
Function fact()
    x = Val(InputBox("请输入要计算阶乘的数字："))
    fact = 1
    For i = 1 To x
        fact = fact * i
    Next
    MsgBox "计算结果是" & fact
End Function
```

其中，**InputBox** 函数的功能是显示一个对话框，等待用户输入一个字符串，并返回该字符串；

Val 函数的功能是将括号中的数字字符串转换为数值型的值；

MsgBox 函数的功能是弹出一个对话框，显示计算的结果。

④ 单击工具栏上的"保存"按钮，打开"另存为"对话框，如图 8-21 所示。

⑤ 在"另存为"对话框中输入"计算阶乘"，然后单击"确定"按钮，保存成功。

⑥ 单击工具栏上的"运行"按钮，调试运行的结果。系统先弹出对话框提示用户"请输入要计算阶乘的数字："，输入数字，单击"确定"按钮后，如图 8-22 所示。弹出对话框显示运行的结果，如图 8-23 所示。

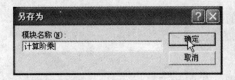  

图 8-21　"另存为"对话框　　图 8-22　提示用户输入待计算的数字　图 8-23　显示计算结果

8.3.2　事件过程

事件过程是一种特殊的 Sub 过程，它是附属于某一窗体或者控件的事件上的过程，因此它会存在窗体或报表模块中。它是响应事件时执行的程序代码块，当程序运行过程中，用户对某一对象发生一个动作时，如单击事件，系统会自动地调用与该事件有关的事件过程，一般都是私有事件。

下面介绍几种常用的事件。

（1）单击事件

① 用鼠标单击控件，如单击复选框或切换按钮控件。

② 用户在几种可能的值中为控件选择一个值，如选择一个组合框控件或者列表框控件的值。

语法如下：

对于多页和 TabStrip：Private Sub object_Click(index As Long)

对于所有的其他控件：Private Sub object_Click()

其中，object 是必需的，而且必须是一个有效的对象；Index 也是必需的，是与该事件相关联的多页或 TabStrip 中的页或标签的索引。

在实例 8-3 中使用了对命令按钮"确定"、"取消"单击的事件过程。

提示：单击可改变控件的值，因而它能初始化 Click 事件。但用右键单击不会改变控件的值，所以它不会初始化 Click 事件。

（2）双击事件

当用户指向一个对象并双击鼠标时，发生 DblClick 事件。其语法如下：

对于多页和 TabStrip：

```
Private Sub object_DblClick( index As Long,ByVal Cancel As MSForms.
ReturnBoolean)
```

对于其他事件：

```
Private Sub object_DblClick( ByVal Cancel As MSForms.ReturnBoolean)
```

其中，object 是必需的，是一个有效的对象；

index 是必需的，指在 Pages 或 Tabs 集合里的 Page 或 Tab 对象的位置；

Cancel 是必需的，False 表示由控件处理该事件（这是默认方式）；

True 表示由应用程序处理该事件。

（3）KeyPress 事件

当用户按下一个 ANSI 键时该事件发生。其语法如下：

```
Private Sub object_KeyPress( ByVal KeyANSI As MSForms.ReturnInteger)
```

其中，object 是必需的，而且必须是一个有效的对象；

KeyANSI 是必需的，而且是整数值，代表标准的数字 ANSI 键代码。

当用户按下一个键，在运行的窗体上产生可输入字符（一个 ANSI 键），而该窗体或该窗体上的某个控件具有焦点时，KeyPress 事件发生。这个事件可以发生在该键被释放之前，也可以发生在该键被释放之后。当用宏的 SendKey 操作或用 Visual Basic 的 SendKeys 语句，将一个 ANSI 键操作发送到窗体或控件时，这个事件也会发生。

KeyPress 事件发生在下列任意键被按下时：

↻ 任何可打印的键盘字符；

↻ Ctrl 键与标准字母表中字符的组合；

↻ Ctrl 键与任何特殊字符的组合；

↻ Backspace 键；

↻ Esc 键。

提示：在下面情况下，KeyPress 事件不发生。

① 按下 Tab 键。

② 按下 Enter 键。

③ 按任何箭头键。

④ 引起焦点在控件之间移动的键击操作。

Backspace 键是 ANSI 字符集的一部分，但是 Del 键不是。如果在一个控件中用 Backspace 键删除一个字符可以引发 KeyPress 事件；而用 Del 键删除一个字符则不引发 KeyPress 事件。

按住产生 ANSI 键代码的键不放，会使得 KeyDown 和 KeyPress 事件交替重复发生。当释放此键，KeyUp 事件发生。具有焦点的窗体或控件接收所有的击键操作。只有没有控件的窗体，或者其所有可视控件都失效的窗体才可能有焦点。

有时根据实际需求，为了响应键盘的物理状态，或处理 KeyPress 事件无法辨认的键击操作，如功能键、翻阅键、或这些键与键盘组合键（Alt 键、Shift 键或 Ctrl 键）的任意组合，可使用 KeyDown 和 KeyUp 事件过程。

提示：与键盘相关得事件序列有：KeyDown、KeyUp、KeyPress。

习题 8

一、思考题

1. 什么是模块，模块的作用是什么？
2. 模块的分类是什么？

二、选择题

1. 双击鼠标的事件是（   ）。

A. Click   B. DblClick   C. MouseDown   D. KeyDown

2. 以下（   ）选项定义了 10 个整型数构成的数组，数组元素为 NewArray(1)至 NewArray(10)?

A. Dim NewArray(10)As Integer   B. Dim NewArray(1 To 10)As Integer

C. Dim NewArray(10) Integer   D. Dim NewArray(1 To 10) Integer

3. 若要求在文本框中输入文本时达到密码"*"号的显示效果，则应设置的属性是（   ）。

A."认值"属性   B."标题"属性

C."密码"属性   D."输入掩码"属性

4. 假定有以下循环结构

```
Do Until 条件
循环体
Loop
```

则正确的叙述是（   ）。

A. 如果"条件"值为 0，则一次循环体也不执行

B. 如果"条件"值为 0，则至少执行一次循环体

C. 如果"条件"值不为 0，则至少执行一次循环体

D．不论"条件"是否为"真"，至少要执行一次循环体

5．窗体上添加有 3 个命令按钮，分别命名为 Command1、Command2 和 Command3。编写 Command1 的单击事件过程，完成的功能为：当单击按钮 Command1 时，按钮 Command2 可用，按钮 Command3 不可见。以下正确的是（　　）。

A．Private Sub Command1_Click()
　　Command2.Visible=True
　　Command3.Visible=False
　　End Sub

B．Private Sub Command1_Click()
　　Command2.Enabled=True
　　Command3.Enabled=False
　　End Sub

C．Private Sub Command1_Click()
　　Command2.Enabled=True
　　Command3.Visible=False
　　End Sub

D．Private Sub Command1_Click()
　　Command2. Visible = True
　　Command3. Enabled = False
　　End Sub

6．假定有以下程序段

```
n=0
for i=1 to 3
for j= -4 to -1
    n=n+1
next j
next i
```

运行完毕后，n 的值是（　　）。

A．0　　　　　　　B．3　　　　　　　C．4　　　　　　　D．12

三、填空题

1．模块可以分为和_____。

2．类模块和标准模块的不同点主要在于_____的不同。

3．常量可以分为：_____、_____、_____。

4．函数 Now()返回值的含义是：_____

5．设有以下窗体单击事件过程：

```
Private Sub Form_Click()
a = 1
For i = 1 To 3
Select Case i
Case 1, 3
a = a + 1
Case 2, 4
a = a + 2
End Select
Next i
MsgBox a
End Sub
```

打开窗体运行后，单击窗体，则消息框的输出内容是"_____"。

6. 在窗体中添加一个命令按钮（名为 Command1）和一个文本框（名为 text1），然后编写如下事件过程：

```
Private Sub Command1_Click( )
Dim x As Integer,y As Integer,z As Integer
x = 5 : y = 7 : z = 0
Me!Text1= " "
Call p1(x,y,z)
Me!Text1 =z
End Sub
Sub p1(a As Integer,b As Integer,c As Integer)
c = a +b
End Sub
```

打开窗体运行后，单击命令按钮，文本框中显示的内容是"_____"。

7. 有一个 VBA 计算程序的功能如下，该程序用户界面由 4 个文本框和 3 个按钮组成。4 个文本框的名称分别为：Text1、Text2、Text3 和 Text4。3 个按钮分别为：清除（名为 Command1）、计算（名为 Command2）和退出（名为 Command3）。窗体打开运行后，单击清除按钮，则清除所有文本框中显示的内容；单击计算按钮，则计算在 Text1、Text2 和 Text3 三个文本框中输入的 3 科成绩的平均成绩并将结果存放在 Text4 文本框中；单击退出按钮则退出。请将下列程序填空补充完整。

```
Private Sub Command1_Click( )
Me!Text1 = " "
Me!Text2 = " "
Me!Text3 = " "
Me!Text4 = " "
End Sub
Private Sub Command2_Click( )
If Me!Text1 = " " Or Me!Text2 = " " Or Me!Text3 = " " Then
MsgBox "成绩输入不全"
Else
Me!Text4 = (" " + Val(Me!Text2)+ Val(Me!Text3)) / 3
" "
End Sub
Private Sub Command3_Click( )
Docmd. " "
End Sub
```

课后习题参考答案（部分）

习题 1 参考答案（略）

习题 2 参考答案

一、选择题

1．C 2．A 3．A 4．B 5．C 6．A 7．A 8．D 9．A

二、填空题（略）

习题 3 参考答案

一、选择题

1．C 2．A 3．A 4．B 5．C 6．D 7．D

二、填空题（略）

习题 4 参考答案

一、选择题

1．C 2．B 3．D 4．C 5．D 6．D 7．C 8．D

二、填空题（略）

习题 5 参考答案

一、思考题（略）

二、选择题

1．D 2．C 3．C 4．B 5．A 6．D 7．A 8．B 9．D 10．C 11．D

习题 6 参考答案

一、思考题（略）

二、选择题

1．A 2．C 3．B 4．B

三、填空题（略）

习题 7 参考答案

一、思考题（略）

二、选择题

1．C 2．C 3．D 4．C 5．A 6．A 7．D 8．B 9．B 10．D 11．B

三、填空题（略）

习题 8 参考答案

一、思考题（略）

二、选择题

1. B   2. B   3. D   4. B   5. C   6. D

三、填空题（略）

模 拟 试 题

模拟试题 1

一、Access 单项选择题

1. Access 数据库属于（　　）数据库。

A．层次模型　　　　B．网状模型　　　　C．关系模型　　　　D．面向对象模型

2. 打开 Access 数据库时，应打开扩展名为（　　）的文件。

A．.mda　　　　B．.mdb　　　　C．.mde　　　　D．.DBF

3. 已知某一数据库中有两个数据表，它们的主关键字与主关键字之间是一个对应多个的关系，这两个表若想建立关联，应该建立的永久联系是（　　）。

A．一对一　　　B．一对多　　　C．多对多　　　D．多对一

4. 下列（　　）不是 Access 数据库的对象类型？

A．表　　　　B．向导　　　　C.窗体　　　　D．报表

5. 关系数据库中的表不必具有的性质是（　　）。

A．数据项不可再分

B．同一列数据项要具有相同的数据类型

C．记录的顺序可以任意排列

D．字段的顺序不能任意排列

6. 下列对于 Access 2000（高版本）与 Access 97（低版本）之间的说法不正确的是（　　）。

A．通过数据转换技术，可以实现高、低版本的共享。

B．高版本文件在低版本数据库中可以打开，但有些功能不能正常运行。

C．低版本数据库文件无法在高版本数据库中运行。

D．高版本文件在低版本数据库中能使用，需将高版本转换成低版本。

7. 不能退出 Access 2003 的方法是（　　）。

A．单击"文件"菜单/"退出"　　　　　B．单击窗口右上角"关闭"按钮

C．Esc　　　　　　　　　　　　　　　D．Alt+F4

8. Access 在同一时间，可打开（　　）个数据库。

A．1　　　　B．2　　　　C．3　　　　D．4

9. 对表中某一字段建立索引时，若其值有重复，可选择（　　）索引。

A．主　　　　B．有（无重复）　　　　C．无　　　　D．有（有重复）

10. 创建表时可以在（　　）中进行。

A．报表设计器　　　B．表浏览器　　　C．表设计器　　　D．查询设计器

11．不能进行索引的字段类型是（　　　）。

A．备注　　　　　　　　B．数值　　　　　　　C．字符　　　　　D．日期

12．在文本类型字段的"格式"属性使用"@;尚未输入"，则下列叙述正确的是（　　　）。

A．代表所有输入的数据

B．只可输入"@"符号

C．此栏不可以是空白

D．若未输入数据，会显示"尚未输入"4 个字

13．文本类型的字段最多可容纳（　　　）个中文字。

A．255　　　　　　　　　B．256　　　　　　　　C．128　　　　　D．127

14．合法的表达式是（　　　）。

A．教师工资 between 2000 and 3000　　　　　B．[性别]="男"or[性别]="女"

C．[教师工资]>2000[教师工资]<3000　　　　　D．[性别]like"男"=[性别]="女"

15．若要查询成绩为 60～80 分之间（包括 60 分，不包括 80 分）的学生的信息，成绩字段的查询准则应设置为（　　　）。

A．>60 or <80　　　　　B．>=60 And <80　　　　C．>60 and <80　　　D．IN(60，80)

16．在查询设计器的查询设计网格中（　　　）不是字段列表框中的选项。

A．排序　　　　　　　　B．显示　　　　　　　　C．类型　　　　　D．准则

17．动作查询不包括（　　　）。

A．更新查询　　　　　　B．追加查询　　　　　　C．参数查询　　　D．删除查询

18．若上调产品价格，最方便的方法是使用以下（　　　）查询。

A．追加查询　　　　　　B．更新查询　　　　　　C．删除查询　　　D．生成表查询

19．若要查询姓李的学生，查询准则应设置为（　　　）。

A．Like "李"　　　　　　B．Like "李*"　　　　　C．="李"　　　　　D．>="李"

20．若要用设计视图创建一个查询，查找总分在 255 分以上（包括 255 分）的女同学的姓名、性别和总分，正确的设置查询准则的方法应为（　　　）。

A．在准则单元格输入：总分>=255 AND 性别="女"

B．在总分准则单元格输入：总分>=255；在性别的准则单元格输入："女"

C．在总分准则单元格输入：>=255；在性别的准则单元格输入："女"

D．在准则单元格输入：总分>=255 OR 性别="女"

21．在查询设计器中不想显示选定的字段内容则将该字段的（　　　）项对号取消。

A．排序　　　　　　　　B．显示　　　　　　　　C．类型　　　　　D．准则

22．交叉表查询是为了解决（　　　）

A．一对多关系中，对"多方"实现分组求和的问题。

B．一对多关系中，对"一方"实现分组求和的问题。

C．一对一关系中，对"一方"实现分组求和的问题。

D．多对多关系中，对"多方"实现分组求和的问题。

23．在"查询参数"窗口定义查询参数时，除定义查询参数的类型外，还要定义查询参数的（　　　）。

A. 参数名称　　　B. 参数值　　　　　C. 什么也不定义　　　D. 参数值域

24. SQL 查询能够创建（　　　）。

A. 更新查询　　　B. 追加查询　　　　　C. 选择查询　　　　　D. 以上各类查询

25. 下列对 Access 查询叙述错误的是（　　　）。

A. 查询的数据源来自于表或已有的查询

B. 查询的结果可以作为其他数据库对象的数据源

C. Access 的查询可以分析数据、追加、更改、删除数据

D. 查询不能生成新的数据表

26. 若取得"学生"数据表的所有记录及字段，其 SQL 语法应是（　　　）。

A. select 姓名 from 学生　　　　　　B. select * from 学生

C. select * from 学生 where 学号=12　　D. 以上皆非

27. 下列不是窗体的组成部分的是（　　　）。

A. 窗体页眉　　　　B. 窗体页脚　　　　C. 主体　　　　　D. 窗体设计器

28. 自动窗体不包括（　　　）。

A. 纵栏式　　　　B. 新奇式　　　　　C. 表格式　　　　D. 数据表

29. 创建窗体的数据源不能是（　　　）。

A. 一个表　　　　　　　　　　　　B. 一个单表创建的查询

C. 一个多表创建的查询　　　　　　D. 报表

30. 下列不是窗体控件的是（　　　）。

A. 表　　　　　B. 标签　　　　　　C. 文本框　　　　D. 组合框

31. 下列选择窗体控件对象正确的是（　　　）。

A. 单击可选择一个对象

B. 按住 Shift 再单击其他多个对象可选定多个对象

C. 按 Ctrl+A 组合键可以选定窗体上所有对象

D. 以上皆是

32. 下列不属于报表视图方式的是（　　　）。

A. 设计视图　　　　B. 打印预览　　　　C. 版面预览　　　D. 数据表视图

33. 设计数据访问页时不能向数据访问页添加（　　　）。

A. 标签　　　　　B. 滚动标签　　　　C. 超级链接　　　D. 选项卡

34. 要限制宏操作的范围，可以在创建宏时定义（　　　）。

A. 宏操作对象　　　　　　　　　　B. 宏条件表达式

C. 窗体或报表控件属性　　　　　　D. 宏操作目标

35. 创建数据访问页最重要的是要确定（　　　）。

A. 字段的个数　　　B. 记录的顺序　　　C. 记录的分组　　D. 记录的个数

36. 无论创建何类宏，一定可以进行的是（　　　）。

A. 确定宏名　　　　B. 设置宏条件　　　C. 选择宏操作　　D. 以上皆是

37. 若已有宏，要想产生宏指定的操作需（　　　）宏。

A. 编辑宏　　　　　B. 创建宏　　　　　C. 带条件宏　　　D. 运行宏

38. 下列运行宏方法错误的是（　　　）。

A．单击宏名运行宏

B．双击宏名运行宏

C．在宏设计器中单击"运行"菜单/"运行"

D．单击"工具栏"上的运行按钮

二、综合选择题（共 25 分，每空 1 分）

（一）利用表设计器在"student"数据库中创建名为"学生成绩"的表，表中字段及属性为（学号（文本，10）、姓名（文本，8）、数学（数字，整型）、语文（数字，整型）(本题 6 分)

在"student"数据库窗口中，单击设计按钮，打开（1），在（2）列输入学号，然后在（3）处选择学号为文本类型；在表设计器下方的（4）选项卡中的（5）处输入 10；以后按要求输入其他字段，保存之后单击"工具栏"上的（6）按钮，回到数据表视图继续输入记录。

1．A．查询设计器　　B．表设计器　　C．窗体设计器　　D．报表设计器

2．A．有效性规则　　B．字段名称　　C．字段大小　　D．索引

3．A．数据类型　　B．字段内容　　C．显示内容　　D．字段标题

4．A．查阅　　B．属性　　C．常规　　D．字体

5．A．格式　　B．索引　　C．输入掩码　　D．字段大小

6．A．设计视图　　B．数据表视图　　C．预览视图　　D．页面预览

（二）利用窗体向导创建"学生成绩表"所有字段的窗体。（本题 4 分）

在"学生"数据库窗口中，单击（7）对象，双击（8）创建窗体，在弹出的"窗体向导"对话框中的"表/查询"处选择（9），将表中所有字段都选到（10）列表中，单击下一步……。

7．A．报表　　B．窗体　　C．查询　　D．宏

8．A．使用向导创建窗体　　　　　B．使用设计器创建窗体

C．使用向导创建报表　　　　　D．使用设计器创建报表

9．A．xsqk　　B．学生信息表　　C．学生成绩表　　D．学生选课表

10．A．可用的字段　　B．选定的字段　　C．已用字段　　D．字段

（三）利用报表设计器创建"学生成绩表"所有字段的纵栏式报表。（本题 4 分）

在"学生"数据库窗口中，单击（11）对象，双击（12）创建报表，打开报表设计器，选中报表在报表属性窗口的"数据"选项卡的"记录源"处选择（13）将表中所有字段都拖到报表的（14）区域中，保存单击"打印预览"视图。

11．A．报表　　B．窗体　　C．查询　　D．宏

12．A．使用向导创建窗体　　　　　B．使用设计器创建窗体

C．使用向导创建报表　　　　　D．使用设计器创建报表

13．A．xsqk　　B．学生信息表　　C．学生成绩表　　D．学生选课表

14．A．页面页眉　　B．页面页脚　　C．页面　　D．主体

（四）创建带条件的宏，执行宏时打开一个"系统登录"窗体，该窗体上有一个标签显示"请输入系统密码"，一个文本框 1 要求用户在窗体运行时向文本框中输入密码 111，单

击"确定"按钮时运行条件宏"宏 1",若密码正确打开"学生信息表"窗体,否则显示"密码错误"信息。(本题 6 分)

在"学生"数据库窗口中,单击(15)对象,单击(16) 按钮打开宏设计器,单击"工具栏"上的(17)按钮在宏设计器中出现三列"条件"、"操作"和"备注";在第 1 行的条件处输入[Forms]![系统登录]![文本 1]="111",在操作处选择(18),在下方的操作参数处选择窗体名称为"学生信息表"窗体;在第 2 行的条件处输入(19),在操作处选择(20)在下方的操作参数处输入"密码错误",保存宏名为"宏 1"。

15. A. 报表　　　　B. 窗体　　　　C. 查询　　　　D. 宏
16. A. 设计　　　　B. 运行　　　　C. 打开　　　　D. 新建
17. A. 宏名　　　　B. 宏组　　　　C. 条件　　　　D. 准则
18. A. OpenForm　　B. OpenReport　C. OpenQuery　D. OpenTable
19.
A. [Forms]![系统登录]![文本 1]="111"
B. [Forms]![系统登录]![文本 1]<>"111"
C. [Forms]![系统登录]![文本 1]<111
D. [Forms]![系统登录]![文本 1]>111
20. A. Echo　　　　B. Beep　　　　C. MsgBox　　　D. Close

三、填空题

1. Access 每个记录由若干个以 (　　)加以分类的数据项组成。
2. 如果在创建表中建立字段"姓名",其数据类型应当是(　　)。
3. 一般情况下,一个表可以建立多个索引,每一个索引可以确定表中记录的一种(　　)。
4. 查询也是一个表,是以(　　)为数据来源的再生表。
5. 查询主要有选择查询、参数查询及动作查询,其中动作查询包括更新查询、追加查询、(　　)和生成表查询等。
6. 窗体通常由窗体页眉、窗体页脚、页面页眉、页面页脚及(　　)5 部分组成。
7. 创建窗体的数据来源可以是表或(　　)。
8. 数据访问页是用户通过(　　)进行数据交互的数据库对象。
9. 宏是一种特定的编码,是一个或多个(　　)的集合。
10. 宏的使用一般是通过窗体、报表中的(　　)控件实现的。

模拟试题 1 参考答案

一、单项选择题

1～5　CBBBD　　6～10　CCADC　　11～15　ADDBB

16～20　CCBBC　　21～25　BAADD　　26～30　BDBDA

30～35　DDDBA　　　36～38　CDA

二、综合选择题

（一）1～6　BBACDB

（二）7～10　BACB

（三）11～14　ADCD

（四）15～20　DACABC

三、填空题

1．字段属性（字段）　2．文本类型（文本）　3．逻辑顺序

4．表或查询　5．删除查询　6．主体

7．查询　8．Internet　9．操作命令

10．命令按钮（命令控件）

模拟试题 2

一、选择题

1. 关系数据库系统中所管理的关系是（   ）。

A. 一个 mdb 文件   B. 若干个 mdb 文件   C. 一个二维表   D. 若干个二维表

2. 关系数据库系统能够实现的三种基本关系运算是（   ）。

A. 索引，排序，查询   B. 建库，输入，输出

C. 选择，投影，联接   D. 显示，统计，复制

3. Access 数据库的类型是（   ）。

A. 层次数据库   B. 网状数据库   C. 关系数据库   D. 面向对象数据库

4. Access 表中字段的数据类型不包括（   ）。

A. 文本   B. 备注   C. 通用   D. 日期 / 时间

5. 有关键字段的数据类型不包括（   ）。

A. 字段大小可用于设置文本，数字或自动编号等类型字段的最大容量

B. 可对任意类型的字段设置默认值属性

C. 有效性规则属性是用于限制此字段输入值的表达式

D. 不同的字段类型，其字段属性有所不同

6. 以下关于查询的叙述正确的是（   ）。

A. 只能根据数据表创建查询   B. 只能根据已建查询创建查询

C. 可以根据数据表和已建查询创建查询 D. 不能根据已建查询创建查询

7. Access 支持的查询类型有（   ）。

A. 选择查询，交叉表查询，参数查询，SQL 查询和操作查询

B. 基本查询，选择查询，参数查询，SQL 查询和操作查询

C. 多表查询，单表查询，交叉表查询，参数查询和操作查询

D. 选择查询，统计查询，参数查询，SQL 查询和操作查询

8. 下面关于列表框和组合框的叙述错误的是（   ）。

A. 列表框和组合框可以包含一列或几列数据

B. 可以在列表框中输入新值，而组合框不能

C. 可以在组合框中输入新值，而列表框不能

D. 在列表框和组合框中均可以输入新值

9. 为窗体上的控件设置 Tab 键的顺序，应选择属性对话框中的（   ）。

A. 格式选项卡   B. 数据选项卡   C. 事件选项卡   D. 其他选项卡

10. 在 SQL 查询中使用 WHILE 子句指出的是（   ）。

A. 查询目标   B. 查询结果   C. 查询视图   D. 查询条件

二、填空题

1. 在关系数据库中，唯一标识一条记录的一个或多个字段称为（   ）。

2. 在关系数据库模型中，二维表的列称为属性，二维表的行称为（   ）。

3. Access 数据库包括表、查询、窗体、报表、（   ）、宏和模块等基本对象。

4．创建分组统计查询时，总计项应选择（　　　）。

5．窗体中的数据来源主要包括表和（　　　）。

三、上机操作题

1．基本操作

（1）创建一个空数据库，数据库名为 BOOK。将已有的"客户.xls"文件导入新建数据库中，主关键字为客户 ID，再将导入的表命名"CLILENT"。

（2）在 BOOK 数据库中建立"SELL"表结构，并设 ID 为该表主关键字，"SELL"表结构如左表所示。

（3）向"SELL"表中输入右所示数据。

2．简单应用

在"库存 管理 系统"数据库中有"产品定额储备"和"库存情况"两张表。按要求创建查询。

（1）以"库存管理系统"数据库中的"产品定额储备"和"库存情况"两张表为数据源，创建一个查询，查找并显示库存量超过 10 000 只的产品名称和库存数量，查询名为"Q1"。

（2）以"库存管理系统"数据库中的"产品定额储备"和"库存情况"两张表为数据源，创建一个查询，按出厂价计算每种库存产品的总金额，并显示其产品名称和总金额。总金额的计算方法为：总金额=出厂价*库存数量。查询名为"Q2"。

3．综合应用

在"库存管理系统"数据库中有一个"库存情况"窗体和一个"产品定额储备"表。创建一个宏，使其能打开"产品定额储备"表，将所建宏命名为"打开表"。对"库存情况"窗体进行如下设置：将窗体页角设置为 1.5 厘米，在距窗体页脚左边 5.5 厘米、距上边 0.4 厘米处依次放置两个命令按钮，命令按钮的宽度均为 2 厘米，功能分别是运行宏和退出，所运行的宏名为"打开表"，按钮上显示文本分别为"打开表"和"退出"。

模拟试题 2 参考答案

一、选择题

1～5　DCCCB　　6～10　CACBD

二、填空题

1. 主关键字　2. 元组　　3. 页　4. Group　By　5. 查询

模拟试题 3

一、选择题

1. 下列说法不正确的是（　　　）。

A. 可以在单独的报表页眉中输入任何内容

B. 为了将标题在每一页都显示出来，应该将标题放在页面页眉中

C. 在实际操作中，组页眉和组页脚不可以单独设置

D. 主体节中可以包含计算的字段数据

2. 在 Access 数据库的窗体中，通常用（　　　）来显示记录数据，可以在屏幕或页面上显示一条记录，也可以显示多条记录。

A. 页面　　　　　　B. 窗体页眉　　　　C. 主体节　　　　D. 页面页眉

3. Access 数据库中的数据表窗体的主要作用是（　　　）。

A. 存放数据，便于读取　　　　　　　　B. 将数据排序后，加快查询速度

C. 作为一个窗体的子窗体　　　　　　　D. 显示数据、删除、更新数据

4. Access 数据库中，主要用来输入或编辑字段数据的位于窗体设计工具箱，一种交互式控件是指（　　　）

A. 文本框控件　　　B. 标签控件　　　　C. 复选框控件　　D. 组合框控件

5. 下列窗口中可以按排直接运行一些现编写语句的是（　　　）。

A. 立即窗口　　　　B. 本地窗口　　　　C. 监视窗口　　　D. 快速监视窗口

6. 在 VBA 中，下列变量名中不合法的是（　　　）

A. 你好　　　　　　B. ni hao　　　　　C. nihao　　　　　D. hi—hao

7. 在宏的设计过程中，可以通过将某些对象（　　　）至"宏"窗体的操作行内的方式快速创建一个在指定数据库对象上执行操作的宏。

A. 剪切　　　　　　B. 拖动　　　　　　C. 复制　　　　　D. 建立快捷方式

8. VBA 中定义静态变量可以用关键字（　　　）。

A. Const　　　　　B. Dim　　　　　　C. Public　　　　　D. Static

9. 一般情况下数组 a(3，4，5)包含的元素个数为（　　　）。

A. 345　　　　　　B. 12　　　　　　　C. 120　　　　　　D. 60

10. 下面（　　　）不是 Access 中的准则运算符。

A. 关系运算符　　　B. 逻辑运算符　　　C. 算术运算符　　D. 特殊运算符

11. Access 数据库中的 SQL 查询中的 GROUP BY 语句用于（　　　）。

A. 分组条件　　　　B. 对查询进行排序　C. 列表　　　　　D. 选择行条件

12. 在 Access 数据库中，主窗体中的窗体称为（　　　）。

A. 主窗体　　　　　B. 三级窗体　　　　C. 子窗体　　　　D. 一级窗体

13. 在 Access2000 数据库对象中，体现数据库设计目的的对象是（　　　）。

A. 表　　　　　　　B. 模块　　　　　　C. 查询　　　　　D. 报表

14. 主要用在封面的是（　　　）。

A. 页面页眉节　　　B. 报表页眉节　　　C. 组页眉节　　　D. 页面页脚节

15. 已知 pi=3.141592，要计算 30 度角的余弦值应该使用（　　　）。

A. sin (30*pi/180)　　　　　　　　　　B. sin (30*pi/360)

C. cos (30*pi/180)　　　　　　　　　　D. cos (30*pi/360)

16. 在 Access 2003 数据访问页中，命令按钮是一种常用的对象，下列有关命令按钮对象的叙述不正确的是（　　　）。

A. 在数据访问页中命令按钮主要用来浏览记录和保存、删除等操作

B. 命令按钮控件提供了命令按钮向导，可以通过向导设置命令按钮的动作、外观等

C. 可以在命令按钮上添加图片显示，从而使其更形象

D. 在命令按钮向导中，可以为命令按钮设置超级链接

17. Access 数据库中，在创建交叉表查询时，用户需要指字三种字段，下面（　　　）选项不是交叉表查询所需求指字的字段。

A. 格式字段　　　　B. 列标题字字段　　　　C. 行标题字段　　D. 总计类型字段

18. 在 Access 2003 中，在"查找和替换"时可以使用通配符，其中可以用来通配任何单个字符的通配符是（　　　）

A. ?　　　　　　　　B. !　　　　　　　　C. &　　　　　　　D. *

19. 在 Access 2003 数据库表中，筛选操作有多种类型，下列筛选不能通过工具栏来实现的是（　　　）。

A. 高级筛选/排序　　　　　　　　　　B. 按选定内容筛选

C. 按筛选目标筛选　　　　　　　　　　D. 按窗体筛选

20. 在 Access 数据库中，带条件的查询需要通过准则来实现的，准则是运算符、常量、字段值等的任意组合，下面（　　　）选项不是准则中的元素。

A. SQL 语句　　　　B. 函数　　　　　　C. 属性　　　　　　D. 字段名

21. Access 某数据库表中有姓名字段，查询姓"刘"的记录的准则是（　　　）。

A. Left([姓名],1)= "刘"　　　　　　B. Right([姓名],1)= "刘"

C. Left([姓名],1)= "刘"　　　　　　D. Right([姓名],1)="刘"

22. 下列关于纵栏式报表的描述中，错误的是（　　　）。

A. 垂直方式显示

B. 可以显示一条或多条记录

C. 将记录数据的字段标题信息与字段记录数据一起安排在每页主体节区内显示

D. 将记录数据的字段标题信息与字段记录数据一起安排在每页报表页眉节区内显示

23. SetValue 命令是用来（　　　）。

A. 打开窗体的　　　　　　　　　　　　B. 执行指定的外部应用程序的

C. 设置属性值的　　　　　　　　　　　D. 指定当前记录的

24. 用于显示整个报表的计算汇总或其他的编译数字信息的是（　　　）。

A. 报表页交节　　　　B. 页面页脚节　　　C. 主体节　　　　D. 页面页眉节

25. 使用"自动报表"创建的报表只包括（　　　）。

A. 报表页眉　　　　　　　　　　　　　B. 页脚和页面页眉

C. 主体区　　　　　　　　　　　　　　D. 页脚节区

二、填空题

1. Access 数据库中的 SQL 查询主要包括联合查询、传递查询、子查询、（　　）4 种方式。

2. Access 数据库窗体设计工具箱中的组合框既可以多列表页中选择内容，也可以输入文本，可以将组合框分为两种类型，分别是组合型组合框和（　　）。

3. 利用报表不仅可以创建（　　），而且可以对记录进行分组，计算各组的汇总数据。

4. 决定了窗体显示时是否具有窗体滚动条的是（　　）属性，该属性值有"两者均无"、"水平"、"垂直"和"水平和垂直"四个选项。

5. Access 中的（　　）查询和选择查询相类似，都是由用户指定查找记录的条件，但选择查询是检查符合条件的一组记录，而该查询是在一次查询操作中对所得结果进行编辑等操作。

6. 为了在属性窗口列出 Access 类对象，应首先打开这些类对象的"（　　）"视图。

7. 直接在属性窗口编辑对象的属性，属于"静态"设置方法，在代码窗口中由 VBA 代码编辑对象的属性叫做"（　　）"设置方法。

8. 设计报表时，将各种类型的文本和（　　）放在报表"设计"窗体中的各个区域内。

9. 在 Access 中，创建报表的三种方式：（　　）、使用向导功能和使用"设计"视图功能创建。

10. 在 Access 数据库中，创建主/子窗体的方法有两种：一是同时创建　，二是将已有的窗体作为窗体添加到已有的窗体中。

模拟试题 3 参考答案

一、选择题

1~5 CCCAA 6~10 BBDCC

11~15 ACCBC 16~20 DAACA

21~25 CDCAC

二、填空题

1. 数据定义查询 2. 非组合型组合框 3. 计算字段

4. 滚动条 5. 操作 6. 设计 7. 动态 8. 字段控件

9. "自动报表"功能 10. 主窗体与子窗体

模拟试题 4

一、填空题

1．计算机数据管理的发展分 （　　　　　　　　　　　　） 等几个阶段。

2．数据库技术的主要目的是有效地管理和存储大量的数据资源，包括： （　　　　　　　　　　），使多个用户能够同时访问数据库中的数据；（　　　　　　　　　），以提高数据的一致性和完整性；（　　　　　　　　　），从而减少应用程序的开发和维护代价。

3．数据库技术与网络技术的结合分为（　　　　　　）与（　　　　　　）两大类。

4．分布式数据库系统又分为（　　　　　　） 的分布式数据库结构和 （　　　　　） 的分布式数据库结构两种。

5．数据库系统的 5 个组成部分：（　　　　　　　　）。

6．实体之间的对应关系称为联系，有如下三种类型：（　　　　　　　　）。

7．任何一个数据库管理系统都基于某种数据模型的。数据库管理系统所支持的数据模型有三种：（　　　　　　　　）。

8．两个结构相同的关系 R 和 S 的（　　　　　　　　　） 是由属于 R 但不属于 S 的元组组成的集合。

9．SQL（Structure Query Language，结构化查询语言）是在数据库系统中应用广泛的数据库查询语言，它包括了（　　　　　　　　　）4 种功能。

10．Access 数据库由数据库对象和组两部分组成。其中对象分为 7 种：（　　　　　　）。

二、选择题

1．下列说法错误的是（　　　）。

A．人工管理阶段程序之间存在大量重复数据，数据冗余大。

B．文件系统阶段程序和数据有一定的独立性，数据文件可以长期保存。

C．数据库阶段提高了数据的共享性，减少了数据冗余。

D．上述说法都是错误的。

2．从关系中找出满足给定条件的元组的操作称为（　　　）。

A．选择　　　　　　B．投影　　　　　　C．联接　　　　　　D．自然联接

3．关闭 Access 可以方法不正确的是（　　　）。

A．选择"文件"菜单中的"退出"命令　　　B．使用快捷键 Alt+F4

C．使用快捷键 Alt+F+X　　　　　　　　　D．使用快捷键 Ctrl+X

4．数据库技术是从 20 世纪（　　　）年代中期开始发展的。

A．60　　　　　　　B．70　　　　　　　C．80　　　　　　　D．90

5．使用 Access 按用户的应用需求设计的结构合理、使用方便、高效的数据库和配套的应用程序系统，属于一种（　　　）。

A．数据库　　　　　B．数据库管理系统　　C．数据库应用系统　　D．数据模型

6．二维表由行和列组成，每一行表示关系的一个（　　　）。

A．属性　　　　　　B．字段　　　　　　C．集合　　　　　　D．记录

7. 数据库是（　　）。

A. 以一定的组织结构保存在辅助存储器中的数据的集合

B. 一些数据的集合

C. 辅助存储器上的一个文件

D. 磁盘上的一个数据文件

8. 关系数据库是以（　　）为基本结构而形成的数据集合。

A. 数据表　　　　　B. 关系模型　　　　C. 数据模型　　　　D. 关系代数

9. 关系数据库中的数据表（　　）。

A. 完全独立，相互没有关系。　　　　　B. 相互联系，不能单独存在。

C. 既相对独立，又相互联系。　　　　　D. 以数据表名来表现其相互间的联系。

10. 以下叙述中，正确的是（　　）。

A. Access 只能使用菜单或对话框创建数据库应用系统

B. Access 不具备程序设计能力

C. Access 只具备了模块化程序设计能力

D. Access 具有面向对象的程序设计能力，并能创建复杂的数据库应用系统

模拟试题 4 参考答案

一、填空题

1. 人工管理、文件系统、数据库系统、分布式数据库、面向对象数据库系统

2. 提高数据的共享性、减少数据冗余、提高数据与程序的独立性

3. 紧密结合、松散结合

4. 物理上分布、逻辑上集中；物理上分布、逻辑上分布

5. 硬件系统、数据库集合、数据库管理系统和相关软件、数据库管理员（DataBase Administrator，DBA）和用户。

6. 一对一联系、一对多联系、多对多联系

7. 层次模型、网状模型、关系模型

8. 差

9. 数据定义、查询、操纵和控制

10. 表、查询、窗体、报表、数据访问页、宏、模块

二、选择题

1～5   DADAB

6～10   DABCD

模拟试题 5

一、选择题

1．数据处理的最小单位是（　　）。

A．数据　　　　　　B．数据元素　　　　C．数据项　　　　D．数据结构

2．索引属于（　　）。

A．模式　　　　　　B．内模式　　　　　C．外模式　　　　D．概念模式

3．下述关于数据库系统的叙述中正确的是（　　）。

A．数据库系统减少了数据冗余

B．数据库系统避免了一切冗余

C．数据库系统中数据的一致性是指数据类型一致

D．数据库系统比文件系统能管理更多的数据

4．数据库系统的核心是（　　）。

A．数据库　　　　　B．数据库管理系统　　C．模拟模型　　　D．软件工程

5．Access 数据库中（　　）数据库对象是其他数据库对象的基础。

A．报表　　　　　　B．查询　　　　　　C．表　　　　　　D．模块

6．通过关联关键字"系别"这一相同字段，表二和表一构成的关系为（　　）。

A．一对一　　　　　B．多对一　　　　　C．一对多　　　　D．多对多

7．某数据库的表中要添加 Internet 站点的网址，则该采用的字段类型是（　　）。

A．OLE 对象数据类型　　　　　　　　　B．超级连接数据类型

C．查阅向导数据类型　　　　　　　　　D．自动编号数据类型

8．在 Access 的 5 个最主要的查询中，能从一个或多个表中检索数据，在一定的限制条件下，还可以通过此查询方式来更改相关表中记录的是（　　）。

A．选择查询　　　　B．参数查询　　　　C．操作查询　　　D．SQL 查询

9．（　　）查询是包含另一个选择或操作查询中的 SQL SELECT 语句，可以在查询设计网格的"字段"行输入这些语句来定义新字段，或在"准则"行来定义字段的准则。

A．联合查询　　　　B．传递查询　　　　C．数据定义查询　D．子查询

10．下列不属于查询的三种视图的是（　　）。

A．设计视图　　　　B．模板视图　　　　C．数据表视图　　D．SQL 视图

11．要将"选课成绩"表中学生的成绩取整，可以使用（　　）。

A．Abs([成绩])　　　B．Int([成绩])　　　C．Srq([成绩])　　D．Sgn([成绩])

12．在查询设计视图中（　　）。

A．可以添加数据库表，也可以添加查询　　B．只能添加数据库表

C．只能添加查询　　　　　　　　　　　D．以上两者都不能添加

13．窗体是 Access 数据库中的一种对象，以下哪项不是窗体具备的功能（　　）。

A．输入数据　　　　　　　　　　　　　B．编辑数据

C．输出数据　　　　　　　　　　　　　D．显示和查询表中的数据

14．窗体有 3 种视图，用于创建窗体或修改窗体的窗口是窗体的（　　）。

A．"设计"视图　　　　　　　　　　　B．"窗体"视图

C．"数据表"视图　　　　　　　　　　D．"透视表"视图

15．"特殊效果"属性值用于设定控件的显示特效，下列属于"特殊效果"属性值的是（　　）。

①"平面"、②"颜色"、③"凸起"、④"蚀刻"、⑤"透明"、⑥"阴影"、⑦"凹陷"、⑧"凿痕"、⑨"倾斜"

A．①②③④⑤⑥　　　　　　　　　　B．①③④⑤⑥⑦

C．①④⑥⑦⑧⑨　　　　　　　　　　D．①③④⑥⑦⑧

16．窗口事件是指操作窗口时所引发的事件，下列不属于窗口事件的是（　　）。

A．"加载"　　　　　B．"打开"　　　　　C．"关闭"　　　　　D．"确定"

17．下面关于报表对数据的处理中叙述正确的是（　　）。

A．报表只能输入数据　　　　　　　　B．报表只能输出数据

C．报表可以输入和输出数据　　　　　D．报表不能输入和输出数据

18．用于实现报表的分组统计数据的操作区间的是（　　）。

A．报表的主体区域　　　　　　　　　B．页面页眉或页面页脚区域

C．报表页眉或报表页脚区域　　　　　D．组页眉或组页脚区域

19．为了在报表的每一页底部显示页码号，那么应该设置（　　）。

A．报表页眉　　　　B．页面页眉　　　　C．页面页脚　　　　D．报表页脚

20．要在报表上显示格式为"7/总 10 页"的页码，则计算控件的控件源应设置为（　　）。

A．/总[Pages]　　　　　　　　　　　B．=/总[Pages]

C．& "/总" &[Pages]　　　　　　　　D．=& "/总" &[Pages]

21．可以将 Access 数据库中的数据发布在 Internet 网络上的是（　　）。

A．查询　　　　　　B．数据访问页　　　C．窗体　　　　　　D．报表

22．下列关于宏操作的叙述错误的是（　　）。

A．可以使用宏组来管理相关的一系列宏

B．使用宏可以启动其他应用程序

C．所有宏操作都可以转化为相应的模块代码

D．宏的关系表达式中不能应用窗体或报表的控件值

23．用于最大化激活窗口的宏命令是（　　）。

A．Minimize　　　　　B．Requery　　　　C．Maximize　　　　D．Restore

24．在宏的表达式中要引用报表 exam 上控件 Name 的值，可以使用引用式（　　）。

A．Reports！Name　　　　　　　　　　B．Reports！exam！Name

C．exam！Name　　　　　　　　　　　D．Reports exam Name

25．可以判定某个日期表达式能否转换为日期或时间的函数是（　　）。

A．CDate　　　　　B．IsDate　　　　　C．Date　　　　　D．IsText

26．（　　）选项定义了 10 个整型数构成的数组，数组元素为 NewArray（1）至 NewArray(10)?

A．　Dim NewArray(10)As Integer

B. Dim NewArray(1 To 10)As Integer

C. Dim NewArray(10)Integer

D. Dim NewArray(1 To 10)Integer

二、填空题

1. 二维表中的一行称为关系的（　　　　）。

2. 三个基本的关系运算是（　　　　）、（　　　　）和联接。

3. 窗体由多个部分组成，每个部分称为一个（　　　　）大部分的窗体只有（　　　　）。

4. （　　　　）是窗体上用于显示数据、执行操作、装饰窗体的对象。

5. 一个主报表最多只能包含（　　　　）子窗体或子报表。

6. 在数据访问页的工具箱中，图标的名称是（　　　　）。

7. 数据访问页有两种视图，分别为页视图和（　　　　）。

8. VBA 中定义符号常量的关键字是（　　　　）。

模拟试题 5 参考答案

一、选择题

1~5 CBBBD   6~10 CCCBA   11~15 DBBAC

16~20 ADDBD   21~25 CDBDC   26 B

二、填空题

1. 记录元组   2. 选择   投影   3. 节   主体   4. 控件

5. 两级   6. 命令按钮   7. 设计视图   8. Const

参 考 文 献

[1] 邵丽萍，宫小全，张后扬. Access 数据库技术与应用. 北京： 清华大学出版社，2009.

[2] 梁灿，施兴家. Access 数据库应用基础教程. 2 版. 清华大学出版社，2008.

[3] 郑小玲. Access 数据库实用教程. 北京：人民邮电出版社，2007.

[4] 苗雪兰. 数据库系统及应用教程. 北京： 机械工业出版社，2004.

[5] 萨师煊，王珊. 数据库系统概论. 2 版. 北京：高等教育出版社，2004..

[6] 施伯乐，丁康宝，汪卫.数据库系统教程. 2 版. 北京：高等教育出版社，2003.

[7] 宋昆. SQL Server 数据库开发实例解析. 北京：机械工业出版社，2006.

[8] 李俊民. Access 数据库开发实例解析. 北京：机械工业出版社，2006.

[9] 教育部考试中心. 全国计算机等级考试二级教程：Access 数据库程序设计. 北京：高等教育出版社，2008.

[10] 教育部考试中心. 全国计算机等级考试二级教程：Access 数据库程序设计. 北京：高等教育出版社，2007.

[11] 赵慧勤，杨学全. SQL Server 2000 实例教程. 北京：电子工业出版社，2004.